Verborgene Zusammenhänge

Fritjof Capra

Verborgene Zusammenhänge

Vernetzt denken und handeln –
in Wirtschaft, Politik, Wissenschaft
und Gesellschaft

Aus dem Englischen
von Michael Schmidt

Scherz

www.scherzverlag.de

Die Originalausgabe erscheint 2002 unter dem Titel
«Hidden Connections» bei Doubleday. A division of Random House, Inc.,
1540 Broadway, New York, N. Y. 10036

Zweite Auflage 2002

ISBN 3-502-15106-7

Für Elizabeth und Juliette

Inhalt

«Bildung ist die Fähigkeit,
die verborgenen Zusammenhänge
zwischen den Phänomenen
wahrzunehmen.»

Václav Havel

Vorwort

In diesem Buch lege ich dar, wie sich das auf die Komplexitätstheorie zurückgehende neue Verständnis von Leben auf den Bereich der Gesellschaft übertragen lässt. Zu diesem Zweck habe ich ein Konzept entwickelt, das die biologischen, kognitiven und sozialen Dimensionen des Lebens zusammenbringt. Ich möchte nicht nur eine einheitliche Anschauung von Leben, Geist und Gesellschaft präsentieren, sondern auch eine kohärente systemische Methode zur Behandlung einiger der entscheidenden Fragen unserer Zeit entwickeln.

Das Buch besteht aus zwei Teilen. Im ersten Teil stelle ich die neue Theorie in drei Kapiteln dar – sie befassen sich mit dem Wesen des Lebens, dem Wesen des Geistes und des Bewusstseins sowie mit dem Wesen der gesellschaftlichen Wirklichkeit. Die Leser, die sich mehr für die praktischen Anwendungen dieser Theorie interessieren, sollten sich gleich dem zweiten Teil (Kapitel 4 bis 7) zuwenden. Diese Kapitel können für sich gelesen werden, sind aber zum Zweck einer vertiefenden Lektüre durch Verweise mit den entsprechenden theoretischen Abschnitten verknüpft.

In Kapitel 4 wende ich die im vorhergehenden Kapitel entwickelte Gesellschaftstheorie auf das Management menschlicher Organisationen an, wobei ich mich insbesondere auf die Frage konzentriere, inwieweit eine menschliche Organisation als lebendiges System betrachtet werden kann.

In Kapitel 5 beschäftige ich mich mit einigen der aktuellsten und umstrittensten Phänomenen unserer Zeit – den Herausforderungen und Gefahren der wirtschaftlichen Globalisierung nach den Regeln der Welthandelsorganisation (WTO) und anderer Institutionen des globalen Kapitalismus.

Kapitel 6 ist einer Systemanalyse der wissenschaftlichen und ethischen Probleme der Biotechnik (Gentechnik, Klonen, genetisch modifizierte Nahrungsmittel usw.) gewidmet, mit besonderer Betonung der jüngsten revolutionären Konzepte in der Genetik, die durch die Entdeckungen des Human Genome Project angeregt worden sind.

In Kapitel 7 schließlich gehe ich auf den Zustand der Welt zu Beginn des neuen Jahrhunderts ein. Nach der Erörterung einiger wichtiger Probleme von Umwelt und Gesellschaft und von deren Zusammenhang mit unseren Wirtschaftssystemen befasse ich mich mit der wachsenden weltweiten «Seattle-Koalition» der Nichtregierungsorganisationen (NGOs) und ihren Plänen für eine Umgestaltung der Globalisierung nach anderen Werten. Im letzten Teil dieses Kapitels betrachte ich die jüngste dramatische Zunahme ökologischer Designpraktiken und ihre Implikationen für den Übergang in eine nachhaltige Zukunft.

Das vorliegende Buch stellt eine Fortführung und Weiterentwicklung meiner bisherigen Werke dar. Seit den frühen siebziger Jahren konzentrieren sich meine Forschungen wie meine Publikationen auf ein zentrales Thema: den grundlegenden Wandel der Sicht auf die Welt, wie er sich in Wissenschaft und Gesellschaft vollzieht, die Entfaltung einer neuen Vorstellung von Wirklichkeit und die gesellschaftlichen Implikationen dieses kulturellen Wandels.

In meinem ersten Buch, *Das Tao der Physik* (1975), befasste ich mich mit den philosophischen Implikationen der dramatischen Veränderungen der Konzepte und Ideen in der Physik, meinem ursprünglichen Forschungsgebiet, während der ersten drei Jahrzehnte des 20. Jahrhunderts – Veränderungen, wie sie sich noch immer in unseren gegenwärtigen Theorien der Materie vollziehen.

In meinem zweiten Buch, *Wendezeit* (1982), erweiterte ich meinen Blickwinkel und zeigte, wie die Revolution in der modernen Physik eine ähnliche Revolution in vielen anderen Wissenschaften und eine entsprechende Umwandlung von Weltanschauungen und Werten in der Gesellschaft vorwegnahm. Insbesondere untersuchte ich die Paradigmenwechsel in Biologie, Medizin, Psychologie und Wirtschaftswissenschaft. Dabei wurde mir klar, dass all diese Disziplinen sich auf die eine oder andere Weise mit dem Leben – mit lebenden biologischen und sozialen Systemen – befassen und dass die «neue Physik» daher als ein neues Paradigma und als Metaphernquelle für diese Gebiete ungeeignet war. Das Paradigma der Physik musste durch ein umfassenderes Konzept ersetzt werden, durch eine Vorstellung von Wirklichkeit, in deren Mittelpunkt das Leben steht.

Für mich war dies ein grundlegender Erkenntniswandel, der sich allmählich und aufgrund vieler Einflüsse vollzog. 1988 veröffentlichte ich einen persönlichen Bericht von dieser intellektuellen Entwicklung unter dem Titel *Das neue Denken*.

Zu Anfang der achtziger Jahre, als ich *Wendezeit* schrieb, war die neue Vorstellung von Wirklichkeit, die schließlich die mechanistische kartesianische Weltanschauung in verschiedenen Disziplinen ablösen würde, keineswegs klar formuliert. Ich sprach von der «systemischen Anschauung vom Leben», womit ich mich auf die intellektuelle Tradition des Systemdenkens bezog, und ich behauptete auch, dass die neue philosophische Schule der Tiefenökologie, die uns Menschen nicht von der Natur trennt und die immanenten Werte aller Lebewesen anerkennt, einen idealen philosophischen, ja sogar spirituellen Kontext für das neue wissenschaftliche Paradigma bieten könnte. Heute, zwanzig Jahre später, bin ich noch immer dieser Ansicht.

In den folgenden Jahren erforschte ich die Implikationen der Tiefenökologie und die systemische Anschauung vom Leben mit Hilfe von Freunden und Kollegen auf verschiedenen Gebieten und veröffentlichte die Ergebnisse unserer Untersuchungen in mehreren Büchern. *Green Politics* (zusammen mit Charlene Spretnak, 1984) analysiert die Entstehung der Partei der Grünen in Deutschland; *Belonging to the Universe* (zusammen mit David Steindl-Rast und Thomas Matus, 1991) verfolgt die Parallelen zwischen dem neuen Denken in der Wissenschaft und dem in der christlichen Theologie; *EcoManagement* (zusammen mit Ernest Callenbach, Lenore Goldman, Rüdiger Lutz und Sandra Marburg, 1993) legt ein theoretisches und praktisches Konzept für ein ökologisch bewusstes Management dar; und *Steering Business Toward Sustainability* (zusammen mit Gunter Pauli herausgegeben, 1995) ist eine Sammlung von Essays von Managern, Wirtschaftswissenschaftlern, Ökologen und anderen, die praktische Methoden skizzieren, wie wir uns der Herausforderung der ökologischen Nachhaltigkeit stellen können. Bei all diesen Untersuchungen konzentrierte und konzentriere ich mich noch immer auf die Organisationsprozesse und -muster lebender Systeme – auf die «verborgenen Zusammenhänge zwischen den Phänomenen».[1]

Die systemische Vorstellung vom Leben, wie sie in *Wendezeit* dargelegt wurde, war keine kohärente Theorie lebender Systeme, sondern vielmehr eine neue Denkweise im Hinblick auf das Leben, einschließlich neuer Wahrnehmungen, einer neuen Sprache und neuer Konzepte. Sie war ein neu entwickeltes Konzept der wissenschaftlichen Avantgarde, eine Pionierleistung von Forschern auf vielen Gebieten, die für ein intellektuelles Klima sorgten, in dem entscheidende Fortschritte in den darauf folgenden Jahren möglich waren.

Seither sind Naturwissenschaftler und Mathematiker der Formulierung einer kohärenten Theorie lebender Systeme einen Riesenschritt näher gekommen, indem sie eine neue mathematische Theorie – ein System mathematischer Konzepte und Techniken – entwickelten, um die Komplexität lebender Systeme zu beschreiben und zu analysieren. Diese Mathematik wird in populärwissenschaftlichen Veröffentlichungen oft «Komplexitätstheorie» oder «Komplexitätswissenschaft» genannt. Naturwissenschaftler und Mathematiker sprechen lieber von «nichtlinearer Dynamik», was auf ihr entscheidendes Merkmal verweist, die Tatsache, dass sie eine nichtlineare Mathematik ist.

Es ist noch nicht lange her, da vermied man in der Naturwissenschaft nichtlineare Gleichungen, da sie so gut wie nicht zu lösen waren. Doch in den siebziger Jahren verfügten die Wissenschaftler erstmals über starke Hochgeschwindigkeitsrechner, die ihnen bei der Bewältigung und Lösung nichtlinearer Gleichungen behilflich waren. Dabei entwickelten sie eine Reihe neuartiger Konzepte und Techniken, die allmählich in ein kohärentes mathematisches System mündeten.

In den siebziger und achtziger Jahren brachte das entschiedene Interesse an nichtlinearen Phänomenen eine ganze Reihe bedeutender Theorien hervor, die unser Wissen über viele Grundeigenschaften des Lebens dramatisch erweitert haben. In meinem neuesten Buch, *Lebensnetz* (1996), habe ich die Mathematik der Komplexität skizziert und eine Synthese der gegenwärtigen nichtlinearen Theorien lebender Systeme vorgestellt. Diese Synthese lässt sich als erster Entwurf eines sich entwickelnden neuen wissenschaftlichen Verständnisses des Lebens begreifen.

Auch die Tiefenökologie wurde während der achtziger Jahre weiterentwickelt und verbessert, und es erschienen zahlreiche Artikel und Bücher über verwandte Disziplinen wie Ökofeminismus, Ökopsychologie, Ökoethik, soziale Ökologie und transpersonale Ökologie. Darum habe ich im ersten Kapitel von *Lebensnetz* den aktuellen Stand der Tiefenökologie und ihrer Beziehungen zu diesen philosophischen Schulen dargestellt.

Innerhalb der Tradition des Systemdenkens bildet das neue, auf den Konzepten der nichtlinearen Dynamik basierende wissenschaftliche Verständnis von Leben eine begriffliche Wasserscheide. Zum ersten Mal verfügen wir nun über eine Sprache, mit der wir komplexe Systeme effektiv beschreiben und analysieren können. Begriffe wie Attraktoren, Phasenabbildungen, Bifurkationsdiagramme und Fraktale gab es vor der Entwicklung der nichtlinearen Dynamik nicht. Heute erlauben uns diese Begriffe, neuartige Fragen zu stellen, und sie haben zu wichtigen Erkenntnissen auf vielen Gebieten geführt.

Meine Ausweitung der systemischen Methode auf den Bereich der Gesellschaft schließt ausdrücklich die materielle Welt mit ein. Das ist ungewöhnlich, denn traditionellerweise interessieren sich Sozialwissenschaftler nicht sehr für die Welt der Materie. Unsere akademischen Disziplinen sind nun einmal so organisiert, dass sich die Naturwissenschaften mit materiellen Strukturen befassen, die Sozialwissenschaften hingegen mit sozialen Strukturen, die im Prinzip als Verhaltensregeln verstanden werden.

Künftig wird diese strikte Trennung nicht mehr möglich sein, da die entscheidende Herausforderung dieses neuen Jahrhunderts – für Sozialwissenschaftler, Naturwissenschaftler und wen auch immer – darin bestehen wird, ökologisch nachhaltige Gemeinschaften zu errichten. Wie ich ausführlich in diesem Buch darlege, ist eine nachhaltige Gemeinschaft so beschaffen, dass ihre Technologien und sozialen Institutionen – ihre materiellen und sozialen Strukturen – die der Natur innewohnende Fähigkeit, das Leben zu erhalten, nicht beeinträchtigen.

Mit anderen Worten: Die Konstruktionsprinzipien unserer künftigen sozialen Institutionen müssen mit den Organisationsprinzipien vereinbar sein, die die Natur entwickelt hat, um das Lebensnetz zu erhalten. Unabdingbar ist hierfür ein einheitliches begriffliches System zum Verständnis der materiellen und sozialen Strukturen. Dieses Buch will einen ersten Entwurf für ein derartiges System liefern.

Fritjof Capra

Teil I
Leben, Geist und Gesellschaft

I

Das Wesen des Lebens

Bevor ich das neue einheitliche System des Verstehens biologischer und sozialer Phänomene einführe, möchte ich gern die uralte Frage stellen: «Was ist Leben?», und sie mit neuen Augen betrachten.[1]

Von Anfang an sollte ich betonen, dass ich mich mit dieser Frage nicht in ihrer ganzen menschlichen Tiefe, sondern aus einer strikt naturwissenschaftlichen Perspektive befassen werde, und innerhalb der Naturwissenschaften betrachte ich das Leben zunächst als ein rein biologisches Phänomen. Im Rahmen dieser eingeschränkten Sicht können wir die Frage etwa so formulieren: «Was sind die definierenden Merkmale lebender Systeme?»

Sozialwissenschaftler gehen vielleicht lieber entgegengesetzt vor: Zuerst ermitteln sie die definierenden Merkmale der sozialen Wirklichkeit, und dann übertragen sie dieses System auf den Bereich des Biologischen und integrieren es mit entsprechenden Begriffen in die Naturwissenschaften. Ich zweifle nicht daran, dass dies möglich wäre. Doch da ich eine naturwissenschaftliche Ausbildung besitze und bereits eine Synthese der neuen Konzeption des Lebens in diesen Disziplinen entwickelt habe, liegt es nahe, dass ich dort beginne.

Im Übrigen könnte ich auch behaupten, dass die soziale Wirklichkeit schließlich aus der biologischen Welt vor zwei bis vier Millionen Jahren hervorgegangen ist, als eine Spezies der «Südaffen» *(Australopithecus afarensis)* sich erhob und auf zwei Beinen zu gehen begann. Damals entwickelten die frühen Hominiden ein komplexes Gehirn, die Fähigkeit zur Werkzeugherstellung und die Sprache, während die Hilflosigkeit ihrer zu früh geborenen Kinder zur Bildung einander unterstützender Familien und Gemeinschaften führte, des Fundaments des menschlichen Gesellschaftslebens.[2] Daher ist es sinnvoll, das Verstehen sozialer Phänomene in einer einheitlichen Konzeption der Evolution von Leben und Bewusstsein zu begründen.

Die Konzentration auf die Zellen

Wenn wir die ungeheure Vielfalt lebender Organismen betrachten – Tiere, Pflanzen, Menschen, Mikroorganismen –, fällt uns sofort etwas Wichtiges ins Auge: Sie alle bestehen aus Zellen. Ohne Zellen gibt es kein Leben auf der Erde. Das mag nicht immer so gewesen sein – und ich werde darauf zurückkommen[3] –, aber heutzutage können wir mit Sicherheit sagen, dass alles biologische Leben mit Zellen zusammenhängt.

Dieser Einsicht verdanken wir eine Strategie, die typisch für die naturwissenschaftliche Methode ist. Um die definierenden Merkmale von Leben zu ermitteln, halten wir nach dem einfachsten System Ausschau, das diese Merkmale aufweist, und da wir wissen, dass alle lebenden Organismen entweder einzellig oder vielzellig sind, wissen wir auch, dass das einfachste lebende System die Zelle ist.[4] Diese reduktionistische Strategie erweist sich als sehr effektiv in der Naturwissenschaft – vorausgesetzt freilich, man verfällt nicht dem Irrglauben, komplexe Wesen seien nichts weiter als die Summe ihrer einfacheren Teile.

Das einfachste lebende System ist also eine Zelle, genauer: eine Bakterienzelle. Heute wissen wir, dass sich alle höheren Lebensformen aus Bakterienzellen entwickelt haben. Die einfachsten Bakterienzellen gehören zu einer Familie winziger kugelförmiger Bakterien, dem so genannten Mykoplasma, dessen Durchmesser weniger als ein tausendstel Millimeter beträgt und dessen Genom aus einer einzigen geschlossenen Schleife doppelsträngiger DNA besteht.[5] Doch selbst in diesen minimalen Zellen ist ein komplexes Netzwerk von metabolischen Prozessen* unaufhörlich im Gang, das Nährstoffe in die Zelle hinein- und Abfallprodukte aus ihr heraustransportiert und ständig mit Hilfe der Nahrungsmoleküle Proteine und andere Zellkomponenten aufbaut.

Zwar sind die Mykoplasmabakterien im Hinblick auf ihre innere Simplizität minimale Zellen, doch sie können nur in einem ganz bestimmten und ziemlich komplexen chemischen Milieu überleben. Der Biologe Harold Morowitz hat darauf hingewiesen, dass wir deshalb zwischen zwei Arten von zellulärer Einfachheit unterscheiden müssen.[6] Innere Einfachheit heiße, dass die Biochemie des inneren Milieus des Organismus einfach ist, während ökologische Einfachheit bedeute, dass der Organismus nur wenige chemische Anforderungen an sein äußeres Milieu stelle.

Aus ökologischer Sicht sind die einfachsten Bakterien die so genannten Zyanobakterien, die Vorläufer der Blau- und Grünalgen, die ebenfalls zu den ältesten Bakterien gehören und deren chemische Spuren in den frühesten Fossilien vorhanden sind. Einige dieser blaugrünen Bakterien sind in der Lage, ihre organischen Bestandteile ausschließlich aus Kohlendioxid, Wasser, Stickstoff und reinen Mineralien aufzubauen. Interessanterweise ist ihre große ökologische Einfachheit anscheinend auf eine gewisse innere biochemische Komplexität angewiesen.

Die ökologische Sicht

Über die Beziehung zwischen innerer und ökologischer Einfachheit wissen wir noch immer kaum Bescheid, was zum Teil daran liegt, dass die meisten Biologen mit der ökologischen Sicht nicht vertraut sind. Dazu Harold Morowitz: «Nachhaltiges Leben ist eine Eigenschaft eines ökologischen Systems, weniger die eines einzigen Organismus oder einer Spezies. Die traditionelle Biolo-

* Der Metabolismus – vom griechischen *metabole* («Veränderung») – oder Stoffwechsel ist die Summe der biochemischen Prozesse, die im Leben ablaufen.

gie neigt dazu, ihre Aufmerksamkeit auf individuelle Organismen statt auf das biologische Kontinuum zu konzentrieren. Der Ursprung des Lebens wird daher als ein einzigartiges Ereignis betrachtet, bei dem sich ein Organismus aus dem ihn umgebenden Milieu entwickelt. Eine mehr ökologisch ausgewogene Sichtweise würde die protoökologischen Zyklen und die nachfolgenden chemischen Systeme untersuchen, die sich entwickelt haben und in reichem Maße vorhanden gewesen sein müssen, während Organismen ähnelnde Objekte erschienen.»[7]

Individuelle Organismen können nicht isoliert existieren. Tiere sind in ihrem Energiebedarf auf die Photosynthese der Pflanzen angewiesen; Pflanzen sind von dem von Tieren produzierten Kohlendioxid abhängig, ebenso wie von dem von den Bakterien an ihren Wurzeln gebundenen Stickstoff; und Pflanzen, Tiere und Mikroorganismen zusammen regeln die gesamte Biosphäre und erhalten die lebensförderlichen Bedingungen aufrecht. Nach der Gaia-Hypothese von James Lovelock und Lynn Margulis[8] ging die Evolution der ersten lebenden Organismen Hand in Hand mit der Umwandlung der Oberfläche unseres Planeten aus einem anorganischen Milieu in eine selbstregulierende Biosphäre. «In diesem Sinne», schreibt Harold Morowitz, «ist Leben eine Eigenschaft von Planeten und nicht von individuellen Organismen.»[9]

DNA – die Definition von Leben

Kehren wir nun zu der Frage «Was ist Leben?» zurück. Wie funktioniert eine Bakterienzelle? Welches sind ihre definierenden Merkmale? Wenn wir eine Zelle durch ein Elektronenmikroskop betrachten, stellen wir fest, dass ihre metabolischen Prozesse mit speziellen Makromolekülen verbunden sind – sehr großen Molekülen, die aus langen Ketten von hunderten von Atomen bestehen. Zwei Arten dieser Makromoleküle befinden sich in allen Zellen: Proteine und Nukleinsäuren (DNA und RNA).

In der Bakterienzelle gibt es im Prinzip zwei Typen von Proteinen: Enzyme, die als Katalysatoren verschiedener metabolischer Prozesse fungieren, und strukturelle Proteine, die ein Teil der Zellstruktur sind. In höheren Organismen gibt es auch viele andere Typen von Proteinen mit spezialisierten Funktionen, etwa die Antikörper des Immunsystems oder die Hormone.

Da die meisten Stoffwechselprozesse von Enzymen katalysiert und Enzyme von Genen spezifiziert werden, sind die Zellprozesse genetisch gesteuert, was ihnen große Stabilität verleiht. Die RNA-Moleküle dienen als Boten, die kodierte Informationen für die Synthese von Enzymen aus der DNA weiterleiten und damit das entscheidende Bindeglied zwischen den genetischen und den metabolischen Merkmalen der Zelle darstellen.

Die DNA ist auch für die Selbstreplikation der Zelle zuständig, einer wichtigen Eigenschaft des Lebens. Ohne sie wären alle zufällig gebildeten Strukturen verfallen und verschwunden, und das Leben hätte sich nie entwickeln können. Diese vorrangige Bedeutung der DNA könnte nahe legen, sie als das einzige definierende Merkmal des Lebens zu verstehen. Wir könnten dann einfach sagen: «Lebende Systeme sind chemische Systeme, die DNA enthalten.»

Diese Definition ist insofern problematisch, als auch tote Zellen DNA enthalten. Ja, DNA-Moleküle können jahrhunderte-, sogar jahrtausendelang nach dem Tod eines Organismus erhalten bleiben. Von einem spektakulären Fall wurde vor einigen Jahren berichtet, als es Wissenschaftlern in Deutschland gelang, die exakte Gensequenz in der DNA aus einem Neandertalerschädel zu ermitteln – also aus Knochen, die seit über 100 000 Jahren tot waren![10] Daher reicht die Anwesenheit von DNA allein nicht aus, um Leben zu definieren. Zumindest müsste unsere Definition etwa folgendermaßen modifiziert werden: «Lebende Systeme sind chemische Systeme, die DNA enthalten und nicht tot sind.» Aber dann würden wir im Prinzip sagen: «Ein lebendes System ist ein System, das lebt» – und das wäre eine schiere Tautologie.

Diese kleine Übung zeigt, dass die Molekularstrukturen der

Zelle nicht für die Definition von Leben genügen. Wir müssen auch die metabolischen Prozesse der Zelle beschreiben – mit anderen Worten: die Muster von Beziehungen zwischen den Makromolekülen. Bei dieser Methode konzentrieren wir uns auf die Zelle als Ganzes statt nur auf ihre Teile. Dem Biochemiker Pier Luigi Luisi zufolge, dessen Spezialgebiet die molekulare Entwicklung und der Ursprung des Lebens ist, stellen diese beiden Methoden – die «DNA-zentrierte» Sichtweise und die «zellzentrierte» Sichtweise – zwei philosophische und experimentelle Hauptströmungen in den heutigen Lebenswissenschaften dar.[11]

Membranen – das Fundament der zellularen Identität

Nun wollen wir also die Zelle als Ganzes betrachten. Eine Zelle ist vor allem durch eine Grenze (die Zellmembran) charakterisiert, die zwischen dem System – dem «Selbst» sozusagen – und seiner Umwelt unterscheidet. Innerhalb dieser Grenze gibt es ein Netzwerk chemischer Reaktionen (den Zellstoffwechsel), durch den sich das System aufrechterhält.

Die meisten Zellen haben außer Membranen auch noch andere Grenzen, etwa starre Zellwände oder Kapseln. Diese Grenzstrukturen sind gemeinsame Merkmale in vielen Arten von Zellen, aber nur Membranen sind ein universales Merkmal von zellularem Leben. Von Anfang an war das Leben auf der Erde mit Wasser verbunden. Bakterien bewegen sich in Wasser, und der Metabolismus innerhalb ihrer Membranen findet in einem wässrigen Milieu statt. In derartigen flüssigen Milieus könnte eine Zelle niemals als getrennte Einheit weiter bestehen, ohne dass eine physikalische Barriere gegen eine freie Diffusion vorhanden wäre. Die Existenz von Membranen ist daher eine wesentliche Bedingung für zellulares Leben.

Membranen sind nicht nur ein universales Merkmal von Leben, sondern weisen auch den gleichen Strukturtypus in der ganzen lebenden Welt auf. Wir werden noch sehen, dass die molekularen Details dieser universalen Membranstruktur wichtige Hinweise auf den Ursprung des Lebens geben.[12]

Eine Membran unterscheidet sich erheblich von einer Zellwand. Während Zellwände starre Strukturen sind, sind Membranen stets aktiv, sie öffnen und schließen sich ständig, halten gewisse Substanzen draußen und lassen andere herein. An den metabolischen Reaktionen der Zelle ist eine Vielzahl von Ionen* beteiligt, und die Membran steuert wegen ihrer Halbdurchlässigkeit ihre Proportionen und hält sie im Gleichgewicht. Eine andere entscheidende Tätigkeit der Membran besteht darin, ständig überschüssiges Kalzium hinauszupumpen, so dass das in der Zelle verbleibende Kalzium auf exakt dem – sehr niedrigen – Niveau gehalten wird, das für die Stoffwechselfunktionen erforderlich ist. All diese Tätigkeiten tragen dazu bei, die Zelle als getrennte Einheit aufrechtzuerhalten und sie vor schädlichen Umwelteinflüssen zu schützen – wenn ein Bakterium von einem anderen Organismus angegriffen wird, erzeugt es zuerst Membranen.[13]

Alle mit einem Kern versehenen Zellen und sogar die meisten Bakterien haben auch innere Membranen. In Lehrbüchern wird eine Pflanzen- oder Tierzelle meist als große Scheibe dargestellt, die von der Zellmembran umgeben ist und eine Reihe kleinerer Scheiben (die Organellen) enthält, die jeweils von ihrer eigenen Membran umgeben sind.[14] Dieses Bild ist jedoch nur bedingt richtig. Die Zelle enthält nicht mehrere getrennte Membranen, sondern hat vielmehr ein einziges vernetztes Membranensystem. Dieses so genannte «endomembrane System» ist immer in Bewegung, wickelt sich um alle Organellen und erstreckt sich bis an den Rand der Zelle. Es ist ein sich bewegendes «Fließband», das ständig produziert wird, zerfällt und erneut produziert wird.[15]

Durch ihre verschiedenen Tätigkeiten reguliert die Zellmembran die molekulare Zusammensetzung der Zelle und er-

* Ionen sind Atome, die eine elektrische Nettoladung haben, weil sie ein oder mehrere Elektronen verloren oder hinzugewonnen haben.

hält damit ihre Identität. Es gibt hier eine interessante Parallele zu neueren Überlegungen in der Immunologie. Manche Immunologen glauben inzwischen, dass das Immunsystem die zentrale Rolle hat, das molekulare Repertoire im gesamten Organismus zu steuern und zu regulieren, und dass es somit die «molekulare Identität» des Organismus aufrechterhält.[16] Auf der Zellebene spielt die Zellmembran eine ähnliche Rolle. Sie reguliert die molekulare Zusammensetzung und erhält damit die zellulare Identität aufrecht.

Selbsterzeugung

Die Existenz und die Beschaffenheit der Zellmembran sind das erste definierende Merkmal von zellularem Leben. Das zweite Merkmal ist die Beschaffenheit des Stoffwechsels, der innerhalb der Zellgrenzen stattfindet. Dazu die Mikrobiologin Lynn Margulis: «Stoffwechsel, der unaufhörliche chemische Vorgang der Selbsterhaltung, ist eine unverzichtbare Eigenschaft des Lebendigen ... Nur durch diesen ständigen Fluss von chemischen Verbindungen und Energie kann sich das Leben ununterbrochen selbst hervorbringen, reparieren und fortpflanzen. Nur in Zellen und in Organismen, die aus Zellen bestehen, läuft Stoffwechsel ab.»[17]

Wenn wir uns einmal die Stoffwechselprozesse genauer ansehen, stellen wir fest, dass sie ein chemisches Netzwerk bilden. Dies ist ein weiteres grundlegendes Merkmal des Lebens. So, wie Ökosysteme als Nahrungsnetze (Netzwerke von Organismen) zu verstehen sind, muss man Organismen als Netzwerke von Zellen, Organen und Organsystemen und Zellen als Netzwerke von Molekülen betrachten. Eine der entscheidenden Erkenntnisse der systemischen Methode ist die Einsicht, dass das Netzwerk ein Muster ist, das allem Leben eigen ist. Überall, wo wir Leben sehen, erblicken wir Netzwerke.

Zum metabolischen Netzwerk einer Zelle gehört eine ganz spezielle Dynamik, die sich auffallend von der nicht lebenden

Umwelt der Zelle unterscheidet. Durch die Aufnahme von Nährstoffen aus der Außenwelt erhält sich die Zelle mittels eines Netzwerks chemischer Reaktionen, die innerhalb der Grenze ablaufen und alle Komponenten der Zelle produzieren, auch die der Grenze selbst.[18]

Jede Komponente in diesem Netzwerk hat die Funktion, andere Komponenten umzuwandeln oder zu ersetzen, so dass sich das gesamte Netzwerk ständig selbst erzeugt. Das ist der Schlüssel zur systemischen Definition des Lebens. Lebende Netzwerke erschaffen sich ständig (neu), indem sie ihre Komponenten umwandeln oder ersetzen. Auf diese Weise unterziehen sie sich kontinuierlichen strukturellen Veränderungen, während sie ihre netzartigen Organisationsmuster erhalten.

Die Dynamik der Selbsterzeugung wurde als Schlüsselmerkmal des Lebens von den Biologen Humberto Maturana und Francisco Varela ermittelt, die ihr die Bezeichnung Autopoiese (wörtlich «Selbstmachen») gaben.[19] Der Begriff der Autopoiese vereint in sich die beiden oben erwähnten definierenden Merkmale zellularen Lebens: die physikalische Grenze und das metabolische Netzwerk. Im Unterschied zu den Oberflächen von Kristallen oder großen Molekülen ist die Grenze eines autopoietischen Systems chemisch vom übrigen System getrennt, und sie beteiligt sich an Stoffwechselprozessen, in dem sie sich selbst zusammensetzt und selektiv hereinkommende und hinausgehende Moleküle filtert.[20]

Die Definition eines lebenden Systems als autopoietisches Netzwerk bedeutet, dass das Phänomen des Lebens als Eigenschaft des Systems als Ganzes verstanden werden muss. Pier Luigi Luisi hat dies so formuliert: «Das Leben kann nicht einer einzelnen molekularen Komponente (nicht einmal der DNA oder der RNA!) zugeschrieben werden, sondern nur dem ganzen begrenzten Stoffwechselnetzwerk.»[21]

Der Begriff der Autopoiese stellt ein eindeutiges und überzeugendes Kriterium für die Unterscheidung zwischen lebenden und nichtlebenden Systemen dar. Beispielsweise besagt er, dass Viren nicht lebendig sind, weil sie keinen eigenen Stoffwechsel haben. Außerhalb lebender Zellen sind Viren inaktive molekulare Strukturen, die aus Proteinen und Nukleinsäuren bestehen. Ein Virus ist im Prinzip eine chemische Botschaft, die den Stoffwechsel einer lebenden Wirtszelle benötigt, um neue Viruspartikel zu produzieren, entsprechend den in seiner DNA oder RNA kodierten Instruktionen. Die neuen Partikel werden nicht innerhalb der Grenze des Virus selbst, sondern außerhalb, in der Wirtszelle, hergestellt.[22]

Genauso wenig kann ein Roboter, der andere Roboter aus Teilen zusammensetzt, die von irgendwelchen anderen Maschinen gebaut werden, als lebend gelten. Seit einigen Jahren wird oft behauptet, Computer und andere Automaten könnten künftige Lebensformen bilden. Doch solange sie nicht in der Lage sind, ihre Komponenten aus «Nahrungsmolekülen» in ihrer Umgebung synthetisch herzustellen, dürfen sie nach unserer Definition von Leben nicht als lebendig betrachtet werden.[23]

Das Zellnetzwerk

Sobald wir damit beginnen, das Stoffwechselnetzwerk einer Zelle im Detail zu beschreiben, erkennen wir, dass es tatsächlich sehr komplex ist, selbst bei den einfachsten Bakterien. Die meisten Stoffwechselprozesse werden von Enzymen katalysiert (ermöglicht) und beziehen Energie durch spezielle Phosphatmoleküle, die so genannten ATP-Moleküle. Die Enzyme allein bilden ein kompliziertes Netzwerk katalytischer Reaktionen, und auch die ATP-Moleküle bilden ein entsprechendes Energienetzwerk.[24] Durch die Boten-RNA sind diese beiden Netzwerke mit dem Genom verknüpft (den DNA-Molekülen der Zelle), das seinerseits ein komplexes Netz mit wechselseitigen Verknüpfungen ist, reich an Rückkopplungsschleifen, in denen Gene direkt und indirekt die Aktivität der anderen Gene regulieren.

Manche Biologen unterscheiden zwischen zwei Arten von Produktionsprozessen und dementsprechend auch zwischen zwei getrennten Zellnetzwerken. Das erste wird in einem eher technischen Sinn des Begriffs das «metabolische» Netzwerk genannt, in dem die «Nahrung», die durch die Zellmembran eintritt, in die so genannten «Metaboliten» umgewandelt wird – die Bausteine, aus denen die Makromoleküle gebildet werden.

Das zweite Netzwerk befasst sich mit der Produktion der Makromoleküle – der Enzyme, der strukturellen Proteine, der RNA und der DNA – aus den Metaboliten. Dieses Netzwerk umfasst zwar auch die genetische Ebene, erstreckt sich aber auch auf Ebenen jenseits der Gene und wird daher das «epigenetische»* Netzwerk genannt. Obwohl diese beiden Netzwerke verschiedene Bezeichnungen tragen, sind sie eng miteinander verknüpft und bilden zusammen das autopoietische Zellnetzwerk.

Eine entscheidende Erkenntnis im neuen Verständnis des Lebens besagt, dass biologische Formen und Funktionen nicht einfach von einem «genetischen Plan» determiniert sind, sondern emergente (entstehende) Eigenschaften des gesamten epigenetischen Netzwerks darstellen. Um ihre Entstehung zu begreifen, müssen wir nicht nur die genetischen Strukturen und die Biochemie der Zelle, sondern auch die komplexe Dynamik verstehen, die sich entfaltet, wenn das epigenetische Netzwerk den physikalischen und chemischen Beschränkungen seiner Umwelt begegnet.

Gemäß der nichtlinearen Dynamik, der neuen Mathematik der Komplexität, ergibt sich aus dieser Begegnung eine begrenzte Anzahl möglicher Funktionen und Formen, die sich mathematisch mit Attraktoren beschreiben lassen – komplexen geometrischen Mustern, die die dynamischen Eigenschaften des Systems darstellen.[25] Der Biologe Brian Goodwin und der Mathematiker Ian Stewart haben die Entstehung der biologischen Form mit Hilfe der nichtlinearen Dynamik erklärt.[26] Nach Stewart wird dies eines der fruchtbarsten naturwissenschaftlichen Gebiete in den nächsten Jahren sein:

* Von griechisch *epi* = darauf, nach.

> Ich sage voraus – und damit bin ich keineswegs allein –, dass die Biomathematik eines der aufregendsten Wachstumsgebiete der Naturwissenschaften im 21. Jahrhundert sein wird. Dieses Jahrhundert wird eine Explosion neuer mathematischer Konzepte, neuer Arten von Mathematik erleben, die das Bedürfnis, die Muster der lebenden Welt zu verstehen, ins Leben rufen wird.[27]

Diese Ansicht unterscheidet sich doch sehr vom «genetischen Determinismus», der unter Molekularbiologen, in Biotechnologieunternehmen und in der populärwissenschaftlichen Presse noch immer sehr verbreitet ist.[28] Die meisten Menschen neigen dazu, zu glauben, dass die biologische Form von einem genetischen Plan determiniert und dass alle Informationen über Zellprozesse an die nächste Generation durch die DNA weitergegeben wird, wenn sich eine Zelle teilt und ihre DNA repliziert. Doch das ist eben nicht alles, was da geschieht.

Wenn sich eine Zelle vermehrt, gibt sie nicht nur ihre Gene weiter, sondern auch ihre Membranen, Enzyme, Organellen – kurz, das ganze Zellnetzwerk. Die neue Zelle wird nicht aus «nackter» DNA produziert, sondern aus einem ungebrochenen Fortbestehen des gesamten autopoietischen Netzwerks. Nackte DNA wird nie weitergegeben, da Gene nur funktionieren können, wenn sie in das epigenetische Netzwerk eingebettet sind. Daher entfaltet sich das Leben seit über drei Milliarden Jahren in einem ununterbrochenen Prozess, ohne das Grundmuster seiner selbsterzeugenden Netzwerke zu durchbrechen.

Die Entstehung einer neuen Ordnung

Nach der Theorie der Autopoiese ist das Muster selbsterzeugender Netzwerke ein definierendes Merkmal von Leben. Allerdings liefert sie keine detaillierte Beschreibung der Physik und der Chemie, die an autopoietischen Netzwerken beteiligt sind. Wie wir gesehen haben, ist eine derartige Beschreibung entscheidend für das Verständnis der Entstehung biologischer Formen und Funktionen.

Dabei gehen wir von der Beobachtung aus, dass alle Zellstrukturen fern vom thermodynamischen Gleichgewicht existieren und bald in Richtung des Gleichgewichtszustands zerfallen würden – mit anderen Worten: dass die Zelle sterben würde –, wenn sich der Zellstoffwechsel nicht eines kontinuierlichen Energiestroms bedienen würde, um Strukturen so schnell wiederherzustellen, wie sie zerfallen. Das heißt, wir müssen die Zelle als ein offenes System beschreiben. Lebende Systeme sind zwar in organisatorischer Hinsicht geschlossen – sie sind autopoietische Netzwerke –, aber materiell und energetisch offen. Sie müssen sich von kontinuierlichen Materie- und Energieflüssen aus ihrer Umwelt ernähren, um am Leben zu bleiben. Andererseits produzieren Zellen, wie alle lebenden Organismen, Abfall, und dieser Durchfluss von Materie – Nahrung und Abfall – legt ihren Platz im Nahrungsnetz fest. Lynn Margulis: «Die Zelle hat eine automatische Beziehung zu irgendetwas anderem. Sie gibt etwas von sich, und irgendetwas anderes wird es essen.»[29]

Detaillierte Untersuchungen des Materie- und Energieflusses durch komplexe Systeme haben zur Theorie der dissipativen Strukturen geführt, wie sie Ilya Prigogine und seine Mitarbeiter entwickelt haben.[30] Eine dissipative Struktur ist laut Prigogine ein offenes System, das sich selbst in einem Zustand fern vom Gleichgewicht erhält. Auch wenn sich dieser Zustand sehr vom Gleichgewicht unterscheidet, ist er gleichwohl stabil: Die gleiche Gesamtstruktur wird trotz eines anhaltenden Flusses und einer Veränderung von Komponenten aufrechterhalten. Prigogine nannte die von seiner Theorie beschriebenen offenen Systeme «dissipative Strukturen», um dieses enge Zusammenspiel zwischen Struktur einerseits und Fluss und Veränderung (oder Dissipation) andererseits hervorzuheben.

Die Dynamik dieser dissipativen Strukturen schließt insbesondere die spontane Entstehung neuer Formen von Ordnung ein. Nimmt der Energiefluss zu, kann das System an einen

Punkt der Instabilität gelangen, dem so genannten «Bifurkationspunkt», an dem es sich in einen völlig neuen Zustand verzweigen kann, in dem neue Strukturen und neue Formen entstehen können.

Dieses spontane Entstehen von Ordnung an entscheidenden Punkten der Instabilität ist eines der wichtigsten Konzepte des neuen Verständnisses von Leben. Fachsprachlich nennt man es Selbstorganisation, oft spricht man einfach von «Emergenz». Dieses Phänomen der Emergenz ist eines der Kennzeichen von Leben. Es gilt als der dynamische Ursprung von Entwicklung, Lernen und Evolution. Mit anderen Worten: Kreativität – die Erzeugung von neuen Formen – ist eine Schlüsseleigenschaft aller lebenden Systeme. Und da Emergenz ein integraler Bestandteil der Dynamik offener Systeme ist, gelangen wir zu der wichtigen Schlussfolgerung, dass offene Systeme sich entwickeln. Das Leben greift ständig nach Neuem.

Die im Rahmen der nichtlinearen Dynamik formulierte Theorie dissipativer Strukturen erklärt nicht nur das spontane Entstehen von Ordnung, sondern verhilft uns auch zu einer Definition von Komplexität.[31] Während das Studium von Komplexität traditionellerweise ein Studium komplexer Strukturen ist, verlagert sich der Blickwinkel heute von den Strukturen zu den Prozessen ihres Entstehens. Statt beispielsweise die Komplexität eines Organismus nach der Anzahl seiner verschiedenen Zelltypen zu definieren, wie Biologen dies oft tun, können wir sie als die Anzahl von Bifurkationen definieren, die der Embryo bei der Entwicklung des Organismus durchläuft. Demzufolge spricht Brian Goodwin von «morphologischer Komplexität».[32]

Präbiotische Evolution

Halten wir einen Augenblick inne, um die definierenden Merkmale lebender Systeme Revue passieren zu lassen, die wir bei unserer Betrachtung des zellularen Lebens ermittelt haben. Wir haben festgestellt, dass eine Zelle ein von Membranen begrenztes, selbsterzeugendes, organisatorisch geschlossenes metabolisches Netzwerk ist; dass sie in materieller und energetischer Hinsicht offen ist und einen ständigen Fluss von Materie und Energie dazu benutzt, sich zu produzieren, zu reparieren und fortzupflanzen; und dass sie fern vom Gleichgewicht operiert, wo neue Strukturen und neue Formen spontan entstehen können, was somit zu Entwicklung und Evolution führt. Diese Merkmale werden von zwei verschiedenen Theorien beschrieben, die zwei unterschiedliche Ansichten von Leben darstellen: der Theorie der Autopoiese und der Theorie dissipativer Strukturen.

Wenn wir diese beiden Theorien zu integrieren versuchen, werden wir entdecken, dass sie nicht ganz zusammenpassen. Während alle autopoietischen Systeme dissipative Strukturen sind, sind nicht alle dissipativen Strukturen autopoietische Systeme. Ilya Prigogine entwickelte denn auch seine Theorie aus dem Studium komplexer thermaler Systeme und chemischer Zyklen, die fern vom Gleichgewicht existieren, obwohl ihn dazu ein reges Interesse am Wesen des Lebens veranlasst hatte.[33]

Dissipative Strukturen sind somit nicht unbedingt lebende Systeme, aber da die Emergenz ein integraler Bestandteil ihrer Dynamik ist, besitzen alle dissipativen Strukturen das Potenzial, sich zu entwickeln. Mit anderen Worten: Es gibt eine «präbiotische» Evolution – eine Evolution der leblosen Materie, die einige Zeit vor der Entstehung lebender Zellen begonnen haben muss. Diese Anschauung wird heute allgemein von den Naturwissenschaftlern akzeptiert.

Die erste umfassende Version der Vorstellung, dass lebende Materie aus lebloser Materie durch einen kontinuierlichen Evolutionsprozess hervorging, stammt von dem russischen Biochemiker Alexander Oparin, der sie in seinem 1929 erschienenen klassischen Buch *Der Ursprung des Lebens* formulierte.[34] Was Oparin die «molekulare Evolution» nannte, bezeichnet man heute im Allgemeinen als «präbiotische Evolution». Pier Luigi Luisi hat dies so formuliert: «Ausgehend von kleinen Molekülen hätten sich Verbindungen von zunehmender molekularer Komplexität und mit emergenten neuartigen Eigenschaften entwickelt, bis die außergewöhnlichste aller emergenten Eigenschaften – das Leben selbst – entstand.»[35]

Auch wenn die Idee der präbiotischen Evolution inzwischen allgemein akzeptiert ist, gibt es unter Wissenschaftlern keinen Konsens hinsichtlich der einzelnen Stufen in diesem Prozess. Mehrere Szenarien wurden vorgeschlagen, aber keines davon konnte bislang nachgewiesen werden. Ein Szenarium beginnt mit katalytischen Zyklen und «Hyperzyklen» (Zyklen von vielfachen Rückkopplungsschleifen), die von Enzymen gebildet werden, die zur Selbstreplikation und Evolution fähig sind.[36] Ein anderes Szenarium basiert darauf, dass gewisse Arten von RNA, wie man vor kurzem entdeckt hat, ebenfalls als Enzyme agieren können, d.h. als Katalysatoren von Stoffwechselprozessen. Aufgrund dieser katalytischen Fähigkeit der RNA, die mittlerweile feststeht, kann man sich ein Evolutionsstadium vorstellen, in dem zwei Funktionen, die für die lebende Zelle von entscheidender Bedeutung sind – Informationstransfer und katalytische Aktivitäten –, in einem einzelnen Molekültypus kombiniert wurden. Die Wissenschaft nennt dieses hypothetische Stadium die «RNA-Welt».[37]

Im Evolutionsszenarium der RNA-Welt[38] würden die RNA-Moleküle zunächst die katalytischen Aktivitäten ausführen, die erforderlich sind, um Kopien von sich zusammenzusetzen, und dann damit beginnen, Proteine, einschließlich der Enzyme, synthetisch herzustellen. Diese neu gebauten Enzyme wären viel effektivere Katalysatoren als ihre RNA-Gegenspieler und würden daher schließlich dominieren. Am Ende würde die DNA auf der Szene als die letzthinige Trägerin genetischer Information mit der zusätzlichen Fähigkeit erscheinen, Transkriptionsfehler aufgrund ihrer doppelsträngigen Struktur korrigieren zu können. In diesem Stadium würde die RNA auf die Mittlerrolle zurückgestuft werden, die sie heute hat, ersetzt durch die DNA als effektiveren Informationsspeicher und durch Proteinenzyme als effektivere Katalysatoren.

Minimales Leben

All diese Szenarien sind noch immer sehr spekulativ, ob sie nun von katalytischen Hyperzyklen von Proteinen (Enzymen) ausgehen, die sich mit Membranen umgeben und dann irgendwie eine DNA-Struktur erzeugen, von einer RNA-Welt, die sich zur heutigen DNA plus RNA plus Proteinen entwickelt, oder von einer Synthese dieser beiden Szenarien, wie jüngst vorgeschlagen wurde.[39] Unabhängig davon, welches Szenarium der präbiotischen Evolution existiert haben mag, stellt sich die interessante Frage, ob wir in irgendeinem Stadium vor dem Erscheinen von Zellen von lebenden Systemen sprechen können. Mit anderen Worten: Gibt es eine Möglichkeit, minimale Merkmale lebender Systeme zu definieren, die vielleicht in der Vergangenheit existiert haben, unabhängig von dem, was sich anschließend entwickelte? Hier die Antwort von Luisi:

> Es ist klar, dass der Prozess, der zum Leben führt, ein kontinuierlicher Prozess ist, und damit wird es sehr schwierig, eine unzweideutige Definition von Leben zu formulieren. Tatsächlich gibt es offenkundig viele Stellen auf Oparins Weg, an denen sich die Markierung «miminales Leben» willkürlich anbringen ließe: auf der Ebene der Selbstreplikation; im Stadium, in dem die Selbstreplikation ... von einer chemischen Evolution begleitet wurde; zu dem Zeitpunkt, als Proteine und Nukleinsäuren miteinander zu interagieren begannen; als ein genetischer Code entstand oder als sich die erste Zelle bildete.[40]

Luisi gelangt zu der Schlussfolgerung, dass unterschiedliche Definitionen von minimalem Leben zwar gleichermaßen zu rechtfertigen wären, aber vielleicht mehr oder weniger sinnvoll sein könnten, je nach dem Zweck, für den sie herangezogen würden.

Falls der Grundgedanke der präbiotischen Evolution stimmt, sollte es im Prinzip möglich sein, diese im Labor nachzuweisen.

Die Wissenschaftler, die auf diesem Gebiet arbeiten, hätten dann die Aufgabe, Leben aus Molekülen zu bauen oder zumindest verschiedene evolutionäre Stufen in verschiedenen präbiotischen Szenarien zu rekonstruieren. Da es keine fossilen Belege sich entwickelnder präbiotischer Systeme aus der Zeit, in der sich die ersten Gesteine auf der Erde bildeten, bis zum Entstehen der ersten Zellen gibt, fehlen den Chemikern hilfreiche Hinweise auf mögliche Zwischenstrukturen – sie stehen vor einer schier unlösbaren Aufgabe.

Gleichwohl hat es in letzter Zeit erhebliche Fortschritte gegeben. Außerdem dürfen wir nicht vergessen, dass dieses ganze Gebiet noch sehr jung ist. Die systematische Suche nach dem Ursprung des Lebens wird erst seit etwa 40 oder 50 Jahren betrieben. Doch obwohl unsere detaillierten Vorstellungen von der präbiotischen Evolution noch immer sehr spekulativ sind, zweifeln die meisten Biologen und Biochemiker nicht daran, dass der Ursprung des Lebens auf der Erde das Ergebnis einer Abfolge chemischer Vorgänge war, die von den Gesetzen der Physik und Chemie ebenso wie von der nichtlinearen Dynamik komplexer Systeme abhängig waren.

Diese Überlegungen werden eloquent und mit eindrucksvollen Details von Harold Morowitz in einem wunderbaren kleinen Buch, *Beginnings of Cellular Life*,[41] vorgetragen, auf das ich mich auf den restlichen Seiten dieses Kapitels beziehen werde. Morowitz geht die Frage nach der präbiotischen Evolution und dem Ursprung des Lebens von zwei Seiten an. Zunächst ermittelt er die Grundprinzipien der Biochemie und der Molekularbiologie, die allen lebenden Zellen gemeinsam sind. Er verfolgt diese Prinzipien durch die Evolution bis zum Ursprung von Bakterienzellen zurück und behauptet, sie müssten auch eine entscheidende Rolle bei der Bildung der «Protozellen» gespielt haben, aus denen sich die ersten Zellen entwickelten: «Aufgrund der historischen Kontinuität sollten präbiotische Prozesse eine Signatur in der gegenwärtigen Biochemie hinterlassen.»[42]

Nachdem er die Grundprinzipien der Physik und Chemie dargelegt hat, die zur Bildung von Protozellen geführt haben müssen, fragt Morowitz: Wie könnte sich die Materie, die diesen Prinzipien unterliegt und die den Energieflüssen ausgesetzt war, die es auf der Erdoberfläche gab, sich selbst so organisiert haben, dass sie verschiedene Stadien von Protozellen und dann schließlich die erste lebende Zelle hervorbrachte?

Die Elemente des Lebens

Die Grundelemente der Chemie des Lebens sind Atome, Moleküle und chemische Prozesse oder «metabolische Pfade». In seiner ausführlichen Erörterung dieser Elemente weist Morowitz wunderschön nach, dass die Wurzeln des Lebens tief in die Grundlagen der Physik und Chemie hinabreichen.

Wir können von der Beobachtung ausgehen, dass mehrfache chemische Bindungen unabdingbar für die Bildung komplexer biochemischer Strukturen sind und dass Kohlenstoff (C), Stickstoff (N) und Sauerstoff (O) die einzigen Elemente sind, die regulär mehrfache Bindungen eingehen. Außerdem wissen wir, dass leichte Elemente die stärksten chemischen Bindungen ergeben. Daher überrascht es nicht, dass diese drei Elemente, zusammen mit dem leichtesten Element, Wasserstoff (H), die Hauptatome biologischer Strukturen sind.

Wir wissen auch, dass das Leben im Wasser begann und dass zellulares Leben noch immer in einem wässrigen Milieu funktioniert. Morowitz weist darauf hin, dass Wassermoleküle (H_2O) elektrisch hochpolar sind, weil ihre Elektronen näher am Sauerstoffatom als an den Wasserstoffatomen bleiben, so dass sie eine effektive positive Ladung auf dem H und eine negative Ladung auf dem O hinterlassen. Diese Polarität von Wasser ist ein Schlüsselmerkmal in den molekularen Details der Biochemie und insbesondere bei der Bildung von Membranen, wie wir unten sehen werden.

Die letzten beiden Hauptatome biologischer Systeme sind Phosphor (P) und Schwefel (S). Diese Elemente haben einzigartige chemische Merkmale aufgrund der großen Vielseitigkeit ihrer Verbindungen, und die Biochemiker glauben daher, dass sie Hauptkomponenten der präbiotischen Chemie gewesen sein müssen. Insbesondere sind gewisse Phosphate an der Umwandlung und Verteilung chemischer Energie beteiligt, und das war bei der präbiotischen Evolution genauso wichtig, wie es heute für den Zellstoffwechsel unabdingbar ist.

Wenn wir von Atomen zu Molekülen übergehen, stellen wir fest, dass es ein universales Set kleiner organischer Moleküle gibt, das von allen Zellen als Nahrung für ihren Stoffwechsel verwendet wird. Tiere nehmen zwar viele große und komplexe Moleküle auf, doch diese werden stets in kleine Komponenten zerlegt, bevor sie in die Stoffwechselprozesse der Zelle gelangen. Außerdem beträgt die Gesamtzahl der verschiedenen Nahrungsmoleküle nicht mehr als ein paar hundert, und das ist bemerkenswert angesichts der Tatsache, dass sich eine ungeheure Zahl kleiner Verbindungen aus den Atomen von C, H, N, O, P und S herstellen lässt.

Die Universalität und die kleine Zahl von Atom- und Molekülarten in den gegenwärtigen lebenden Zellen verweisen entschieden auf ihren gemeinsamen evolutionären Ursprung in den ersten Protozellen, und diese Hypothese wird noch mehr gestützt, wenn wir uns den metabolischen Pfaden zuwenden, die die chemischen Grundlagen von Leben ausmachen. Erneut begegnen wir dem gleichen Phänomen. Dazu Morowitz: «Inmitten der ungeheuren Vielfalt von biologischen Typen, einschließlich der Millionen erkennbarer Arten, ist die Vielfalt biochemischer Pfade klein, beschränkt und universal verteilt.»[43] Es ist sehr wahrscheinlich, dass der Kern dieses metabolischen Netzwerks, diese «metabolische Karte», eine ursprüngliche Biochemie darstellt, die wichtige Hinweise über den Ursprung des Lebens enthält.

Blasen von minimalem Leben

Wie wir gesehen haben, legt die sorgfältige Beobachtung und Analyse der Grundelemente des Lebens entschieden die Vermutung nahe, dass zellulares Leben in einer universalen Physik und Biochemie wurzelt, die lange vor der Evolution lebender Zellen existierte. Wenden wir uns nun der zweiten Forschungslinie zu, wie sie Harold Morowitz dargestellt hat. Wie konnte sich die Materie innerhalb der Beschränkungen dieser ursprünglichen Physik und Biochemie selbst organisieren, ohne Zutaten, um sich zu den komplexen Molekülen zu entwickeln, aus denen Leben hervorging?

Die Vorstellung, dass kleine Moleküle in einer ursprünglichen «chemischen Suppe» sich spontan zu Strukturen von immer größer werdender Komplexität zusammengefügt haben, widerspricht jeder konventionellen Erfahrung mit einfachen chemischen Systemen. Viele Wissenschaftler haben daher erklärt, die Chancen einer solchen präbiotischen Evolution seien verschwindend gering – oder aber es müsse ein außergewöhnliches auslösendes Ereignis gegeben haben, etwa dass Meteoriten Makromoleküle zur Erde gebracht haben.

Allerdings haben wir heute eine radikal andere Ausgangsbasis für die Lösung dieses Rätsels. Wissenschaftler, die auf diesem Gebiet arbeiten, sind inzwischen zu der Erkenntnis gelangt, dass der Fehler dieses konventionellen Einwands in der Vorstellung liegt, Leben müsse aus einer ursprünglichen chemischen Suppe durch eine fortschreitende Zunahme von molekularer Komplexität entstanden sein. Das neue Denken geht, wie Morowitz wiederholt betont, von der Hypothese aus, dass sich schon sehr früh, und zwar vor der Zunahme von molekularer Komplexität, gewisse Moleküle zu primitiven Membranen zusammensetzten, die spontan geschlossene Blasen bildeten, und dass sich die Evolution von molekularer Komplexität innerhalb dieser Blasen vollzog und nicht in einer strukturlosen chemischen Suppe.

Bevor ich im Detail darauf eingehe, wie sich primitive, von Membranen begrenzte Blasen – «Vesikel», wie die Chemiker sie nennen – spontan entwickelt haben könnten, möchte ich auf die dramatischen Folgen eines solchen Prozesses hinweisen. Mit der Bildung von Vesikeln wurden zwei verschiedene Milieus – ein äußeres und ein inneres – geschaffen, in denen sich kompositorische Unterschiede entwickeln konnten.

Wie Morowitz ausführlich darlegt, stellt das innere Volumen eines Vesikels eine geschlossene Mikroumwelt dar, in der gezielte chemische Reaktionen ablaufen können, und das bedeutet, dass Moleküle, die normalerweise selten sind, in großen Mengen gebildet werden können. Diese Moleküle umfassen insbesondere die Bausteine der Membran selbst, die in die existierende Membran eingebaut werden, so dass sich die ganze Membranfläche vergrößert. An irgendeinem Punkt in diesem Wachtumsprozess vermögen die stabilisierenden Kräfte die Einheit der Membran nicht mehr aufrechtzuerhalten, und das Vesikel zerfällt in zwei oder mehr kleinere Blasen.[44]

Diese Wachstums- und Replikationsprozesse finden nur dann statt, wenn es einen Energie- und Materiefluss durch die Membran gibt. Morowitz schildert ein plausibles Szenarium dieses Vorgangs.[45] Die Vesikelmembranen sind halb durchlässig, und daher können verschiedene kleine Moleküle in die Blasen gelangen oder in die Membran eingebaut werden. Darunter befinden sich so genannte Chromophoren – Moleküle, die Sonnenlicht absorbieren. Ihre Anwesenheit erzeugt elektrische Potenziale in der ganzen Membran, und damit wird das Vesikel eine Vorrichtung, die Lichtenergie in elektrische Potenzialenergie umwandelt. Sobald dieses System zur Energieumwandlung eingerichtet ist, kann ein kontinuierlicher Energiefluss die chemischen Prozesse im Vesikel in Gang setzen. Schließlich erfolgt eine weitere Verbesserung dieses Energieszenarios, wenn die chemischen Reaktionen in den Blasen Phosphate produzieren, die bei der Transformation und Verteilung von chemischer Energie sehr effektiv sind.

Morowitz weist auch darauf hin, dass der Energie- und Materiefluss nicht nur für das Wachstum und die Replikation der Vesikel notwendig ist, sondern auch für das bloße Weiterbestehen stabiler Strukturen. Da alle derartigen Strukturen aus zufälligen Vorgängen im chemischen Bereich hervorgehen und dem thermischen Zerfall unterliegen, sind sie ihrem Wesen nach nicht im Gleichgewicht befindliche Einheiten, die nur durch kontinuierliche Verarbeitung von Materie und Energie erhalten werden können.[46] An dieser Stelle wird offenkundig, dass zwei definierende Merkmale von zellularem Leben in rudimentärer Form in diesen primitiven, von Membranen begrenzten Blasen vorhanden sind. Die Vesikel sind offene Systeme, ständigen Energie- und Materieflüssen ausgesetzt, während ihr Inneres ein relativ geschlossener Raum ist, in dem sich wahrscheinlich Netzwerke chemischer Reaktionen entwickeln. Wir erkennen in diesen beiden Eigenschaften die Wurzeln lebender Netzwerke und ihrer dissipativen Strukturen.

Damit sind nun alle Voraussetzungen für die präbiotische Evolution gegeben. In einer großen Population von Vesikeln wird es viele Unterschiede hinsichtlich ihrer chemischen Eigenschaften und strukturellen Komponenten geben. Bestehen diese Unterschiede fort, wenn sich die Blasen teilen, können wir von einem prägenetischen Speicher und von «Arten» von Vesikeln sprechen, und da diese Arten um Energie und verschiedene Moleküle aus ihrer Umwelt konkurrieren werden, wird eine Art von Darwinscher Dynamik von Wettbewerb und natürlicher Auslese stattfinden, in der molekulare Zufälle zum Zweck «evolutionärer» Vorteile verstärkt und selektiert werden können. Außerdem werden verschiedene Typen von Vesikeln gelegentlich miteinander verschmelzen, und das kann zu Synergien vorteilhafter chemischer Eigenschaften führen und damit auf das Phänomen der Symbiogenese (die Erzeugung neuer Lebensformen durch die Symbiose zweiter Organismen) in der biologischen Evolution vorausweisen.[47]

Somit erkennen wir, dass eine Vielzahl rein physikalischer und chemischer Mechanismen die von Membranen begrenzten Vesikel mit dem Potenzial versieht, sich in diesen Frühstadien durch natürliche Auslese zu komplexen, selbstproduzierenden Strukturen ohne Enzyme oder Gene zu entwickeln.[48]

Membranen

Kehren wir nun zur Bildung von Membranen und von Membranen begrenzten Blasen zurück. Nach Morowitz ist die Bildung dieser Blasen die wichtigste Stufe in der präbiotischen Evolution: «Das Sichschließen einer [primitiven] Membran zu einem ‹Vesikel› stellt einen diskreten Übergang von Nicht-Leben zu Leben dar.»[49]

Die Chemie dieses entscheidenden Prozesses ist überraschend einfach und allgemein. Sie basiert auf der oben erwähnten Polarität von Wasser. Aufgrund dieser Polarität sind gewisse Moleküle hydrophil (von Wasser angezogen), andere hingegen hydrophob (von Wasser abgestoßen). Eine dritte Art von Molekülen sind die Moleküle fetter und öliger Substanzen, die so genannten Lipide. Das sind längliche Strukturen mit einem hydrophilen und einem hydrophoben Ende, wie die Abbildung unten zeigt.

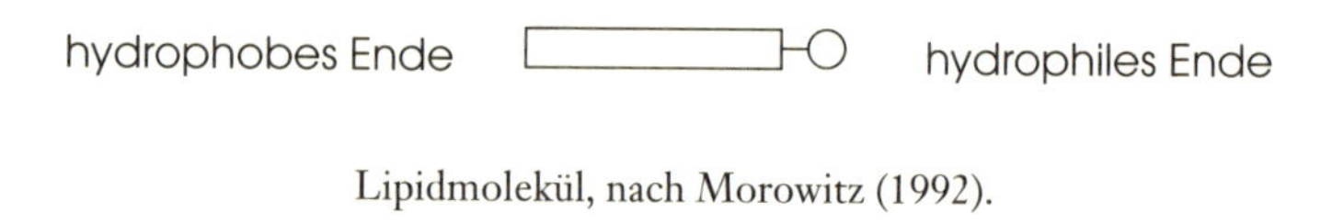

Lipidmolekül, nach Morowitz (1992).

Wenn diese Lipide in Kontakt mit Wasser kommen, bilden sie spontan eine Vielzahl von Strukturen. Beispielsweise können sie sich als monomolekularer Film über die Wasseroberfläche ausbreiten (siehe Figur A), oder sie können Öltröpfchen überziehen und sie im Wasser schweben lassen (siehe Figur B). Ein derartiges Überziehen von Öl findet in Mayonnaise statt und erklärt auch, wie Seifen Ölflecken entfernen. Umgekehrt können die Lipide auch Wassertröpfchen überziehen und in Öl schweben lassen (siehe Figur C).

Die Lipide können sogar eine noch komplexere Struktur bilden, die aus einer doppelten Molekülschicht mit Wasser auf beiden Seiten besteht, wie in Figur D gezeigt. Das ist die Grundstruktur der Membran, und genau wie die einzelne Mole-

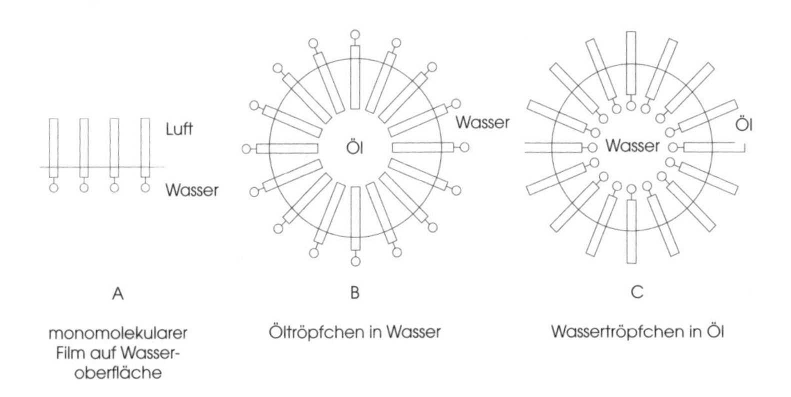

Von Lipidmolekülen gebildete einfache Strukturen, nach Morowitz (1992).

külschicht kann auch sie Tröpfchen bilden – die von Membranen begrenzten Vesikel, von denen hier die Rede ist (siehe Figur E). Diese mit einer Doppelschicht versehenen fettigen Membranen weisen eine überraschende Zahl von Eigenschaften auf, die heutigen Zellmembranen ziemlich ähnlich sind. Sie schränken die Anzahl von Molekülen ein, die in das Vesikel gelangen, wandeln Sonnenenergie in elektrische Energie um und sammeln innerhalb ihrer Struktur sogar Phosphatverbindungen. Ja, die heutigen Zellmembranen sind anscheinend eine Verbesserung der ursprünglichen Membranen. Auch sie bestehen vorwiegend aus Lipiden und Proteinen, die an der Membran befestigt oder in sie eingefügt sind.

Lipidvesikel sind also die idealen Kandidaten für die Protozellen, aus denen sich die ersten lebenden Zellen entwickelten. Ihre Eigenschaften, so Morowitz, sind ganz erstaunlich – schließlich sind sie Strukturen, die sich spontan entsprechend den Grundgesetzen der Physik und Chemie bilden.[50] Sie bilden sich denn auch auf genauso natürliche Weise wie die Blasen, die entstehen, wenn man Öl und Wasser zusammengibt und die Mischung schüttelt.

In dem von Morowitz skizzierten Szenarium bildeten sich die ersten Protozellen vor rund 3,9 Milliarden Jahren, als sich die

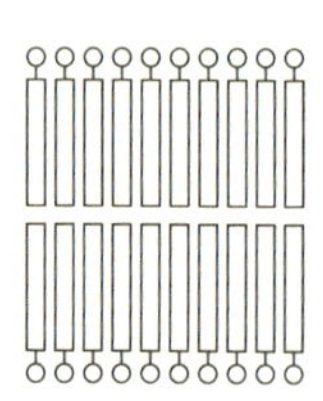

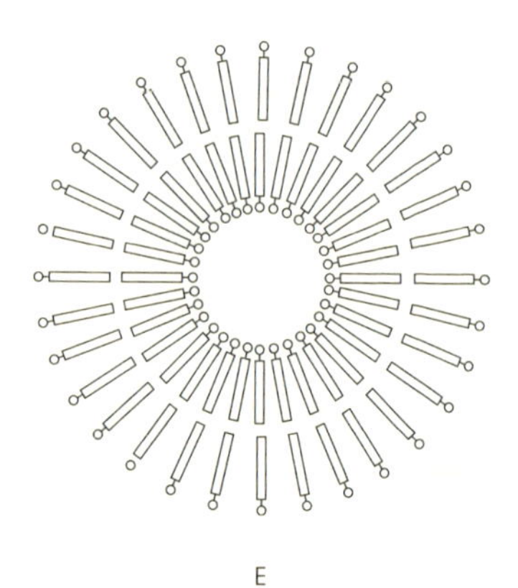

Membran und Vesikel, von Lipiden gebildet, nach Morowitz (1992).

Erde abgekühlt hatte, seichte Ozeane und die ersten Gesteine entstanden waren und Kohlenstoff sich mit den anderen Grundelementen von Leben verbunden hatte und eine große Vielfalt chemischer Verbindungen einging.

Unter diesen Verbindungen befanden sich auch ölige Substanzen, die so genannten Paraffine – lange Kohlenwasserstoffketten. Die Interaktionen dieser Paraffine mit Wasser und verschiedenen gelösten Mineralien führten zu den Lipiden; diese wiederum kondensierten zu einer Vielzahl von Tröpfchen und bildeten auch dünne, ein- und doppelschichtige Platten. Unter dem Einfluss von Wellentätigkeit bildeten die Platten spontan geschlossene Vesikel, und damit begann der Übergang zum Leben.

Die Nachbildung von Protozellen im Labor

Dieses Szenarium ist noch immer hochspekulativ, da es den Chemikern bislang nicht gelungen ist, Lipide aus kleinen Molekülen zu erzeugen. Alle Lipide in unserer Umwelt stammen aus

Erdöl und anderen organischen Substanzen. Doch die Konzentration auf Membranen und Vesikel statt auf DNA und RNA hat eine aufregend neue Forschungsrichtung hervorgebracht, die bereits viele ermutigende Resultate erzielt hat.

Eines der Pionierarbeit leistenden Forschungsteams auf diesem Gebiet wird von Pier Luigi Luisi an der Eidgenössischen Technischen Hochschule (ETH) in Zürich geleitet. Luisi und seinen Kollegen gelang es, einfache «Wasser-und-Seife-Milieus» herzustellen, in denen sich Vesikel des oben beschriebenen Typs spontan bilden und – je nach den beteiligten chemischen Reaktionen – sich erhalten, wachsen und selbstreplizieren oder wieder zusammenfallen.[51]

Luisi betont, dass die in seinem Labor produzierten selbstreplizierenden Vesikel minimale autopoietische Systeme sind, in denen chemische Reaktionen von einer Grenze umschlossen sind, die sich genau aus den Produkten der Reaktionen zusammensetzt. Im einfachsten Fall, wie die Abbildung unten zeigt, besteht die Grenze aus nur einer Komponente. Es gibt lediglich einen Molekültyp, A, der durch die Membran gelangt und C in der Reaktion A → C im Innern des Vesikels erzeugt. Außerdem gibt es eine Abbaureaktion, C → P, und das Produkt P verlässt das Vesikel. Je nach den relativen Geschwindigkeiten dieser beiden Grundreaktionen wird das Vesikel entweder wachsen und sich selbst replizieren, stabil bleiben oder zusammenfallen.

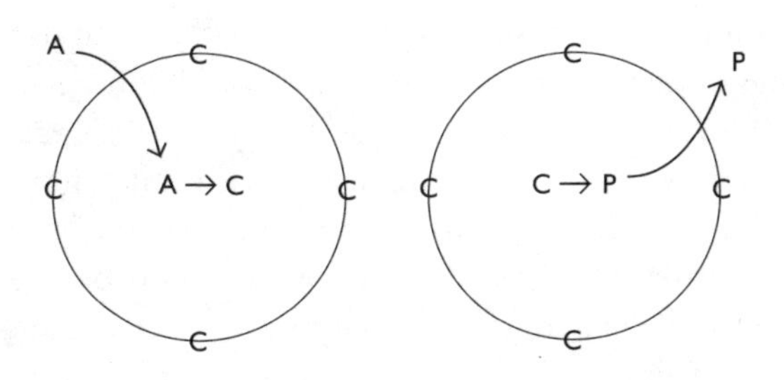

Die beiden Grundreaktionen in einem minimalen autopoietischen System, nach Luisi (1993).

Luisi und seine Kollegen haben Experimente mit vielen Vesikeltypen durchgeführt und eine Vielzahl chemischer Reaktionen getestet, die im Innern dieser Blasen stattfinden.[52] Indem diese Biochemiker spontan gebildete autopoietische Protozellen produzierten, haben sie die vielleicht wichtigste Stufe in der präbiotischen Evolution nachvollzogen.

Katalysatoren und Komplexität

Sobald die Protozellen gebildet waren und die Moleküle zur Absorption und Umwandlung von Sonnenenergie existierten, konnte die Entwicklung hin zu größerer Komplexität beginnen. In diesem Stadium waren die Elemente der chemischen Verbindungen C, H, O, P und möglicherweise S. Mit dem Eindringen von Stickstoff (N) in das System, wahrscheinlich in Form von Ammoniak (NH_3), wurde eine dramatische Zunahme der molekularen Komplexität möglich, da Stickstoff für zwei charakteristische Merkmale zellularen Lebens unabdingbar ist: Katalyse und Informationsspeicherung.[53]

Katalysatoren erhöhen die Geschwindigkeit chemischer Reaktionen, ohne dabei selbst verändert zu werden, und sie ermöglichen Reaktionen, die ohne sie nicht erfolgen könnten. Katalytische Reaktionen sind wichtige Prozesse in der Chemie des Lebens. In heutigen Zellen werden sie durch Enzyme vermittelt, aber in den Frühstadien von Protozellen existierten diese raffinierten Makromoleküle noch nicht. Chemiker haben allerdings entdeckt, dass gewisse kleine, an Membranen gebundene Moleküle vielleicht ebenfalls katalytische Eigenschaften haben. Morowitz geht davon aus, dass das Eindringen von Stickstoff in die Chemie der Protozellen zur Bildung solcher primitiver Katalysatoren führte. Einstweilen ist es den Biochemikern an der ETH gelungen, diese Evolutionsstufe nachzubilden, indem sie Moleküle mit schwachen katalytischen Eigenschaften mit den Membranen der in ihrem Labor gebildeten Vesikel verbunden haben.[54]

Mit dem Erscheinen von Katalysatoren nahm die molekulare Komplexität rasch zu, da Katalysatoren chemische Netzwerke schaffen, indem sie verschiedene Reaktionen miteinander verknüpfen. Sobald dies geschieht, kommt die gesamte nichtlineare Dynamik von Netzwerken ins Spiel. Dazu gehört insbesondere das spontane Entstehen neuer Formen von Ordnung, wie Ilya Prigogine und Manfred Eigen nachgewiesen haben, zwei Nobelpreisträger für Chemie, die Pionierarbeit auf dem Gebiet des Studiums selbstorganisierender chemischer Systeme geleistet haben.[55]

Mit Hilfe katalytischer Reaktionen waren günstige Zufallsereignisse erheblich verstärkt worden, und daher hätte sich ein ganz und gar darwinistischer Wettbewerbsmodus entwickelt, der ständig die Protozellen zu zunehmender Komplexität hindrängt, die weiter vom Gleichgewicht entfernt und dem Leben näher ist.

Die letzte Stufe in der Entstehung von Leben aus Protozellen war die Entwicklung von Proteinen, Nukleinsäuren und des genetischen Codes. Gegenwärtig sind die Details dieses Stadiums noch ziemlich rätselhaft. Wir müssen uns jedoch daran erinnern, dass die Entwicklung katalytischer Netzwerke innerhalb der geschlossenen Räume der Protozellen einen neuen Typ von Netzwerkchemie schuf, den wir noch immer kaum verstehen. Wir dürfen erwarten, dass die Anwendung der nichtlinearen Dynamik auf diese komplexen chemischen Netzwerke ebenso wie die von Ian Stewart vorhergesagte «Explosion neuer mathematischer Konzepte» einiges Licht auf die letzte Phase der präbiotischen Entwicklung werfen wird. Harold Morowitz weist denn auch darauf hin, dass die Analyse der chemischen Pfade zwischen kleinen Molekülen und Aminosäuren ein außergewöhnliches Set von Korrelationen offenbart, das auf eine «tiefe Netzwerklogik» in der Entwicklung des genetischen Codes schließen lässt.[56]

Eine weitere interessante Entdeckung besagt, dass chemische, kontinuierlichen Energieflüssen ausgesetzte Netzwerke in geschlossenen Räumen Prozesse entwickeln, die Ökosystemen überraschend stark ähneln. Beispielsweise wurde nachgewiesen, dass signifikante Merkmale der biologischen Photosynthese und des ökologischen Kohlenstoffzyklus in Laborsystemen auftauchen. Die zyklische Umwandlung von Materie ist anscheinend ein allgemeines Merkmal chemischer Netzwerke, die durch einen ständigen Energiefluss fern vom Gleichgewicht gehalten werden.[57] «Wir sollten daher nicht aus den Augen verlieren», erklärt Morowitz abschließend, «dass das komplexe Netzwerk organischer Reaktionen Bindeglieder enthält, die für andere Reaktionen katalytisch sind ... Wenn wir besser verstünden, wie wir mit chemischen Netzwerken umgehen müssen, würden viele andere Probleme in der präbiotischen Chemie erheblich einfacher werden.»[58] Wenn sich mehr Biochemiker für die nichtlineare Dynamik interessieren, wird die neue «Biomathematik», wie sie sich Stewart vorstellt, wahrscheinlich eine richtiggehende Theorie chemischer Netzwerke umfassen, und diese neue Theorie wird schließlich die Geheimnisse des letzten Stadiums in der Entstehung von Leben enthüllen.

Die Entfaltung des Lebens

Sobald in Makromoleküle ein Gedächtnis kodiert wurde, nahmen die von Membranen begrenzten chemischen Netzwerke alle wesentlichen Merkmale heutiger Bakterienzellen an. Diese wichtige Wegmarke in der Entwicklung des Lebens tauchte vor vielleicht 3,8 Milliarden Jahren auf, etwa 100 Millionen Jahre nach der Bildung der ersten Protozellen. Sie bezeichnete das Entstehen eines universalen Ahnen – entweder einer Einzelzelle oder einer Population von Zellen –, von dem alles folgende Leben auf der Erde abstammte. Dazu Morowitz:

> Wir wissen zwar nicht, wie es zu vielen unabhängigen Ursprüngen des zellularen Lebens gekommen sein könnte, doch alles gegenwärtige Leben stammt von einem einzigen Klon ab. Dies folgt aus der Universalität der einfachen biochemi-

schen Netzwerke und Programme der makromolekularen Synthese.[59]

Dieser universale Ahne muss von Anfang an allen Protozellen überlegen gewesen sein. Seine Nachkommen übernahmen die Erde, indem sie ein planetarisches Bakteriennetz woben und alle ökologischen Nischen besetzten, so dass die Entstehung anderer Lebensformen unmöglich wurde.

Die globale Entfaltung des Lebens vollzog sich auf drei Hauptwegen der Evolution.[60] Der Erste, aber vielleicht unbedeutendste, ist die zufällige Mutation von Genen, das Zentrum der neodarwinistischen Theorie. Die Genmutation wird durch einen zufälligen Fehler bei der Selbstreplikation der DNA verursacht, wenn sich die beiden Ketten der DNA-Doppelhelix trennen und jede von ihnen als Schablone für die Konstruktion einer neuen komplementären Kette dient. Diese Zufallsfehler kommen anscheinend jedoch nicht häufig genug vor, als dass sich damit die Evolution der großen Vielfalt von Lebensformen erklären ließe, aufgrund der bekannten Tatsache, dass die meisten Mutationen schädlich sind und nur ganz wenige zu sinnvollen Varianten führen.[61]

Im Falle der Bakterien ist die Situation anders, da Bakterien sich so rasch teilen, dass sich innerhalb von Tagen Milliarden aus einer einzigen Zelle erzeugen lassen. Wegen dieser ungeheuren Reproduktionsgeschwindigkeit kann sich eine einzige erfolgreiche Bakterienmutation rasch ausbreiten, und daher ist die Mutation tatsächlich ein wichtiger Evolutionsweg für Bakterien.

Allerdings haben Bakterien einen zweiten Weg der evolutionären Kreativität entwickelt, der ungleich effektiver als die zufällige Mutation ist. Sie geben Erbmerkmale frei aneinander weiter in einem globalen Austauschnetzwerk von unglaublicher Stärke und Effizienz. Die Entdeckung dieses globalen Gentauschs, fachwissenschaftlich DNA-Rekombination genannt, muss als eine der erstaunlichsten Entdeckungen der modernen Biologie gelten. Lynn Margulis hat sie anschaulich beschrieben: «Den horizontalen Gentransfer zwischen Bakterien müssen Sie sich etwa so vorstellen, als würden Sie in einen Teich mit braunen Augen hineinspringen und kämen mit blauen Augen wieder heraus.»[62]

Dieser Gentransfer findet ständig statt, wobei viele Bakterien täglich bis zu 15 Prozent ihres genetischen Materials verändern. Dazu Margulis: «Wenn Sie ein Bakterium bedrohen, wird es DNA in die Umwelt ausschütten, und jeder, der sich dort aufhält, wird sie aufnehmen – in ein paar Monaten ist sie auf der ganzen Welt verbreitet.»[63] Da alle Bakterienarten auf diese Weise Erbmerkmale miteinander gemein haben können, erklären manche Mikrobiologen, dass Bakterien streng genommen nicht nach Arten klassifiziert werden sollten.[64] Mit anderen Worten: Alle Bakterien sind Teil eines einzigen mikroskopisch kleinen Lebensnetzes.

In der Evolution sind Bakterien sodann in der Lage, durch Gentausch rasch Zufallsmutationen ebenso wie große Stücke von DNA anzusammeln. Folglich besitzen sie eine erstaunliche Fähigkeit, sich Umweltveränderungen anzupassen. Die Geschwindigkeit, mit der sich die Resistenz gegen Medikamente unter Bakteriengemeinschaften verbreitet, ist der dramatische Beweis der Effizienz ihrer Kommunikationsnetzwerke. Daher erteilt uns die Mikrobiologie die ernüchternde Lektion, dass Technologien wie die Gentechnik und das globale Kommunikationsnetzwerk, die als besondere Leistungen unserer heutigen Zivilisation gelten, vom planetarischen Bakteriennetz seit Jahrmilliarden verwendet werden.

Während der ersten zwei Milliarden Jahre der biologischen Evolution waren Bakterien und andere Mikroorganismen die einzigen Lebensformen auf unserem Planeten. In diesen zwei Milliarden Jahren wandelten Bakterien ständig die Erdoberfläche und -atmosphäre um und errichteten globale Rückkopplungsschleifen für die Selbstregulation des Gaia-Systems. Dabei erfanden sie alle wesentlichen Biotechnologien des Lebens wie Gärung, Photosynthese, Stickstoffbindung, Atmung und verschiedene Vorrichtungen für schnelle Bewegungen. Die neuere mikrobiologische Forschung hat nachgewiesen, dass im Hinblick auf die Lebensprozesse das planetarische Bakteriennetzwerk die Hauptquelle der evolutionären Kreativität ist.

Aber wie steht es mit der Evolution der biologischen Form, der ungeheuren Vielfalt von Lebewesen in der sichtbaren Welt? Wenn Zufallsmutationen für sie kein wirkungsvoller Evolutionsmechanismus sind und wenn sie Gene nicht wie Bakterien austauschen, wie haben sich die höheren Lebensformen dann entwickelt? Diese Frage wurde von Lynn Margulis mit der Entdeckung eines dritten Evolutionswegs beantwortet – der Evolution durch Symbiose –, der sich nachhaltig auf alle Zweige der Biologie auswirkt.

Die Symbiose, die Neigung unterschiedlicher Organismen, in engem Verbund miteinander und oft ineinander (wie die Bakterien in unserem Darmtrakt) zu leben, ist ein weit verbreitetes und bekanntes Phänomen. Aber Margulis ging einen Schritt weiter und stellte die Hypothese auf, dass langfristige Symbiosen von Bakterien und anderen Mikroorganismen, die im Innern größerer Zellen leben, zu neuen Lebensformen geführt haben und weiterhin führen werden. Margulis hat ihre revolutionäre Hypothese zuerst Mitte der sechziger Jahre veröffentlicht und entwickelte sie im Lauf der Jahre weiter zu einer ausgewachsenen Theorie, die man heute «Symbiogenese» nennt und die in der Schöpfung neuer Lebensformen durch permanente symbiotische Arrangements den Hauptevolutionsweg aller höheren Organismen sieht.[65]

Bakterien wiederum spielen eine wichtige Rolle in dieser Evolution durch Symbiose. Als gewisse kleine Bakterien sich symbiotisch mit größeren Zellen vereinten und in ihnen als Organellen weiterlebten, war das Ergebnis ein riesiger Schritt in der Evolution – die Erschaffung von Pflanzen- und Tierzellen, die sich sexuell fortpflanzten und sich schließlich zu den lebenden Organismen entwickelten, die wir in unserer Umwelt erblicken. In ihrer Evolution nahmen diese Organismen weiterhin Bakterien auf, indem sie sich Teile ihrer Genome einverleibten, um Proteine für neue Strukturen und neue biologische Funktionen synthetisch herzustellen, ähnlich den Unternehmensfusionen und -akquisitionen in der heutigen Wirtschaftswelt. Beispielsweise finden sich immer mehr Beweise dafür, dass die so genannten Mikrotubuli, die von wesentlicher Bedeutung für die Architektur des Gehirns sind, ursprünglich von den «Korkenzieherbakterien», den so genannten Spirocheten, beigesteuert wurden.[66]

Die evolutionäre Entfaltung des Lebens im Laufe von Jahrmilliarden ist eine atemberaubende Geschichte, die Lynn Margulis und Dorion Sagan in ihrem Buch *Mikrokosmos* erzählen.[67] Angetrieben von der allen lebenden Systemen innewohnenden Kreativität, zum Ausdruck gebracht durch die Wege der Mutation, des Genaustauschs und der Symbiose und verfeinert durch natürliche Auslese, expandierte das planetarische Lebensnetz und bildete komplexe Formen von ständig zunehmender Vielfalt.

Diese majestätische Entfaltung spielte sich nicht mittels kontinuierlicher, allmählicher Veränderungen im Laufe der Zeit ab. Die erhaltenen Fossilien zeigen eindeutig, dass es während der gesamten Evolutionsgeschichte lange Perioden der Stabilität oder «Stasis» gab, ohne große genetische Variation, unterbrochen durch plötzliche und dramatische Übergänge.[68] Dieses Bild der «unterbrochenen Gleichgewichte» verweist darauf, dass die plötzlichen Übergänge von Mechanismen verursacht wurden, die ganz anders sind als die Zufallsmutationen der neodarwinistischen Theorie, und die Erschaffung neuer Arten durch Symbiose hat dabei anscheinend eine entscheidende Rolle gespielt. Margulis: «Aus der langfristigen Sicht der erdgeschichtlichen Zeiträume sind Symbiosen wie Lichtblitze der Evolution.»[69]

Ein weiteres auffallendes Muster ist das wiederholte Eintreten von Katastrophen, dem sich intensive Wachstums- und Innovationsperioden anschlossen. So folgte vor 245 Millionen Jahren den verheerendsten Massenvernichtungen, die die Welt je erlebt hat, rasch die Evolution von Säugetieren; und vor 66 Millionen Jahren hat die Katastrophe, die die Dinosaurier eliminierte, den Weg für die Evolution der ersten Primaten und schließlich der menschlichen Spezies frei gemacht.

Was ist Leben?

Kehren wir nun zu der Frage zurück, die wir am Anfang dieses Kapitels gestellt haben – Welches sind die definierenden Merkmale lebender Systeme? –, und fassen wir zusammen, was wir darüber erfahren haben. Indem wir uns auf Bakterien als einfachste lebende Systeme konzentriert haben, charakterisierten wir eine lebende Zelle als ein von Membranen begrenztes, selbsterzeugendes, organisatorisch geschlossenes metabolisches Netzwerk. Dieses Netzwerk umfasst mehrere Typen hochkomplexer Makromoleküle: strukturelle Proteine, die Teil der Zellstruktur sind; Enzyme, die als Katalysatoren metabolischer Prozesse fungieren; RNA, die genetische Informationen transportierenden Boten; und DNA, die die genetischen Informationen speichert und für die Selbstreplikation der Zelle zuständig ist.

Wir haben ebenfalls erfahren, dass das Zellnetzwerk materiell und energetisch offen ist, wobei es einen ständigen Materie- und Energiefluss benutzt, um sich selbst zu produzieren, zu reparieren und zu erhalten, und dass es fern vom Gleichgewicht operiert, wo neue Strukturen und neue Formen von Ordnung spontan entstehen können, was zu Entwicklung und Evolution führt.

Schließlich haben wir gesehen, dass eine präbiotische Evolutionsform, nämlich von Membranen umschlossene Blasen von «minimalem Leben», lange vor der Entstehung der ersten lebenden Zelle zu existieren begann und dass die Wurzeln des Lebens tief in die einfache Physik und Chemie dieser Protozellen hinabreichen.

Wir haben auch drei Hauptwege der evolutionären Kreativität ermittelt – Mutation, Genaustausch und Symbiose –, durch die sich das Leben im Laufe von mehr als drei Milliarden Jahren entfaltete, von den universalen Bakterienahnen bis zur Entstehung von Menschen, ohne dass es jemals das Grundmuster seiner sich selbst erzeugenden Netzwerke durchbrach.

Um dieses Verständnis vom Wesen des Lebens auf die soziale Dimension des Menschen zu übertragen – und das ist ja die zentrale Aufgabe dieses Buches –, müssen wir uns mit begrifflichem Denken, mit Werten, Bedeutungen und Zwecken befassen – Phänomenen, die dem Reich des menschlichen Bewusstseins und der Kultur angehören. Das heißt, dass wir zunächst das Verständnis von Geist und Bewusstsein in unser Verständnis lebender Systeme einbeziehen müssen.

Wenn wir unseren Blickwinkel auf die kognitive Dimension des Lebens verlagern, werden wir sehen, dass mittlerweile eine einheitliche Anschauung von Leben, Geist und Bewusstsein zu entstehen beginnt, in der das menschliche Bewusstsein unauflöslich mit der sozialen Welt der interpersonalen Beziehungen und der Kultur verknüpft ist. Darüber hinaus werden wir entdecken, dass diese einheitliche Anschauung es uns ermöglicht, die spirituelle Dimension des Lebens auf eine Weise zu verstehen, die ganz und gar mit traditionellen Konzeptionen von Spiritualität übereinstimmt.

2

Geist und Bewusstsein

Eine der wichtigsten philosophischen Folgen des neuen Verständnisses von Leben ist eine neuartige Konzeption des Wesens von Geist und Bewusstsein, die endlich die kartesianische Trennung von Geist und Materie überwindet. Im 17. Jahrhundert begründete René Descartes seine Vorstellung von der Natur auf der fundamentalen Trennung zweier unabhängiger Bereiche – dem des Geistes, des «denkenden Dings» *(res cogitans)*, und dem der Materie, des «ausgedehnten Dings» *(res extensa)*. Diese begriffliche Trennung von Geist und Materie geisterte über drei Jahrhunderte lang durch die westliche Naturwissenschaft und Philosophie.

Nach Descartes hielten die Naturwissenschaftler und Philosophen den Geist für eine Art ungreifbares Wesen und vermochten sich nicht vorzustellen, wie dieses «denkende Ding» mit dem Körper zusammenhängt. Seit dem 19. Jahrhundert wissen die Neurowissenschaftler zwar, dass Gehirnstrukturen und geistige Funktionen aufs Engste miteinander verknüpft sind, doch die genaue Beziehung zwischen Geist und Gehirn blieb ein Rätsel. Noch 1994 räumten die Herausgeber einer Aufsatzsammlung mit dem Titel *Consciousness in Philosophy and Cognitive Neuroscience* ein: «Zwar sind sich alle darin einig, dass der Geist etwas mit dem Gehirn zu tun hat, doch noch immer gibt es keine allgemeine Übereinkunft hinsichtlich der genauen Beschaffenheit dieser Beziehung.»[1]

Der entscheidende Vorzug des systemischen Verständnisses von Leben besteht darin, dass es sich von der kartesianischen Vorstellung vom Geist als Ding verabschiedet und erkennt, dass Geist und Bewusstsein keine Dinge, sondern Prozesse sind. In der Biologie wird diese neuartige Vorstellung von Geist in den sechziger Jahren des 20. Jahrhunderts von Gregory Bateson, der den Begriff «geistiger Prozess» verwendete, sowie von Humberto Maturana entwickelt, der sich auf die Kognition, den Prozess des Wissens, konzentrierte.[2]

In den siebziger Jahren erweiterten Maturana und Francisco Varela Maturanas ursprünglichen Ansatz zu einer kompletten Theorie, die man die Santiago-Theorie der Kognition nennt.[3]

In den letzten fünfundzwanzig Jahren hat sich die Erforschung des Geistes aus dieser systemischen Perspektive zu einem reichhaltigen interdisziplinären Gebiet entwickelt, der Kognitionswissenschaft, die den traditionellen Rahmen von Biologie, Psychologie und Epistemologie überschreitet.

Die Santiago-Theorie der Kognition

Die zentrale Erkenntnis der Santiago-Theorie ist die Gleichsetzung von Kognition, also dem Wissensprozess, und Lebensprozess. Die Kognition ist nach Maturana und Varela die mit der Selbsterzeugung und Selbsterhaltung lebender Netzwerke verbundene Tätigkeit. Mit anderen Worten: Die Kognition ist der Prozess des Lebens selbst. Die organisierende Tätigkeit lebender Systeme ist auf allen Ebenen des Lebens die geistige Tätigkeit. Die Interaktionen eines lebenden Organismus – Pflanze, Tier oder Mensch – mit seiner Umwelt sind kognitive Interaktionen. Damit sind Leben und Kognition untrennbar miteinander verbunden. Der Geist – oder genauer: die geistige Tätigkeit – ist der Materie auf allen Lebensebenen immanent.

Es liegt auf der Hand, dass wir es hier mit einer radikalen Erweiterung des Begriffs der Kognition und damit auch des Begriffs des Geistes zu tun haben. In dieser neuen Sicht ist die Kognition mit dem gesamten Prozess des Lebens – einschließlich Wahrnehmung, Emotion und Verhalten – verbunden und nicht einmal unbedingt auf ein Gehirn und ein Nervensystem angewiesen.

In der Santiago-Theorie ist die Kognition eng mit der Autopoiese verknüpft, der Selbsterzeugung lebender Netzwerke. Das definierende Merkmal eines autopoietischen Systems ist, dass es ständige strukturelle Veränderungen erfährt, während es sein netzartiges Organisationsmuster bewahrt. Die Komponenten des Netzwerks erzeugen und formen einander ständig, und das auf zweierlei Art. Eine Form struktureller Veränderungen sind die Veränderungen der Selbsterneuerung. Jeder lebende Organismus erneuert sich ständig, indem Zellen Strukturen zerlegen und aufbauen und Gewebe und Organe ihre Zellen in kontinuierlichen Zyklen ersetzen. Trotz dieser fortwährenden Veränderung erhält der Organismus seine Gesamtidentität oder sein Organisationsmuster aufrecht.

Die zweite Form von strukturellen Veränderungen in einem lebenden System sind Veränderungen, bei denen neue Strukturen geschaffen werden – neue Verbindungen im autopoietischen Netzwerk. Diese eher entwicklungsmäßigen als zyklischen Veränderungen vollziehen sich ebenfalls ständig, entweder infolge von Umwelteinflüssen oder aufgrund der inneren Dynamik des Systems.

Nach der Theorie der Autopoiese ist ein lebendes System mit seiner Umwelt strukturell verbunden, d.h. durch wiederkehrende Interaktionen, die jeweils strukturelle Veränderungen im System auslösen. Beispielsweise führt eine Zellmembran ständig Substanzen aus ihrer Umgebung in die Stoffwechselprozesse der Zelle ein. Das Nervensystem eines Organismus verändert sein Verbundensein mit jeder Sinneswahrnehmung. Diese lebenden Systeme sind jedoch autonom. Die Umwelt löst nur die strukturellen Veränderungen aus – sie spezifiziert oder steuert sie nicht.

Das strukturelle Verbundensein, wie Maturana und Varela es definieren, bewirkt, dass lebende und nichtlebende Systeme sich in der Art und Weise, wie sie mit ihrer Umwelt interagieren, klar voneinander unterscheiden. Wenn man beispielsweise gegen einen Stein tritt, wird er auf den Tritt aufgrund einer linearen

Kette von Ursache und Wirkung reagieren. Sein Verhalten lässt sich berechnen, indem man die Grundgesetze der Newtonschen Mechanik anwendet. Wenn man einen Hund tritt, ist die Situation ganz anders. Der Hund wird mit strukturellen Veränderungen aufgrund seines Wesens und seines (nichtlinearen) Organisationsmusters reagieren. Das daraus resultierende Verhalten ist generell unvorhersagbar.

Da ein lebender Organismus auf Umwelteinflüsse mit strukturellen Veränderungen reagiert, werden diese Veränderungen wiederum sein künftiges Verhalten verändern. Mit anderen Worten: Ein strukturell verbundenes System ist ein Lernsystem. Ständige strukturelle Veränderungen als Reaktion auf die Umwelt – und demzufolge ein fortwährendes Anpassen, Lernen und Entwickeln – sind Schlüsselkriterien des Verhaltens aller Lebewesen. Aufgrund seines strukturellen Verbundenseins können wir das Verhalten eines Tieres intelligent nennen, aber wir würden diesen Begriff nicht auf das Verhalten eines Steins anwenden.

Während ein lebender Organismus ständig mit seiner Umwelt interagiert, durchläuft er eine Abfolge struktureller Veränderungen, und im Laufe der Zeit wird er seinen eigenen, individuellen Weg des strukturellen Verbundenseins bilden. An jedem Punkt dieses Weges hält die Struktur des Organismus die vorherigen strukturellen Veränderungen und damit die vorherigen Interaktionen fest. Anders formuliert: Alle Lebewesen haben eine Geschichte. Eine lebende Struktur ist stets eine Chronik ihrer früheren Entwicklung.

Wenn die Struktur eines Organismus an jedem Punkt ihrer Entwicklung eine Chronik vorheriger struktureller Veränderungen darstellt und jede strukturelle Veränderung das künftige Verhalten des Organismus beeinflusst, folgt daraus, dass das Verhalten des lebenden Organismus von seiner Struktur diktiert wird. Das Verhalten lebender Systeme ist Maturanas Terminologie entsprechend «strukturdeterminiert».

Diese Idee des strukturellen Determinismus wirft ein neues Licht auf die uralte philosophische Frage von Freiheit und Determination. Nach Maturana ist das Verhalten eines lebenden Organismus determiniert, allerdings nicht von äußeren Kräften, sondern von der eigenen Struktur des Organismus – einer Struktur, die von einer Abfolge autonomer struktureller Veränderungen geformt wird. Somit ist das Verhalten des lebenden Organismus ebenso determiniert wie frei.

Lebende Systeme reagieren daher auf Störungen aus der Umwelt autonom mit strukturellen Veränderungen, d.h. durch Umordnen ihres Verbundenheitsmusters. Nach Maturana und Varela kann man ein lebendes System nie steuern – man kann es nur stören. Darüber hinaus spezifiziert das lebende System nicht nur seine strukturellen Veränderungen; es spezifiziert auch, *welche Störungen aus der Umwelt sie auslösen*. Mit anderen Worten: Ein lebendes System bewahrt sich die Freiheit zu entscheiden, was es bemerkt und was es stören wird. Dies ist der Schlüssel zur Santiago-Theorie der Kognition. Die strukturellen Veränderungen im System konstituieren Kognitionsakte. Indem das System spezifiziert, welche Störungen aus der Umwelt Veränderungen auslösen, spezifiziert es die Ausdehnung seines kognitiven Bereichs – es «bringt eine Welt hervor», wie Maturana und Varela es formuliert haben.

Die Kognition ist daher nicht eine Darstellung einer unabhängig existierenden Welt, sondern vielmehr ein ständiges Hervorbringen einer Welt durch den Prozess des Lebens. Die Interaktionen eines lebenden Systems mit seiner Umwelt sind kognitive Interaktionen, und der Prozess des Lebens selbst ist ein Kognitionsprozess. «Leben heißt wissen», wie Maturana und Varela schreiben. Während ein lebender Organismus seinen individuellen Weg der strukturellen Veränderungen durchläuft, entspricht jede dieser Veränderungen einem kognitiven Akt, d.h., Lernen und Entwicklung sind nur die beiden Seiten einer Medaille.

Die Gleichsetzung von Geist oder Kognition mit dem Prozess des Lebens ist eine neuartige Idee in der Wissenschaft, aber auch eine der tiefsten und archaischsten intuitiven Vorstellungen der Menschheit. In der Antike galt der rationale menschliche Verstand nur als ein Aspekt der immateriellen Seele oder des Geistes. Man unterschied grundsätzlich nicht zwischen Körper und Verstand, sondern zwischen Körper und Seele oder Körper und Geist.

In den Sprachen der Antike werden Seele wie Geist mit der Metapher des Lebensatems bezeichnet: Die Wörter für «Seele» in Sanskrit *(atman)*, im Griechischen *(psyche)* und Lateinischen *(anima)* bedeuten «Atem». Das Gleiche gilt für die Begriffe für «Geist» im Lateinischen *(spiritus)*, Griechischen *(pneuma)* und Hebräischen *(ruah)*. Auch sie bedeuten «Atem».

Hinter all diesen Wörtern steht die gemeinsame intuitive Vorstellung der Antike, dass die Seele oder der Geist der Atem des Lebens ist. Ebenso geht der Begriff der Kognition in der Santiago-Theorie weit über den rationalen Verstand hinaus, da er den gesamten Lebensprozess umfasst. Es ist somit eine angemessene Metapher, die Kognition als den Atem des Lebens zu bezeichnen.

Der konzeptionelle Fortschritt der Santiago-Theorie lässt sich am besten nachvollziehen, wenn man sich wieder mit der haarigen Frage der Beziehung zwischen Geist und Gehirn befasst. In der Santiago-Theorie ist diese Relation einfach und klar. Sie hat die kartesianische Charakterisierung des Geistes als «denkendes Ding» aufgegeben. Der Geist ist nicht ein Ding, sondern ein Prozess – der Kognitionsprozess, der mit dem Lebensprozess gleichzusetzen ist. Das Gehirn ist eine spezifische Struktur, mittels derer sich dieser Prozess vollzieht. Die Beziehung zwischen Geist und Gehirn ist daher eine Beziehung zwischen Prozess und Struktur. Darüber hinaus ist das Gehirn nicht die einzige Struktur, mittels derer sich der Kognitionsprozess vollzieht. Die gesamte Struktur des Organismus ist am Kognitionsprozess beteiligt, ganz gleich, ob der Organismus ein Gehirn und ein höheres Nervensystem hat oder nicht.

Meiner Ansicht nach ist die Santiago-Theorie der Kognition die erste wissenschaftliche Theorie, die die kartesianische Trennung von Geist und Materie überwindet, was weit reichende Konsequenzen hat. Geist und Materie gehören nicht mehr zwei separaten Kategorien an, sondern können als zwei komplementäre Aspekte des Phänomens Leben verstanden werden – als Prozessaspekt und als Strukturaspekt. Auf allen Ebenen des Lebens, angefangen bei der einfachsten Zelle, sind Geist und Materie, Prozess und Struktur untrennbar miteinander verbunden. Zum ersten Mal haben wir eine wissenschaftliche Theorie, die Geist, Materie und Leben vereint.

Kognition und Bewusstsein

Die Kognition ist nach der Santiago-Theorie mit allen Ebenen des Lebens verbunden und daher ein viel umfassenderes Phänomen als das Bewusstsein. Das Bewusstsein – d.h., das bewusste Erleben – entfaltet sich auf bestimmten Ebenen der kognitiven Komplexität, die ein Gehirn und ein höheres Nervensystem erfordern. Mit anderen Worten: Das Bewusstsein ist eine spezielle Art von kognitivem Prozess, der entsteht, wenn die Kognition eine bestimmte Komplexitätsebene erreicht.

Interessanterweise tauchte die Vorstellung vom Bewusstsein als Prozess in der Wissenschaft bereits im späten 19. Jahrhundert in den Schriften von William James auf, den viele für den größten amerikanischen Psychologen halten. James war ein leidenschaftlicher Kritiker der reduktionistischen und materialistischen Theorien, die die Psychologie seiner Zeit beherrschten, und ein begeisterter Verfechter der wechselseitigen Abhängigkeit von Geist und Körper. Er wies darauf hin, dass das Bewusstsein kein Ding sei, sondern ein sich ständig verändernder Strom, und betonte, dass dieser Bewusstseinsstrom persönlich, kontinuierlich und hoch integriert ist.[4]

In den darauf folgenden Jahren vermochten jedoch die außergewöhnlichen Ansichten von William James nicht den kartesianischen Zauberbann zu brechen, der auf den Psychologen und Naturwissenschaftlern lag, und sein Einfluss kam erst wieder in den letzten Jahrzehnten des 20. Jahrhunderts zum Tragen. Sogar noch in den siebziger und achtziger Jahren, als neue humanistische und transpersonale Denkansätze von amerikanischen Psychologen formuliert wurden, galt das Studium des Bewusstseins als bewusstes Erleben noch immer als tabu in der Kognitionswissenschaft.

In den neunziger Jahren änderte sich die Situation dramatisch. Während sich die Kognitionswissenschaft als umfassendes interdisziplinäres Forschungsgebiet etablierte, wurden neue nichtinvasive Techniken zur Analyse von Gehirnfunktionen entwickelt, die es ermöglichten, komplexe, mit geistigen Vorstellungsbildern und anderen menschlichen Erlebnissen verbundene neuronale Prozesse zu beobachten.[5] Und plötzlich wurde das wissenschaftliche Studium des Bewusstseins ein angesehenes und dynamisches Forschungsgebiet. Innerhalb weniger Jahre erschienen mehrere Bücher über das Wesen des Bewusstseins, deren Autoren Nobelpreisträger und andere bedeutende Wissenschaftler waren; Dutzende von Artikeln der führenden Kognitionswissenschaftler und Philosophen wurden in der neu gegründeten Fachzeitschrift *Journal of Consciousness Studies* publiziert; und «Auf dem Weg zu einer Wissenschaft des Bewusstseins» wurde ein beliebtes Thema für große wissenschaftliche Kongresse.[6]

Kognitionswissenschaftler und Philosophen haben zwar viele unterschiedliche Methoden zur Erforschung des Bewusstseins vorgeschlagen und zuweilen erregte Debatten darüber geführt, aber offenbar gibt es in zwei wichtigen Punkten einen zunehmenden Konsens. Der erste Punkt ist die bereits erwähnte Erkenntnis, dass das Bewusstsein ein kognitiver Prozess ist, der aus einer komplexen neuronalen Tätigkeit heraus entsteht. Der zweite Punkt ist die Unterscheidung zwischen zwei Arten von Bewusstsein – anders gesagt: zwischen zwei Arten von kognitiven Erlebnissen –, die sich auf verschiedenen Ebenen der neuronalen Komplexität einstellen.

Die erste Art, das so genannte «primäre Bewusstsein», entsteht, wenn kognitive Prozesse von einfachen wahrnehmungsmäßigen, sinnlichen und emotionalen Erlebnissen begleitet werden. Das primäre Bewusstsein wird wahrscheinlich von den meisten Säugetieren und vielleicht von einigen Vögeln und anderen Wirbeltieren erfahren.[7] Die zweite Art von Bewusstsein, manchmal auch «höheres Bewusstsein» genannt[8], ist mit dem Selbstbewusstsein verbunden – einer Vorstellung vom eigenen Ich, wie sie ein denkendes und reflektierendes Wesen hat. Dieses Erleben des Selbstbewusstseins entstand während der Evolution der Großaffen oder Hominiden, zusammen mit der Sprache, dem begrifflichen Denken und all den anderen Merkmalen, die sich im menschlichen Bewusstsein voll entfalteten. Wegen der entscheidenden Rolle der Reflexion in diesem höheren bewussten Erleben werde ich es das «reflexive Bewusstsein» nennen.

Das reflexive Bewusstsein ist mit einer Ebene der kognitiven Abstraktion verbunden, die die Fähigkeit einschließt, geistige Bilder zu behalten, wodurch es uns möglich ist, Wert- und Glaubensvorstellungen, Ziele und Strategien zu formulieren. Dieses Evolutionsstadium ist von zentraler Bedeutung für das Hauptthema dieses Buches: die Übertragung des neuen Verständnisses von Leben auf den sozialen Bereich, weil mit der Entwicklung der Sprache nicht nur die innere Welt der Begriffe und Ideen, sondern auch die soziale Welt der organisierten Beziehungen und der Kultur entstand.

Das Wesen des bewussten Erlebens

Eine Wissenschaft des Bewusstseins steht vor der zentralen Herausforderung, die mit den kognitiven Vorgängen verbundenen Erlebnisse zu erklären. Unterschiedliche Zustände des bewussten Erlebens werden von Kognitionswissenschaftlern zuweilen *qualia* genannt, da jeder Zustand durch ein bestimmtes «qualitatives Gefühl» charakterisiert wird.[9] Die Aufgabe, diese *qualia* zu erklären, hat der Philosoph David Chalmers in einem oft zitierten Artikel als «das harte Problem des Bewusstseins» bezeichnet.[10] Chalmers lässt die konventionellen Versuche der Kognitionswissenschaft Revue passieren und behauptet dann, dass keiner von ihnen erklären kann, warum bestimmte neuronale

Prozesse das Erleben entstehen lassen. «Um das bewusste Erleben zu erklären», stellt er abschließend fest, «benötigen wir ein zusätzliches Element.»

Diese Aussage erinnert an die Debatte zwischen den Mechanisten und den Vitalisten über das Wesen biologischer Phänomene in den ersten Jahrzehnten des 20. Jahrhunderts.[11] Während die Mechanisten behaupteten, alle biologischen Phänomene ließen sich nach den Gesetzen der Physik und Chemie erklären, hielten ihnen die Vitalisten entgegen, diesen Gesetzen müsse eine «Lebenskraft» hinzugefügt werden, als zusätzliches, nichtphysikalisches «Element», um biologische Phänomene zu erklären.

Die Erkenntnis, die aus dieser Debatte hervorging, wenn auch erst viele Jahrzehnte später formuliert, besagt, dass wir zur Erklärung biologischer Phänomene nicht nur die konventionellen Gesetze der Physik und der Chemie, sondern auch die komplexe nichtlineare Dynamik lebender Netzwerke heranziehen müssen. Zu einem vollen Verständnis biologischer Phänomene gelangen wir nur, wenn wir uns ihm durch das Zusammenspiel dreier verschiedener Ebenen der Beschreibung annähern: der Biologie und der Biochemie sowie der nichtlinearen Dynamik komplexer Systeme.

Meiner Ansicht nach befinden sich die Kognitionswissenschaftler in einer ganz ähnlichen Lage, wenn auch auf einer anderen Ebene der Komplexität, wenn sie sich mit der Erforschung des Bewusstseins befassen. Das bewusste Erleben ist ein emergentes Phänomen, d. h., es lässt sich nicht allein durch neuronale Mechanismen erklären. Das Erleben entsteht aus der komplexen nichtlinearen Dynamik neuronaler Netzwerke und kann nur dann erklärt werden, wenn sich unser Verständnis von Neurobiologie mit einem Verständnis dieser nichtlinearen Dynamik verbindet.

Um das Bewusstsein ganz zu verstehen, müssen wir uns mit dem bewussten Erleben, mit der Physik, der Biochemie und der Biologie des Nervensystems sowie mit der nichtlinearen Dynamik neuronaler Netzwerke befassen. Eine echte Wissenschaft des Bewusstseins kann nur dann formuliert werden, wenn wir verstehen, wie sich diese drei Beschreibungsebenen zum «dreifachen Zopf» der Bewusstseinsforschung verflechten lassen, wie Francisco Varela dies genannt hat.[12]

Wenn das Studium des Bewusstseins durch das Verflechten von Erleben, Neurobiologie und nichtlinearer Dynamik angegangen wird, verwandelt sich das «harte Problem» in die Aufgabe, zwei neue wissenschaftliche Paradigmen zu verstehen und zu akzeptieren. Das erste ist das Paradigma der Komplexitätstheorie. Da die meisten Wissenschaftler es gewohnt sind, mit linearen Modellen zu arbeiten, zögern sie oft, das nichtlineare System der Komplexitätstheorie zu übernehmen, und haben Schwierigkeiten damit, sich der Implikationen der nichtlinearen Dynamik bewusst zu sein. Dies gilt insbesondere für das Phänomen der Emergenz.

Es scheint ziemlich rätselhaft zu sein, wie das Erleben aus neurophysiologischen Prozessen hervorgehen soll. Doch das ist typisch für emergente Phänomene. Die Emergenz führt zur Schöpfung von Neuem, und dieses Neue unterscheidet sich oft qualitativ von den Phänomenen, aus denen es hervorging. Dies lässt sich leicht anhand eines bekannten Beispiels aus der Chemie veranschaulichen: der Struktur und den Eigenschaften von Zucker.

Wenn sich Kohlenstoff-, Sauerstoff- und Wasserstoffatome auf eine bestimmte Weise zu Zucker verbinden, weist die sich ergebende Verbindung einen süßen Geschmack auf. Die Süße liegt weder im C noch im O noch im H – sie liegt in dem Muster, das aus ihrer Interaktion hervorgeht. Sie ist eine emergente Eigenschaft. Außerdem ist die Süße, streng genommen, keine Eigenschaft der chemischen Bindungen. Sie ist eine Sinneserfahrung, die entsteht, wenn die Zuckermoleküle mit der Chemie unserer Geschmacksknospen interagieren, was wiederum eine Reihe von Neuronen veranlasst, bestimmte Impulse abzugeben. Das Erleben von Süße geht aus der neuronalen Tätigkeit hervor.

Somit bezieht sich die schlichte Feststellung, die charakteristische Eigenschaft von Zucker sei seine Süße, eigentlich auf eine Reihe emergenter Phänomene auf unterschiedlichen Komplexitätsebenen. Chemiker haben kein begriffliches Problem mit diesen emergenten Phänomenen, wenn sie eine bestimmte Klasse von Verbindungen aufgrund ihres süßen Geschmacks als Zucker identifizieren. Und auch künftige Kognitionswissenschaftler werden keine begrifflichen Probleme mit anderen Arten von emergenten Phänomenen haben, wenn sie sie anhand des sich ergebenden bewussten Erlebens ebenso wie anhand der einschlägigen Biochemie und Neurobiologie analysieren.

Dazu werden die Wissenschaftler allerdings ein weiteres neues Paradigma akzeptieren müssen: die Erkenntnis, dass die Analyse von Erlebnissen, d. h. von subjektiven Phänomenen, ein integraler Bestandteil jeder Bewusstseinswissenschaft sein muss.[13] Dies läuft auf eine tief greifende Veränderung der Methodologie hinaus, zu der viele Kognitionswissenschaftler nur zögernd bereit sind und die genau an der Wurzel des «harten Problems des Bewusstseins» zu suchen ist.

Dass Wissenschaftler sich scheuen, sich mit subjektiven Phänomenen zu befassen, gehört zu unserem kartesianischen Erbe. Descartes' fundamentale Trennung von Geist und Materie, von Ich und Welt, hat uns glauben lassen, die Welt lasse sich objektiv beschreiben, d. h., ohne den menschlichen Beobachter auch nur zu erwähnen. Eine derartige objektive Beschreibung der Natur wurde zum Ideal jeder Wissenschaft. Doch drei Jahrhunderte nach Descartes hat uns die Quantentheorie gezeigt, dass sich dieses klassische Ideal einer objektiven Wissenschaft nicht aufrechterhalten lässt, wenn wir uns mit atomaren Phänomenen befassen. Und in neuerer Zeit hat die Santiago-Theorie der Kognition klar gemacht, dass die Kognition an sich nicht eine Darstellung einer unabhängig existierenden Welt, sondern vielmehr ein «Hervorbringen» einer Welt durch den Prozess des Lebens ist.

Somit sind wir uns nun darüber im Klaren, dass die subjektive Dimension stets in der wissenschaftlichen Praxis impliziert ist. Doch im Allgemeinen konzentriert man sich darauf nicht explizit. In einer Bewusstseinswissenschaft hingegen sind gerade einige der zu untersuchenden Daten subjektive, innere Erlebnisse.

Die systematische Sammlung und Analyse dieser Daten erfordert eine disziplinierte Untersuchung von subjektiven Erlebnissen der «ersten Person». Nur wenn eine derartige Untersuchung ein integraler Bestandteil des Studiums von Bewusstsein wird, darf man von einer «Wissenschaft des Bewusstseins» sprechen.

Das bedeutet nicht, dass wir die wissenschaftliche Strenge aufgeben müssen. Wenn wir von einer «objektiven» Beschreibung in der Wissenschaft sprechen, meinen wir zuerst und vor allem einen Wissensbestand, der von der kollektiven Wissenschaftstätigkeit geformt, eingegrenzt und reguliert wird, statt bloß eine Sammlung individueller Darstellungen zu sein. Selbst wenn das Objekt der Untersuchung aus Berichten über das bewusste Erleben in der ersten Person besteht, muss der intersubjektive Nachweis, der zur Standardpraxis in der Wissenschaft gehört, nicht aufgegeben werden.[14]

Schulen des Bewusstseinsstudiums

Die Anwendung der Komplexitätstheorie und die systematische Analyse subjektiver bewusster Erlebnisse werden von entscheidender Bedeutung bei der Entwicklung einer wirklichen Bewusstseinswissenschaft sein. In den letzten Jahren ist man diesem Ziel bereits durch einige wichtige Schritte näher gekommen. Ja, anhand des Umfangs, in dem die nichtlineare Dynamik und die Analyse subjektiver Erlebnisse einbezogen wurden, lassen sich mehrere allgemeine Denkmodelle in der großen Vielfalt gegenwärtiger Ansätze beim Studium des Bewusstseins benennen.[15]

Das erste Denkmodell ist das traditionellste. Zu seinen Vertretern gehören unter anderem die Neurowissenschaftlerin Patricia Churchland und der Molekularbiologe und Nobelpreisträger Francis Crick.[16] Dieses Modell wurde von Francisco Varela als «neuroreduktionistisch» bezeichnet, da es das Bewusstsein auf neuronale Mechanismen reduziert. Damit wird das Bewusstsein «wegerklärt», wie Churchland es formuliert, etwa so, wie die Wärme in der Physik wegerklärt wurde, sobald man darin die Energie von bewegten Molekülen erkannte. Dazu Francis Crick:

> «Sie», Ihre Freuden und Kümmernisse, Ihre Erinnerungen und Ihre Ambitionen, Ihr Gefühl von persönlicher Identität und freiem Willen sind im Grunde nichts weiter als das Verhalten einer riesigen Ansammlung von Nervenzellen und den mit ihnen verbundenen Molekülen. Oder wie Lewis Carrolls Alice es formuliert haben könnte: «Sie sind nichts weiter als ein Rudel von Neuronen.»[17]

Crick erklärt zwar ausführlich, wie das Bewusstsein auf das Gewitter der Neuronen reduziert wird, aber er behauptet auch, dass das bewusste Erleben eine emergente Eigenschaft des Gehirns als eines Ganzen sei. Allerdings spricht er nirgendwo die nichtlineare Dynamik dieses Prozesses der Emergenz an, und damit vermag er nicht das «harte Problem des Bewusstseins» zu lösen. Der Philosoph John Searle hat diese Aufgabe so formuliert: «Wie ist es möglich, dass physikalische, objektive, quantitativ beschreibbare Neuronengewitter qualitative, private, subjektive Erlebnisse verursachen?»[18]

Das zweite Denkmodell, der so genannte «Funktionalismus», ist bei den heutigen Kognitionswissenschaftlern und Philosophen am beliebtesten.[19] Seine Befürworter behaupten, geistige Zustände seien durch ihre «funktionale Organisation» definiert, d. h. durch Muster kausaler Beziehungen im Nervensystem. Die Funktionalisten sind zwar keine kartesianischen Reduktionisten, weil ihre Aufmerksamkeit nichtlinearen neuronalen Mustern gilt. Doch sie bestreiten, dass das bewusste Erleben ein nicht reduzierbares emergentes Phänomen ist. Es mag scheinbar ein nicht reduzierbares Erlebnis sein, aber aus ihrer Sicht wird ein bewusster Zustand völlig durch seine funktionale Organisation definiert und daher auch verstanden, sobald dieses Organisationsmuster ermittelt worden ist. Deshalb hat Daniel Dennett, einer der führenden Funktionalisten, seinem Buch auch den eingängigen Titel *Consciousness Explained* gegeben.[20]

Etliche Muster der funktionalen Organisation sind von Kognitionswissenschaftlern postuliert worden, und folglich gibt es heute viele verschiedene Richtungen des Funktionalismus. Zuweilen zählen zu den funktionalistischen Methoden auch Analogien zwischen funktionaler Organisation und Computersoftware, die aus der Forschung zur künstlichen Intelligenz bezogen werden.[21]

Weniger bekannt ist eine kleine Schule von Philosophen, die sich «Mysteriker» nennen. Sie behaupten, das Bewusstsein sei ein tiefes Mysterium, das von der menschlichen Intelligenz aufgrund von deren immanenten Grenzen nie zu ergründen sei.[22] Diese Grenzen wurzeln, aus ihrer Sicht, in einer nicht reduzierbaren Dualität, die sich als die klassische kartesianische Dualität von Geist und Materie erweist. Während uns die Introspektion nichts über das Gehirn als physikalisches Objekt vermittle, könne uns das Studium der Gehirnstruktur keinen Zugang zum bewussten Erleben verschaffen. Da die Mysteriker das Bewusstsein nicht als Prozess betrachten und das Wesen eines emergenten Phänomens nicht erkennen, sind sie nicht in der Lage, die kartesianische Kluft zu überbrücken, und gelangen zu der Schlussfolgerung, dass das Wesen des Bewusstseins für immer ein Mysterium bleiben werde.

Schließlich gibt es noch eine kleine, aber immer größer werdende Schule von Bewusstseinsforschern, die sowohl auf die Komplexitätstheorie als auch auf die Analyse subjektiver Erlebnisse zurückgreifen. Francisco Varela, einer der führenden Vertreter dieses Denkmodells, hat ihm die Bezeichnung «Neurophänomenologie» gegeben.[23] Die Phänomenologie ist ein bedeutender Zweig der modernen Philosophie, der von Edmund Husserl zu Beginn des 20. Jahrhunderts begründet und von vielen europäischen Philosophen wie Martin Heidegger und Maurice Merleau-Ponty weiterentwickelt wurde. Das zentrale Thema der Phänomenologie ist die disziplinierte Untersuchung des Erlebens, und die Hoffnung von Husserl und seinen

Anhängern war und ist, dass sich eine wahre Wissenschaft des Erlebens schließlich in Partnerschaft mit den Naturwissenschaften begründen lasse.

Die Neurophänomenologie ist somit eine Methode des Bewusstseinsstudiums, die die disziplinierte Untersuchung des bewussten Erlebens mit der Analyse entsprechender neuronaler Muster und Prozesse verbindet. Mit Hilfe dieser doppelten Vorgehensweise erforschen die Neurophänomenologen verschiedene Bereiche des Erlebens und versuchen zu verstehen, wie sie aus komplexen neuronalen Tätigkeiten hervorgehen. Damit vollziehen diese Kognitionswissenschaftler in der Tat die ersten Schritte zur Formulierung einer echten Wissenschaft des Erlebens. Für mich persönlich ist es sehr erfreulich festzustellen, dass ihr Projekt sehr viel mit der Wissenschaft vom Bewusstsein gemein hat, wie sie mir vor über zwanzig Jahren in einem Gespräch mit dem Psychiater R. D. Laing vorschwebte:

> Eine wahre Wissenschaft vom Bewusstsein müsste eine neue Art von Naturwissenschaften sein, die sich mehr mit Qualitäten als mit Quantitäten befasst und mehr auf gemeinsamen Erfahrungen als auf verifizierbaren Messungen beruht. Die Daten einer solchen Naturwissenschaft würden Erfahrungsmuster sein, die sich weder quantifizieren noch analysieren lassen. Andererseits müssten die begrifflichen Modelle, die diese Daten miteinander verknüpfen, logisch stimmig sein wie alle wissenschaftlichen Modelle und könnten sogar quantitative Elemente enthalten.[24]

Die Innenansicht

Die Grundprämisse der Neurophänomenologie lautet, dass die Gehirnphysiologie und das bewusste Erleben als zwei gleichberechtigte, wechselseitig voneinander abhängige Forschungsbereiche behandelt werden sollten. Die disziplinierte Untersuchung des Erlebens und die Analyse der entsprechenden neuronalen Muster und Prozesse werden reziproke Beschränkungen erzeugen, sodass die Forschungstätigkeiten in den beiden Bereichen einander bei einer systematischen Erforschung des Bewusstseins leiten könnten.

Heute stellen die Neurophänomenologen eine sehr disparate Gruppe dar. Sie unterscheiden sich nach der Art und Weise, wie sie subjektive Erlebnisse berücksichtigen, und sie haben auch unterschiedliche Modelle für die entsprechenden neuronalen Prozesse vorgeschlagen. Das ganze Gebiet wurde einigermaßen ausführlich in einer Sonderausgabe des *Journal of Consciousness Studies* vorgestellt, die den Titel «The View From Within» («Die Innenansicht») trug und von Francisco Varela und Jonathan Shear herausgegeben wurde.[25]

Was die Erlebnisse der ersten Person betrifft, so werden drei Hauptmethoden verwendet. Die erste ist die Introspektion oder Selbstbeobachtung, eine Methode, die ganz am Anfang der wissenschaftlichen Psychologie entwickelt wurde. Die zweite ist die phänomenologische Methode im strengen Sinn, wie sie von Husserl und seinen Anhängern entwickelt wurde. Die dritte Methode besteht in der Anwendung der reichhaltigen Evidenz, wie sie in der meditativen Praxis gewonnen wird, insbesondere in der buddhistischen Tradition. Unabhängig von ihrer Methode bestehen diese Kognitionswissenschaftler darauf, dass sie dabei nicht an eine flüchtige Betrachtung des Erlebens denken, sondern an die Anwendung strenger Methoden, die besondere Fähigkeiten und ein fortwährendes Training erfordern, genau wie die Methoden auf anderen Gebieten der wissenschaftlichen Beobachtung.

Die Methode der Introspektion wurde am Ende des 19. Jahrhunderts von William James als primäres Instrument der Psychologie empfohlen, und in den folgenden Jahrzehnten wurde sie standardisiert und mit großer Begeisterung praktiziert. Doch schon bald stieß sie auf Schwierigkeiten – nicht aufgrund irgendwelcher immanenter Schwächen, sondern weil die Daten, die sie hervorbrachte, den zu Beginn formulierten Hypothesen entschieden widersprachen.[26] Die Beobachtungen waren den theoretischen Vorstellungen der Zeit weit voraus, und statt ihre Theorien zu überprüfen, verrannten sich die Psychologen in einen Methodenstreit, der schließlich zu einem generellen Misstrauen gegenüber der gesamten Praxis der Introspektion führte. So verging ein halbes Jahrhundert, ohne dass sich die Praxis der Introspektion in irgendeiner Weise weiterentwickelt oder verbessert hätte.

Heute sind die von den Pionieren der Introspektion eingeführten Methoden meist in den Praxen von Psychotherapeuten oder professionellen Trainern anzutreffen, ohne jeden Bezug zu akademischen Forschungsprogrammen der Kognitionswissenschaft. Allerdings versucht derzeit eine kleine Gruppe von Kognitionswissenschaftlern, diese schlummernde Tradition für eine systematische und nachhaltige Erforschung des bewussten Erlebens wieder zu beleben.[27]

Im Gegensatz zur Introspektion wurde die Phänomenologie von Edmund Husserl als eine philosophische Disziplin und nicht als wissenschaftliche Methode entwickelt. Ihr zentrales Merkmal ist ein spezifischer Gestus der Reflexion, die so genannte «phänomenologische Reduktion».[28] Dieser Begriff darf nicht mit dem Reduktionismus in den Naturwissenschaften verwechselt werden. Im philosophischen Sinn bedeutet Reduktion (vom lateinischen *reducere*) ein «Zurückführen» oder Loslösen des subjektiven Erlebens durch den Ausschluss von Vorstellungen über das, was da gerade erlebt wird. Auf diese Weise wirkt der Bereich des Erlebens auf anschaulichere Weise gegenwärtig, und die Fähigkeit zur systematischen Reflexion wird kultiviert. In der Philosophie nennt man das die Verlagerung von der natürlichen zur phänomenologischen Einstellung.

Für jeden, der einige Erfahrung mit der Meditationspraxis hat, werden sich die Beschreibungen der «phänomenologischen Einstellung» vertraut anhören. In der Tat haben kontemplative Traditionen seit Jahrhunderten rigorose Techniken zur Erforschung und Prüfung des Geistes entwickelt und gezeigt, dass sich diese Fähigkeiten nach und nach erheblich verfeinern lassen. Im Laufe der Menschheitsgeschichte ist die disziplinierte

Überprüfung des Erlebens innerhalb der unterschiedlichsten philosophischen und religiösen Traditionen wie Hinduismus, Buddhismus, Taoismus, Sufismus und Christentum angewendet worden. Wir können daher davon ausgehen, dass einige Erkenntnisse dieser Traditionen auch über ihr spezielles metaphysisches und kulturelles System hinaus Gültigkeit haben.[29]

Dies trifft besonders auf den Buddhismus zu, der sich in vielen unterschiedlichen Kulturen durchgesetzt hat – von Indien aus verbreitete er sich in China und Südostasien und schließlich in Japan, bis er viele Jahrhunderte später den Pazifik überquerte und nach Kalifornien gelangte. In diesen unterschiedlichen kulturellen Zusammenhängen sind Geist und Bewusstsein stets die primären Ziele der kontemplativen Untersuchungen des Buddhismus. Die Buddhisten halten den undisziplinierten Geist für ein unzuverlässiges Instrument der Beobachtung unterschiedlicher Bewusstseinszustände und haben im Anschluss an die ursprünglichen Unterweisungen Buddhas eine große Vielfalt von Techniken zur Stabilisierung und Verfeinerung der Aufmerksamkeit entwickelt.[30]

Im Laufe der Jahrhunderte haben buddhistische Gelehrte ausgeklügelte Theorien über viele subtile Aspekte des bewussten Erlebens formuliert, die wahrscheinlich ergiebige Quellen der Inspiration für Kognitionswissenschaftler darstellen. Ja, der Dialog zwischen der Kognitionswissenschaft und den kontemplativen Traditionen des Buddhismus hat bereits begonnen, und die ersten Ergebnisse deuten darauf hin, dass die Erkenntnisse aus der meditativen Praxis eine wertvolle Komponente jeder künftigen Wissenschaft vom Bewusstsein sein werden.[31]

Allen oben erwähnten Denkmodellen des Bewusstseinsstudiums gemeinsam ist die Grundeinsicht, dass das Bewusstsein ein kognitiver Prozess ist, der aus der komplexen neuronalen Tätigkeit erwächst. Es gibt jedoch auch andere Versuche, meist von Physikern und Mathematikern, das Bewusstsein als Eigenschaft der Materie auf der Ebene der Quantenphysik zu erklären, statt es als ein mit dem Leben verbundenes Phänomen zu betrachten. Ein herausragendes Beispiel dieser Position ist die Methode des

Mathematikers und Kosmologen Roger Penrose, der behauptet, das Bewusstsein sei ein Quantenphänomen, und erklärt: «Wir verstehen das Bewusstsein nicht, weil wir die physikalische Welt nicht genügend verstehen.»[32]

Zu diesen Vorstellungen vom «Geist ohne Biologie», um die treffende Formulierung des Neurowissenschaftlers und Nobelpreisträgers Gerald Edelman zu gebrauchen,[33] gehört auch die Ansicht, das Gehirn sei ein komplizierter Computer. Wie viele Kognitionswissenschaftler glaube ich, dass dies extreme Vorstellungen sind, die grundlegende Schwächen aufweisen, und dass das bewusste Erleben ein Ausdruck des Lebens ist, der aus einer komplexen neuronalen Tätigkeit hervorgeht.[34]

Bewusstsein und Gehirn

Wenden wir uns nun dieser neuronalen Tätigkeit zu, die dem bewussten Erleben zugrunde liegt. In den letzten Jahren haben die Kognitionswissenschaftler erhebliche Fortschritte gemacht bei dem Bemühen, die Verbindungen zwischen der Neurophysiologie und der Emergenz von Erleben zu ermitteln. Meiner Meinung nach wurden die aussichtsreichsten Modelle von Francisco Varela und in neuerer Zeit von Gerald Edelman in Zusammenarbeit mit Giulio Tononi vorgelegt.[35]

In beiden Fällen präsentieren die Autoren ihre Modelle zurückhaltend als Hypothesen, und der Kerngedanke beider Hypothesen ist der gleiche. Das bewusste Erleben ist nicht in einem spezifischen Teil des Gehirns lokalisiert, und es lässt sich auch nicht anhand spezieller neuronaler Strukturen identifizieren. Es ist eine emergente Eigenschaft eines bestimmten kognitiven Prozesses: der Bildung kurzlebiger funktionaler Neuronencluster. Varela nennt solche Cluster «resonante Zellansammlungen», während Tononi und Edelman von einem «dynamischen Kern» sprechen.

Interessanterweise gehen Tononi und Edelman auch von der Grundprämisse der Neurophänomenologie aus, wonach Gehirnphysiologie und bewusstes Erleben als zwei wechselseitig voneinander abhängige Forschungsgebiete behandelt werden sollten. «Es ist eine zentrale Behauptung dieses Artikels», schreiben sie, «dass die Analyse der Konvergenz zwischen ... phänomenologischen und neuronalen Eigenschaften wertvolle Erkenntnisse über die Arten von neuronalen Prozessen vermitteln kann, mit denen sich die entsprechenden Eigenschaften des bewussten Erlebens erklären lassen.»[36]

Die Dynamik der neuronalen Prozesse weist zwar bei diesen beiden Modellen unterschiedliche, aber vielleicht nicht inkompatible Details auf. Sie unterscheiden sich zum Teil deshalb, weil die Autoren sich nicht auf die gleichen Merkmale des bewussten Erlebens konzentrieren und daher unterschiedliche Eigenschaften der entsprechenden neuronalen Cluster betonen.

Varela geht von der Beobachtung aus, dass der «geistige Raum» eines bewussten Erlebens aus zahlreichen Dimensionen besteht. Mit anderen Worten: Es wird von vielen verschiedenen Gehirnfunktionen erzeugt und ist doch ein einziges kohärentes Erleben. Wenn beispielsweise der Duft eines Parfüms eine angenehme oder unangenehme Empfindung hervorruft, erleben wir diesen bewussten Zustand als ein integriertes Ganzes, das sich aus Sinneswahrnehmungen, Erinnerungen und Emotionen zusammensetzt. Das Erlebnis ist nicht konstant, wie wir wissen, und kann extrem kurz sein. Bewusste Zustände sind kurzlebig, durch ein ständiges Kommen und Gehen charakterisiert. Eine weitere wichtige Beobachtung besagt, dass der Erlebniszustand stets «verkörpert», d.h. in ein bestimmtes Feld der Empfindung eingebettet ist. Ja, die meisten bewussten Zustände weisen anscheinend eine dominante Empfindung auf, die das gesamte Erleben färbt.[37]

Der spezifische neuronale Mechanismus, den Varela für die Emergenz kurzlebiger Erlebniszustände vorschlägt, ist ein Resonanzphänomen, das man «Phasenblockierung» nennt und bei dem verschiedene Gehirnregionen derart wechselseitig miteinander verknüpft sind, dass ihre Neuronen ihre Impulse synchron abfeuern. Durch diese Synchronisation der neuronalen Tätigkeit werden vorübergehende «Zellansammlungen» gebildet, die aus weit verstreuten neuronalen Schaltkreisen bestehen können.

Nach Varelas Hypothese basiert jedes bewusste Erleben auf einer spezifischen Zellansammlung, in der viele unterschiedliche – mit Sinneswahrnehmungen, Emotionen, Erinnerungen, Körperbewegungen etc. verbundene – neuronale Tätigkeiten in einem kurzlebigen, aber kohärenten Ensemble oszillierender Neuronen vereint sind. Am besten kann man sich diesen neuronalen Prozess vielleicht als etwas Musikalisches vorstellen.[38] Da gibt es Geräusche; dann vereinen sie sich zu etwas Synchronem, wenn eine Melodie entsteht; dann geht die Melodie wieder in Kakophonie über, bis eine weitere Melodie im nächsten Resonanzaugenblick entsteht.

Varela hat sein Modell sehr detailliert auf die Erforschung des Erlebens der Gegenwart – ein traditionelles Thema in phänomenologischen Untersuchungen – angewendet und ähnliche Untersuchungen anderer Aspekte des bewussten Erlebens vorgeschlagen.[39] Dazu gehören verschiedene Formen der Aufmerksamkeit und die entsprechenden neuronalen Netzwerke und Pfade, das Wesen des Willens, wie es sich in der Einleitung freiwilligen Handelns ausdrückt, und die neuronalen Korrelate von Emotionen ebenso wie die Beziehungen zwischen Stimmung, Emotion und Vernunft. Nach Varela wird der Fortschritt in einem derartigen Forschungsprogramm großenteils davon abhängen, inwieweit Kognitionswissenschaftler bereit sind, eine nachhaltige Tradition der phänomenologischen Untersuchung aufzubauen.

Wenden wir uns nun den in dem Modell von Gerald Edelman und Giulio Tononi beschriebenen neuronalen Prozessen zu. Wie Francisco Varela betonen auch diese Autoren, dass das bewusste Erleben hoch integriert ist – jeder bewusste Zustand bestehe aus einer einzigen «Szene», die sich nicht in unabhängige Komponenten zerlegen lasse. Außerdem sei das bewusste Erleben auch hoch differenziert, und zwar in dem Sinn, dass wir eine große Anzahl unterschiedlicher bewusster Zustände innerhalb kurzer Zeit erleben können. Diese Beobachtungen liefern zwei

Kriterien für die zugrunde liegenden neuronalen Prozesse: Sie müssen integriert sein und gleichzeitig eine außerordentliche Differenziertheit oder Komplexität aufweisen.[40]

Der Mechanismus, den die Autoren für die rasche Integration neuronaler Prozesse in verschiedenen Gebieten des Gehirns vorschlagen, ist theoretisch von Edelman seit den achtziger Jahren entwickelt und von ihm, Tononi und ihren Kollegen ausgiebig in groß angelegten Computersimulationen getestet worden. Er wird «Wiedereintritt» *(reentry)* genannt und besteht aus einem ständigen Austausch paralleler Signale innerhalb von und zwischen Gehirnregionen.[41] Diese Prozesse paralleler Signale spielen die gleiche Rolle wie das «Phasenblockieren» in Varelas Modell. Ja, während Varela von Zellansammlungen spricht, die durch Phasenblockierung «zusammengeklebt» seien, ist bei Tononi und Edelman von einer dynamischen «Bindung» von Nervenzellengruppen durch den Prozess des Wiedereintritts die Rede.

Bewusstes Erleben tritt nach Tononi und Edelman dann auf, wenn die Tätigkeiten verschiedener Gehirnbereiche während kurzer Augenblicke durch den Prozess des Wiedereintritts integriert werden. Jedes bewusste Erleben geht aus einem funktionalen Cluster von Neuronen hervor, die zusammen einen einheitlichen neuronalen Prozess oder «dynamischen Kern» konstituieren. Die Autoren benutzen den Begriff «dynamischer Kern» für diese funktionalen Cluster, um damit die Vorstellung sowohl von ihrer Integration als auch von ständig sich verändernden Tätigkeitsmustern zu vermitteln. Sie betonen, dass der dynamische Kern nicht ein Ding oder ein Ort ist, sondern ein Prozess unterschiedlicher neuronaler Interaktionen.

Ein dynamischer Kern kann seine Zusammensetzung im Laufe der Zeit verändern, und die gleiche Gruppe von Neuronen kann einmal Teil eines dynamischen Kerns sein und damit dem bewussten Erleben zugrunde liegen und dann wieder kein Teil davon und somit an unbewussten Prozessen beteiligt sein. Darüber hinaus kann die Zusammensetzung des Kerns die herkömmlichen anatomischen Grenzen überschreiten, da der Kern ein Cluster von Neuronen ist, die funktional integriert sind, ohne unbedingt anatomisch benachbart zu sein. Schließlich ist davon auszugehen, dass die genaue Zusammensetzung des dynamischen Kerns, der mit einem bestimmten bewussten Erleben verbunden ist, von Individuum zu Indivduum verschieden sein kann.

Trotz der Unterschiede in den Details der von ihnen beschriebenen Dynamik haben die beiden Hypothesen der «resonanten Zellansammlungen» und des «dynamischen Kerns» offensichtlich viel gemeinsam. Beide sehen im bewussten Erleben eine emergente Eigenschaft eines kurzlebigen Prozesses der Integration oder Synchronisation weit verteilter Neuronengruppen. Beide enthalten konkrete, überprüfbare Vorschläge für die spezifische Dynamik dieses Prozesses und werden damit wahrscheinlich in den kommenden Jahren zu erheblichen Fortschritten bei der Formulierung einer echten Wissenschaft des Bewusstseins führen.

Die soziale Dimension des Bewusstseins

Als Menschen erleben wir nicht nur die integrierten Zustände des primären Bewusstseins – wir denken und reflektieren auch, kommunizieren miteinander mittels einer Symbolsprache, treffen Werturteile, haben Glaubensvorstellungen und handeln absichtlich, selbstbewusst und persönliche Freiheit erlebend. Jede künftige Theorie des Bewusstseins wird erklären müssen, wie diese bekannten Merkmale des menschlichen Geistes aus den kognitiven Prozessen hervorgehen, die allen lebenden Organismen gemeinsam sind.

Wie bereits erwähnt, entstand die «Innenwelt» unseres reflexiven Bewusstseins in der Evolution zusammen mit der Entwicklung von Sprache und sozialer Wirklichkeit.[42] Das bedeutet, dass das menschliche Bewusstsein nicht nur ein biologisches, sondern auch ein soziales Phänomen ist. Die soziale Dimension des reflexiven Bewusstseins wird von Naturwissenschaftlern und

Philosophen häufig ignoriert. Der Kognitionswissenschaftler Rafael Núñez hat darauf hingewiesen, dass fast alle gegenwärtigen Vorstellungen von Kognition implizit davon ausgehen, dass die geeignete Einheit für die Analyse der Körper und der Geist des Individuums sei.[43] Diese Tendenz wird durch die neuen Techniken zur Analyse der Gehirnfunktionen verstärkt, da sie den Kognitionswissenschaftlern nahe legen, einzelne, isolierte Gehirne zu untersuchen und die ständigen Interaktionen dieser Gehirne mit anderen Körpern und Gehirnen innerhalb der Gemeinschaften von Organismen zu vernachlässigen. Doch gerade diese interaktiven Prozesse sind von entscheidender Bedeutung für das Verständnis der Ebene der kognitiven Abstraktion, die charakteristisch für das reflexive Bewusstsein ist.

Humberto Maturana war einer der ersten Wissenschaftler, die die Biologie des menschlichen Bewusstseins auf systematische Weise mit der Sprache verbanden.[44] Er befasste sich mit der Sprache durch eine sorgfältige Kommunikationsanalyse im Rahmen der Santiago-Theorie der Kommunikation. Kommunikation ist nach Maturana keine Informationsübertragung, sondern vielmehr eine Koordination von Verhalten zwischen lebenden Organismen durch gegenseitiges strukturelles Koppeln.[45] Bei diesen sich wiederholenden Interaktionen verändern sich die lebenden Organismen gemeinsam, indem sie gegenseitig ihre strukturellen Veränderungen auslösen. Eine solche gegenseitige Koordination von Verhalten ist das Schlüsselkriterium der Kommunikation für alle lebenden Organismen, mit oder ohne Nervensystem, und sie wird immer subtiler und ausgeklügelter bei Nervensystemen von zunehmender Komplexität.

Sprache entsteht, wenn eine Abstraktionsebene erreicht ist, auf der es *Kommunikation über Kommunikation* gibt. Mit anderen Worten: wenn es eine Koordination von Verhaltenskoordinationen gibt. Wenn man beispielsweise (wie Maturana in einem Seminar erklärte) einem Taxifahrer auf der anderen Straßenseite zuwinkt und damit seine Aufmerksamkeit auf sich lenkt, ist dies eine Koordination von Verhalten. Wenn man dann einen Kreis mit der Hand beschreibt und ihn damit bittet zu wenden, koordiniert dies die Koordination, und damit entsteht die erste Ebene der Kommunikation in Sprache. Der Kreis wird zu einem Symbol, das das geistige Bild des Fahrwegs des Taxis darstellt. Dieses kleine Beispiel veranschaulicht den wichtigen Punkt, dass Sprache ein System der symbolischen Koordination ist. Ihre Symbole – Worte, Gesten und andere Zeichen – dienen als Zeichen für die linguistische Koordination von Handlungen. Diese wiederum erzeugt die Vorstellung von Objekten, und damit werden die Symbole mit unseren geistigen Bildern von Objekten verbunden.

Sobald Worte und Objekte durch Koordinationen von Verhaltenskoordinationen erschaffen worden sind, dienen sie als Basis für weitere Koordinationen, die eine Reihe rekursiver Ebenen der linguistischen Kommunikation erzeugen.[46] Wenn wir Objekte unterscheiden, erschaffen wir abstrakte Begriffe, um damit ihre Eigenschaften ebenso wie die Beziehungen zwischen Objekten zu bezeichnen. Der Prozess der Beobachtung besteht nach Maturana aus solchen Unterscheidungen von Unterscheidungen; dann kommt der Beobachter ins Spiel, wenn wir zwischen Beobachtungen unterscheiden, und schließlich entsteht das Selbstbewusstsein als Beobachtung des Beobachters, wenn wir die Vorstellung von einem Objekt und die damit verbundenen abstrakten Begriffe dazu benutzen, uns selbst zu beschreiben. Damit erweitert sich unser linguistischer Bereich um das reflexive Bewusstsein. Auf jeder dieser rekursiven Ebenen werden Wörter und Objekte erzeugt, und ihre Unterscheidung verschleiert dann die Koordinationen, die sie koordinieren.

Maturana betont, dass das Phänomen der Sprache nicht im Gehirn auftritt, sondern in einem kontinuierlichen Fluss von Koordinationen von Verhaltenskoordinationen. Es erscheint, so Maturana, «im Fluss der Interaktionen und Relationen des Zusammenlebens».[47] Als Menschen existieren wir in der Sprache, und ständig weben wir das linguistische Netz, in das wir eingebettet sind. In der Sprache koordinieren wir unser Verhalten, und gemeinsam bringen wir in der Sprache unsere Welt hervor. «Die Welt, die jeder sieht», schreiben Maturana und Varela, «ist nicht *die* Welt, sondern *eine* Welt, die wir mit anderen hervorbringen.»[48] Diese menschliche Welt enthält an zentraler Stelle unsere Innenwelt des abstrakten Denkens, der Begriffe, Glaubensvorstellungen, geistigen Bilder, Intentionen und des Selbstbewusstseins. In einer menschlichen Unterhaltung werden unsere Begriffe und Ideen, unsere Emotionen und Körperbewegungen in einer komplexen Choreographie der Verhaltenskoordination eng miteinander verknüpft.

Unterhaltungen mit Schimpansen

Maturanas Theorie des Bewusstseins stellt eine Reihe entscheidender Verbindungen zwischen Selbstbewusstsein, begrifflichem Denken und symbolischer Sprache her. Auf der Grundlage dieser Theorie und im Geiste der Neurophänomenologie können wir nun fragen: Welche Neurophysiologie liegt der Entstehung der menschlichen Sprache zugrunde? Wie haben wir in unserer menschlichen Evolution die außergewöhnlichen Abstraktionsebenen entwickelt, die für unser Denken und unsere Sprache charakteristisch sind? Diese Fragen lassen sich zwar noch immer keineswegs eindeutig beantworten, aber im Laufe der letzten beiden Jahrzehnte hat es mehrere dramatische Erkenntnisse gegeben, die uns zwingen, viele lang gehegte wissenschaftliche und philosophische Annahmen zu revidieren.

Ein radikal neues Verständnis der menschlichen Sprache legt die seit mehreren Jahrzehnten betriebene Erforschung der Kommunikation mit Schimpansen durch Zeichensprache nahe. Der Psychologe Roger Fouts, einer der großen Pioniere auf diesem Gebiet, hat einen faszinierenden Bericht über seine bahnbrechende Arbeit in seinem Buch *Next of Kin* gegeben.[49] Fouts erzählt darin nicht nur, wie er selbst ausgiebige Gespräche zwischen Menschen und Affen erlebt hat, sondern er zieht auch aus den dabei gewonnenen Erkenntnissen aufregende spekulative Schlüsse hinsichtlich des Ursprungs der menschlichen Sprache.

Die neuere DNA-Forschung hat nachgewiesen, dass zwischen menschlicher DNA und der DNA von Schimpansen nur ein Unterschied von 1,6 Prozent besteht. Und Schimpansen sind uns Menschen näher verwandt als Gorillas oder Orang-Utans. Fout erklärt: «Unser Skelett ist die aufrechte Version eines Schimpansenskeletts, unser Gehirn die erweiterte Version eines Schimpansengehirns und unser Sprechapparat eine Abwandlung des Stimmtrakts der Schimpansen.»[50] Außerdem wissen wir, dass das mimische Repertoire der Schimpansen dem unseren stark ähnelt.

Die gegenwärtige DNA-Forschung deutet entschieden darauf hin, dass Schimpansen und Menschen einen gemeinsamen Ahnen haben, während dies auf die Gorillas nicht zutrifft. Wenn wir also Schimpansen als Großaffen klassifizieren, müssen wir auch uns als Großaffen klassifizieren. Ja, eine Kategorie von Affen ist erst dann sinnvoll, wenn sie auch uns Menschen einschließt. Das Smithsonian Institute hat seine Klassifikation entsprechend geändert. In der neuesten Ausgabe von *Mammal Species of the World* sind die Mitglieder der Familie der Großaffen der Familie der Hominiden zugeordnet, die zuvor nur uns Menschen vorbehalten war.[51]

Die Verwandtschaft von Menschen und Schimpansen endet nicht bei der Anatomie, sondern erstreckt sich auch auf soziale und kulturelle Merkmale. Schimpansen sind wie wir soziale Lebewesen. In Gefangenschaft leiden sie am meisten unter Einsamkeit und Langeweile. In der freien Natur lieben sie die Veränderung – sie gehen jeden Tag in anderen Bäumen auf Nahrungssuche, bauen sich jeden Tag neue Schlafnester und verkehren mit verschiedenen Mitgliedern ihrer Gemeinschaft, wenn sie durch den Dschungel wandern.

Außerdem haben die Anthropologen zu ihrem Erstaunen festgestellt, dass Schimpansen auch unterschiedliche Kulturen haben. Seit Jane Goodalls bedeutsamer Entdeckung in den fünfziger Jahren, dass wilde Schimpansen Werkzeuge herstellen und benutzen, haben ausgiebige Beobachtungen ergeben, dass in Schimpansengemeinschaften einzigartige Jäger-Sammler-Kulturen existieren, in denen die Jungen von ihren Müttern durch eine Kombination von Nachahmung und Anleitung neue Fertigkeiten erlernen.[52] Einige der Hämmer und Ambosse, die sie zum Knacken von Nüssen benutzen, sind identisch mit den Werkzeugen unserer Hominidenahnen, und der Stil der Werkzeugherstellung unterscheidet sich von Gemeinschaft zu Gemeinschaft, genau wie in den frühen Hominidengemeinschaften.

Anthropologen haben auch die unter Schimpansen weit verbreitete Verwendung von Heilpflanzen nachgewiesen, und manche Wissenschaftler glauben, dass es in ganz Afrika dutzende von lokalen medizinischen Schimpansenkulturen geben könnte. Außerdem pflegen Schimpansen familiäre Beziehungen, betrauern den Tod von Müttern und adoptieren Waisen, führen Machtkämpfe und Kriege. Kurz, offenbar gibt es in der Evolution von Menschen und Schimpansen ebenso viel Kontinuität in sozialer und kultureller Hinsicht wie im Bereich der Anatomie.

Was besagt dies nun im Hinblick auf Kognition und Sprache? Lange Zeit gingen die Wissenschaftler davon aus, dass die Schimpansenkommunikation nichts mit der menschlichen Kommunikation zu tun hat, weil die Grunz- und Schreilaute der Schimpansen wenig Ähnlichkeit mit der menschlichen Sprache aufweisen. Roger Fouts führt dagegen ins Feld, dass sich diese Wissenschaftler auf den falschen Kommunikationskanal konzentriert hätten.[53] Eine sorgfältige Beobachtung von Schimpansen in freier Natur zeigt, dass sie ihre Hände für viel mehr als nur zur Herstellung von Werkzeugen benutzen. Sie kommunizieren mit ihnen auf eine lange Zeit unvorstellbare Weise – mit Gesten betteln sie um Nahrung, beruhigen und ermutigen. Es gibt verschiedene Schimpansengesten für «Komm mit mir», «Darf ich vorbei?» und «Bitte sehr», und erstaunlicherweise unterscheiden sich diese Gesten von Gemeinschaft zu Gemeinschaft.

Diese Beobachtungen wurden auf geradezu dramatische Weise von den Forschungsergebnissen mehrerer Psychologenteams bestätigt, die über viele Jahre hinweg zu Hause Schimpansen wie menschliche Kinder aufzogen, wobei sie mit ihnen in der amerikanischen Zeichensprache (ASL) kommunizierten. Fouts betont, um die Schlussfolgerungen seiner Forschungen zu würdigen, müsse man wissen, dass die ASL kein künstliches System ist, das Menschen mit einem normalen Gehör für taube Menschen erfanden. Sie existiert seit mindestens 150 Jahren und basiert auf verschiedenen europäischen Zeichensprachen, die im Laufe von Jahrhunderten von den tauben Menschen selbst entwickelt wurden.

Wie gesprochene Sprachen ist die ASL überaus flexibel. Ihre Bausteine – Handzeichen, -platzierungen und -bewegungen – lassen sich zu unendlich vielen Zeichen kombinieren, die Wörtern entsprechen. Die ASL hat ihre eigenen Regeln, um Zeichen zu Sätzen zu ordnen, und weist eine subtile und komplexe visuelle Grammatik auf, die sich stark von der englischen Grammatik unterscheidet.[54]

Bei den «Kreuzpflege»-Studien an Schimpansen wurden junge Schimpansen nicht als passive Laborsubjekte behandelt, sondern als Primaten mit einem starken Bedürfnis, zu lernen und zu kommunizieren. Man hoffte, sie würden nicht nur einen rudimentären ASL-Wortschatz und eine ASL-Grammatik erwerben, sondern beides auch dazu benutzen, Fragen zu stellen, ihre Erlebnisse zu kommentieren und Unterhaltungen anzuregen. Mit anderen Worten: Die Wissenschaftler hofften, zu einer echten gegenseitigen Kommunikation mit den Affen zu gelangen. Und genau dies geschah.

Roger Fouts erstes und berühmtestes «Pflegekind» war eine junge Schimpansin namens Washoe, die im Alter von vier Jahren in der Lage war, die ASL auf dem Niveau eines zwei- oder dreijährigen menschlichen Kindes zu benutzen. Wie ein menschliches Kleinkind überschüttete Washoe ihre «Eltern» oft mit einer Flut von Botschaften – ROGER SCHNELL, KOMM UMARMEN, MICH FÜTTERN, GIB KLEIDER, BITTE HINAUS, ÖFFNEN TÜR –, und wie alle kleinen Kinder sprach sie auch mit ihren Stofftieren und Puppen und sogar mit sich selbst. Fouts: «Washoes spontanes ‹Handgeplapper› war der zwingendste Beweis dafür, dass sie Sprache genauso benutzte wie menschliche Kinder ... Die Art, wie Washoe ständig mit den Händen gestikulierte wie ein gehörloses Kind, manchmal unter den unmöglichsten Umständen, veranlasste etliche Zweifler, ihre Vorstellung von den gedanken- und sprachlosen Tieren zu überdenken.»[55]

Als aus Washoe ein erwachsener Affe geworden war, brachte sie ihrem Adoptivsohn die Zeichensprache bei, und später, als die beiden mit drei anderen Schimpansen unterschiedlichen Alters zusammenlebten, bildeten sie eine komplexe und geschlossene Familie, in der die Sprache ganz natürlich gedieh. Roger Fouts und seine Frau und Mitarbeiterin Deborah Harris Fouts haben viele Stunden lebhafter Schimpansenunterhaltungen nach dem Zufallsprinzip mit der Videokamera aufgenommen. Diese Bänder zeigen, wie sich die Mitglieder von Washoes Familie in der Gebärdensprache unterhalten, während sie Decken verteilen, Spiele spielen, frühstücken und zu Bett gehen. Fouts: «Gebärden kamen sogar mitten in den heftigsten familiären Auseinandersetzungen vor, und das war der beste Beweis, dass die Gebärdensprache ein natürlicher Bestandteil ihres geistigen und emotionalen Lebens geworden war.» Fouts berichtet auch, dass die Unterhaltungen der Schimpansen so klar waren, dass sich unabhängige ASL-Experten in neun von zehn Fällen hinsichtlich der Bedeutung dieser auf Videobändern aufgenommenen Gebärdendialoge einig waren.[56]

Die Ursprünge der menschlichen Sprache

Die Dialoge zwischen Menschen und Schimpansen vermittelten ein einzigartiges Verständnis der kognitiven Fähigkeiten von Affen, was wiederum ein neues Licht auf die Ursprünge der menschlichen Sprache wirft. Wie Fouts ausführlich dokumentiert, beweist seine jahrzehntelange Arbeit mit Schimpansen, dass sie abstrakte Symbole und Metaphern verwenden, Klassifikationen begreifen und eine einfache Grammatik verstehen können. Sie sind auch in der Lage, eine Syntax zu benutzen, d. h.

Symbole in einer bestimmten Ordnung zu kombinieren, so dass sie eine Bedeutung vermitteln, und Zeichen kreativ zu verbinden, um neue Wörter zu erzeugen.

Diese erstaunlichen Entdeckungen veranlassten Roger Fouts, eine Theorie über den Ursprung der menschlichen Sprache wieder zu beleben, die bereits Anfang der siebziger Jahre von dem Anthropologen Gordon Hewes vorgetragen worden war.[57] Hewes behauptete, dass frühe Hominiden mit den Händen kommuniziert und die Fähigkeit präziser Handbewegungen für Gesten wie zur Herstellung von Werkzeugen entwickelt hätten. Die Sprache habe sich später aus der Fähigkeit zur «Syntax» entwickelt – der Fähigkeit, sich bei der Herstellung von Werkzeugen, bei Gesten und der Bildung von Wörtern an komplexe Mustersequenzen zu halten.

Diese Erkenntnisse legen sehr interessante Schlussfolgerungen im Hinblick auf das Verständnis von Technik nahe. Wenn die Sprache von der Gestik ausging und wenn sich Gestik und Werkzeugherstellung (die einfachste Form von Technik) gleichzeitig entwickelten, dann heißt dies, dass die Technik grundlegend zum Wesen des Menschen gehört und von der Entwicklung von Sprache und Bewusstsein nicht zu trennen ist. Menschliche Natur und Technik wären somit seit dem Anbeginn unserer Spezies untrennbar miteinander verknüpft.

Der Gedanke, dass die Sprache aus der Gestik hervorgegangen sein könnte, ist natürlich nicht neu. Seit Jahrhunderten stellen wir Menschen fest, dass Säuglinge gestikulieren, bevor sie zu sprechen beginnen, und dass die Gestik ein universales Kommunikationsmittel ist, auf das wir immer zurückgreifen können, wenn wir nicht die gleiche Sprache sprechen. Das wissenschaftliche Problem bestand darin, zu verstehen, wie sich das Sprechen körperlich aus Gesten entwickelt haben könnte. Wie haben unsere Hominidenahnen die Kluft zwischen Bewegungen der Hand und aus dem Mund strömenden Wörtern überbrückt?

Dieses Rätsel wurde von der Neurologin Doreen Kimura gelöst, als sie herausbekam, dass Sprechen und präzise Handbewegungen offenbar von derselben Hirnregion gesteuert werden.[58]

Als Fouts von Kimuras Entdeckung erfuhr, erkannte er, dass Zeichensprache wie gesprochene Sprache in einem gewissen Sinn Formen von Gesten sind: «Die Gebärdensprache stützt sich auf Gesten der Hände; die Lautsprache ist die Gestik der Zunge. Die Zunge vollführt Bewegungen und stoppt an spezifischen Stellen innerhalb des Mundes, so dass wir bestimmte Laute hervorbringen. Und die Hände und Finger halten an bestimmten Stellen des Körpers inne, um Gebärden zu erzeugen.»[59]

Diese Erkenntnis erlaubte es Fouts, seine Theorie des evolutionären Ursprungs der gesprochenen Sprache zu formulieren. Unsere Hominidenahnen müssen mit den Händen kommuniziert haben, genau wie ihre Affenvettern es taten. Sobald sie aufrecht zu gehen begannen, hätten sie die Hände frei gehabt, um ausgeklügeltere, verfeinerte Gesten zu entwickeln. Im Laufe der Zeit sei ihre Gestengrammatik immer komplexer geworden, als sich die Gesten selbst von groben hin zu genaueren Bewegungen entwickelten. Schließlich hätten die präzisen Bewegungen ihrer Hände präzise Bewegungen ihrer Zunge ausgelöst, und so habe die Entwicklung der Gestik zwei wichtige Fähigkeiten hervorgebracht: die Fähigkeit, komplexere Werkzeuge herzustellen und zu gebrauchen, und die Fähigkeit, ausgeklügelte Stimmlaute hervorzubringen.[60]

Diese Theorie fand eine eindrucksvolle Bestätigung, als Roger Fouts mit autistischen Kindern zu arbeiten begann.[61] Aufgrund seiner Arbeit mit Schimpansen und der Zeichensprache war ihm klar geworden, dass, wenn Ärzte sagen, autistische Kinder hätten «Sprachprobleme», sie eigentlich meinen, dass diese Kinder Probleme mit der *gesprochenen* Sprache haben. Also führte Fouts die Zeichensprache als alternativen linguistischen Kanal ein, genau wie er es bei den Schimpansen getan hatte. Mit dieser Maßnahme war er außerordentlich erfolgreich. Nachdem sich die Kinder ein paar Monate lang der Zeichensprache bedient hatten, durchbrachen sie ihre Isolation, und ihr Verhalten änderte sich dramatisch.

Aber was noch ungewöhnlicher und absolut unerwartet war –

nach mehreren Wochen, in denen sie sich der Zeichensprache bedient hatten, begannen die autistischen Kinder zu sprechen. Offensichtlich löste die Zeichensprache die Fähigkeit des Sprechens aus. Die Fähigkeit, präzise Zeichen zu bilden, ließ sich auf die Fähigkeit, Laute zu bilden, übertragen, weil beide von denselben Hirnstrukturen gesteuert werden. «Es ist durchaus denkbar», so Fouts' Schlussfolgerung, dass die autistischen Kinder «damit noch einmal dem evolutionären Pfad unserer eigenen Ahnen folgten, einer sechs Millionen Jahre dauernden Reise, die von der affenähnlichen Gestik der Hominiden zur Sprache des modernen Menschen führte.»[62]

Fouts vermutet, dass sich die Menschen vor etwa 200 000 Jahren mit der Evolution der so genannten «archaischen Formen» des Homo sapiens aufs Sprechen zu verlegen begannen. Dieser Zeitpunkt fällt mit der ersten Herstellung spezialisierter Steinwerkzeuge zusammen, die ein erhebliches manuelles Geschick erforderte. Die frühen Menschen, die diese Werkzeuge produzierten, besaßen wahrscheinlich die neuronalen Mechanismen, die sie auch dazu befähigt hätten, Wörter zu produzieren.

Das Auftauchen gesprochener Wörter in der Kommunikation unserer Ahnen hatte unmittelbare Vorteile. Wer mit der Stimme kommunizierte, konnte dies tun, wenn er die Hände voll hatte oder wenn ihm der Zuhörende den Rücken zuwandte. Schließlich führten diese evolutionären Vorteile die anatomischen Veränderungen herbei, die für das ausgewachsene Sprechen erforderlich waren. Im Laufe von zehntausenden von Jahren, in denen sich unser Stimmtrakt entwickelte, kommunizierten die Menschen durch Kombinationen von präzisen Gesten und gesprochenen Wörtern, bis die gesprochenen Wörter die Zeichen schließlich verdrängten und die dominante Form der menschlichen Kommunikation wurden. Noch heute allerdings gebrauchen wir Gesten, wenn wir mit der gesprochenen Sprache nicht weiterkommen. «Als älteste Kommunikationsform unserer Spezies», so Fouts, «fungieren Gesten immer noch als ‹Zweitsprache› jeder Kultur.»[63]

Der verkörperte Geist

Roger Fouts zufolge war die Sprache also ursprünglich in der Gestik verkörpert und entwickelte sich aus ihr zusammen mit dem menschlichen Bewusstsein. Diese Theorie stimmt mit der neuesten Entdeckung von Kognitionswissenschaftlern überein, dass das begriffliche Denken als Ganzes im Körper und im Gehirn verkörpert ist.

Wenn Kognitionswissenschaftler sagen, der Geist sei verkörpert, meinen sie damit weit mehr als nur die nahe liegende Tatsache, dass wir ein Gehirn benötigen, um zu denken. Neuere Untersuchungen auf dem neuen Gebiet der «kognitiven Linguistik» weisen nachdrücklich darauf hin, dass der menschliche Verstand nicht den Körper transzendiert, wie die westliche Philosophie großenteils behauptet, sondern entscheidend von unserer physischen Natur und unserem körperlichen Erleben gebildet wird. In diesem Sinn also ist der menschliche Geist grundlegend verkörpert. Die eigentliche Struktur des Verstandes entwickelt sich aus unserem Körper und unserem Gehirn.[64]

Die Belege für die Verkörperung des Geistes und die tief reichenden philosophischen Folgerungen aus dieser Erkenntnis werden von zwei führenden Kognitionswissenschaftlern, George Lakoff und Mark Johnson, in ihrem Buch *Philosophie in the Flesh* vorgelegt.[65] Grundlegend dabei ist die Entdeckung, dass unser Denken größtenteils unbewusst ist, weil es auf einer Ebene operiert, die der gewöhnlichen bewussten Wahrnehmung unzugänglich ist. Dieses so genannte «kognitive Unbewusste» umfasst nicht nur all unsere automatischen kognitiven Operationen, sondern auch unser stillschweigendes Wissen und unsere Glaubensvorstellungen. Ohne dass wir es wahrnehmen, formt und strukturiert das kognitive Unbewusste alles bewusste Denken. Das ist inzwischen ein Hauptuntersuchungsgebiet der Kognitionswissenschaft geworden und hat zu radikal neuen Ansichten über die Bildung von Begriffen und Denkprozessen geführt.

Derzeit ist die Neurophysiologie der Bildung abstrakter Begriffe im Detail noch unklar. Doch Kognitionswissenschaftler beginnen bereits einen entscheidenden Aspekt dieses Prozesses zu verstehen. Dazu Lakoff und Johnson: «Die gleichen neuronalen und kognitiven Mechanismen, die es uns ermöglichen, wahrzunehmen und uns zu bewegen, erzeugen auch die begrifflichen Strukturen und die Modi unseres Denkvermögens.»[66]

Dieses neue Verständnis des menschlichen Denkens setzte in den achtziger Jahren mit mehreren Untersuchungen über das Wesen begrifflicher Kategorien ein.[67] Der Prozess des Kategorisierens einer Vielzahl von Erlebnissen ist ein fundamentaler Bestandteil der Kognition auf allen Ebenen des Lebens. Mikroorganismen kategorisieren Chemikalien als Nahrung und Nichtnahrung, also als etwas, zu dem sie sich hinbewegen, und als etwas, von dem sie sich wegbewegen. Auf die gleiche Weise kategorisieren Tiere Nahrung, Geräusche, die Gefahr bedeuten, Mitglieder der eigenen Spezies, sexuelle Signale, und so weiter. Wie Maturana und Varela sagen würden: Ein lebender Organismus bringt eine Welt hervor, indem er Unterscheidungen trifft.

Wie lebende Organismen kategorisieren, hängt von ihrem Sinnesapparat und ihren motorischen Systemen ab – mit anderen Worten: davon, wie sie verkörpert sind. Das gilt nicht nur für Tiere, Pflanzen und Mikroorganismen, sondern auch für Menschen, wie Kognitionswissenschaftler vor kurzem entdeckt haben. Auch wenn einige unserer Kategorien das Ergebnis von bewusstem Überlegen sind, werden die meisten automatisch und unbewusst entsprechend der spezifischen Beschaffenheit unseres Körpers und unseres Gehirns gebildet.

Dies lässt sich leicht am Beispiel der Farben veranschaulichen. Ausgiebige Untersuchungen der Farbwahrnehmung haben im Laufe von mehreren Jahrzehnten klar gemacht, dass es in der äußeren Welt, unabhängig vom Prozess der Wahrnehmung, keine Farben gibt. Unser Farberleben wird von den Wellenlängen von reflektiertem Licht in Interaktion mit den Farbzäpfchen in unserer Netzhaut und den mit ihnen verbundenen neuronalen Schaltkreisen erzeugt. Ja, detaillierte Studien haben nachgewiesen, dass die Gesamtstruktur unserer Farbkategorien (die Anzahl von Farben, Tönen usw.) aus unseren neuronalen Strukturen hervorgeht.[68]

Während die Farbkategorien auf unserer Neurophysiologie basieren, werden andere Kategorienarten auf der Grundlage unseres körperlichen Erlebens gebildet. Dies ist besonders wichtig für räumliche Beziehungen, die zu unseren grundlegendsten Kategorien gehören. Lakoff und Johnson erklären, wenn wir eine Katze «vor» einem Baum wahrnehmen, existiere diese räumliche Beziehung in der Welt objektiv nicht, sondern sie sei eine Projektion unseres körperlichen Erlebens. Wir haben einen Körper mit einem immanenten Vorn und Hinten, und wir projizieren diese Unterscheidung auf andere Objekte: «Unser Körper definiert eine Reihe fundamentaler räumlicher Beziehungen, die wir nicht nur zur Orientierung verwenden, sondern auch dazu, die Beziehung eines Objekts zu einem anderen wahrzunehmen.»[69]

Als Menschen kategorisieren wir nicht nur die Vielfalt unseres Erlebens, sondern wir verwenden abstrakte Begriffe auch dafür, unsere Kategorien zu charakterisieren und Schlussfolgerungen daraus zu ziehen. Auf der menschlichen Ebene der Kognition sind Kategorien stets begrifflich – sie sind von den entsprechenden abstrakten Begriffen nicht zu trennen. Und da unsere Kategorien aus unseren neuronalen Strukturen und unserem körperlichen Erleben entstehen, ist dies auch bei unseren abstrakten Begriffen der Fall.

Außerdem sind einige unserer verkörperten Begriffe auch die Basis bestimmter Formen des Denkens, d. h., die Art und Weise, wie wir denken, ist ebenfalls verkörpert. Wenn wir beispielsweise zwischen «innen» und «außen» unterscheiden, stellen wir uns diese räumliche Beziehung im Allgemeinen als eine Art Behälter mit einer Innenseite, einer Grenze und einer Außenseite vor. Dieses geistige Bild, das auf dem Erleben unseres Körpers als Behälter beruht, wird die Grundlage einer bestimmten Form des Denkens.[70] Angenommen, wir stellen eine Tasse in eine

Schüssel und geben dann eine Kirsche in die Tasse. Wir würden sofort wissen, durch bloßen Augenschein, dass die Kirsche in der Tasse auch in der Schüssel ist.

Diese Schlussfolgerung entspricht einem bekannten Argument, einem «Syllogismus» der klassischen aristotelischen Logik. Das bekannteste Beispiel dafür lautet: «Alle Menschen sind sterblich. Sokrates ist ein Mensch. Also ist Sokrates sterblich.» Das Argument erscheint schlüssig, weil Sokrates, genau wie unsere Kirsche, sich im «Behälter» (in der Kategorie) Mensch befindet und Menschen sich im «Behälter» (in der Kategorie) Sterbliche befinden. Wir projizieren das geistige Bild von Behältern auf abstrakte Kategorien und greifen dann auf unser körperliches Erleben eines Behälters zurück, um in Bezug auf diese Kategorien Schlussfolgerungen zu ziehen.

Mit anderen Worten: Der klassische aristotelische Syllogismus ist nicht eine Form des körperlosen Denkens, sondern erwächst aus unserem körperlichen Erleben. Lakoff und Johnson erklären, dass dies ebenso für viele andere Formen des Denkens gilt. Die Strukturen unseres Körpers und Gehirns entscheiden über die Begriffe, die wir bilden, und über das logische Denken, das wir anwenden können.

Wenn wir das geistige Bild eines Behälters auf den abstrakten Begriff einer Kategorie projizieren, verwenden wir es als Metapher. Dieser Prozess der metaphorischen Projektion erweist sich als ein entscheidendes Element bei der Bildung des abstrakten Denkens. Die Entdeckung, dass das menschliche Denken überwiegend metaphorisch ist, stellte einen weiteren wichtigen Fortschritt in der Kognitionswissenschaft dar.[71]

Metaphern ermöglichen es, unsere einfachen verkörperten Begriffe auf abstrakte theoretische Bereiche zu übertragen. Wenn wir beispielsweise sagen: «Ich bin anscheinend nicht in der Lage, diesen Gedanken zu begreifen» oder: «Das geht weit über meinen Horizont hinaus», dann verwenden wir unser körperliches Erleben beim Ergreifen eines Objekts dazu, Schlussfolgerungen über das Verstehen eines Gedankens zu ziehen. Das ist auch der Fall, wenn wir von einem «warmherzigen Empfang» oder einem «großen Tag» sprechen – wir projizieren sinnliche und körperliche Erlebnisse auf abstrakte Bereiche.

Dies sind lauter Beispiele so genannter «primärer Metaphern» – der Grundelemente des metaphorischen Denkens. Kognitionslinguistischen Theorien zufolge erwerben wir die meisten unserer primären Metaphern automatisch und unbewusst in unserer frühen Kindheit.[72] Für Säuglinge beispielsweise spielt sich das Erleben von Zuneigung typischerweise zusammen mit dem Erleben von Wärme, von Gehaltenwerden ab. Daher entstehen Assoziationen zwischen den beiden Erlebnisbereichen, und es werden entsprechende Wege durch neuronale Netzwerke eingerichtet. Später im Leben existieren diese Assoziationen als Metaphern weiter, wenn wir von einem «warmen Lächeln» oder einem «engen Freund» sprechen.

Unser Denken und unsere Sprache enthalten hunderte primärer Metaphern, und die meisten davon verwenden wir, ohne uns ihrer überhaupt bewusst zu sein; und da primäre Metaphern aus einfachen körperlichen Erlebnissen hervorgehen, sind sie im Allgemeinen in den meisten Sprachen der Welt die gleichen. In unseren abstrakten Denkprozessen kombinieren wir primäre Metaphern zu komplexeren, so dass wir in der Lage sind, uns reichhaltiger Bilder und subtiler begrifflicher Strukturen zu bedienen, wenn wir über unser Erleben reflektieren. Wenn wir uns zum Beispiel das Leben als Reise vorstellen, können wir auf unser umfangreiches Wissen über das Reisen zurückgreifen, während wir darüber nachdenken, wie wir ein sinnvolles Leben führen könnten.[73]

Die menschliche Natur

In den letzten beiden Jahrzehnten des 20. Jahrhunderts haben Kognitionswissenschaftler drei wichtige Entdeckungen gemacht. Lakoff und Johnson haben sie zusammengefasst: «Der Geist ist immanent und verkörpert. Das Denken spielt sich meist unbewusst ab. Abstrakte Begriffe sind großenteils metaphorisch.»[74] Wenn diese Erkenntnisse allgemein akzeptiert und in eine kohärente Theorie der menschlichen Kognition integriert werden, werden wir gezwungen sein, viele der Hauptlehrsätze der westlichen Philosophie zu überprüfen. Und in *Philosophy in the Flesh* versuchen die Autoren erstmals, die westliche Philosophie im Lichte der Kognitionswissenschaft zu betrachten.

Ihr Hauptargument lautet, die Philosophie sollte imstande sein, auf das fundamentale menschliche Bedürfnis einzugehen, uns selbst zu kennen – zu wissen, «wer wir sind, wie wir die Welt erleben und wie wir leben sollten». Uns selbst zu kennen heißt auch, zu verstehen, wie wir denken und wie wir unsere Gedanken sprachlich ausdrücken, und hier kann die Kognitionswissenschaft wichtige Beiträge liefern. «Da alles, was wir denken, sagen und tun, vom Funktionieren unseres verkörperten Geistes abhängt», erklären Lakoff und Johnson, «ist die Kognitionswissenschaft eine unserer größten Ressourcen für die Selbsterkenntnis.»[75]

Die Autoren stellen sich einen Dialog zwischen Philosophie und Kognitionswissenschaft vor, in dem die beiden Disziplinen einander helfen und bereichern. Die Wissenschaftler brauchen die Philosophie, um zu erkennen, wie verborgene philosophische Annahmen ihre Theorien beeinflussen. Dazu John Searle: «Wer die Philosophie verachtet, begeht einen philosophischen Fehler.»[76] Philosophen dürften andererseits keine ernsthaften Theorien über das Wesen von Sprache, Geist und Bewusstsein vortragen, ohne die neueren beachtlichen Fortschritte im naturwissenschaftlichen Verständnis der menschlichen Kognition zu berücksichtigen.

Meiner Ansicht nach besteht die Hauptbedeutung dieser Fortschritte in der allmählichen, aber konsequenten Überwindung der kartesianischen Trennung von Geist und Materie, die der westlichen Naturwissenschaft und Philosophie seit über dreihundert Jahren zu schaffen macht. Die Santiago-Theorie zeigt, dass auf allen Ebenen des Lebens Geist und Materie, Prozess und Struktur untrennbar miteinander verbunden sind.

Die neuere Forschung in der Kognitionswissenschaft hat diese Ansicht bestätigt und verbessert, indem sie gezeigt hat, wie sich der Prozess der Kognition zu Formen von zunehmender Komplexität zusammen mit den entsprechenden biologischen Strukturen entwickelte. Als sich die Fähigkeit zu präzisen Hand- und Zungenbewegungen einstellte, entwickelten sich zusammen mit der Sprache das reflexive Bewusstsein und das begriffliche Denken in den frühen Menschen als Teile immer komplexerer Kommunikationsprozesse.

Dies alles sind Manifestationen des Kognitionsprozesses, und auf jeder neuen Ebene sind entsprechende neuronale und körperliche Strukturen daran beteiligt. Wie die neueren Entdeckungen in der Kognitionslinguistik zeigen, ist der menschliche Geist, selbst in seinen abstraktesten Manifestationen, nicht vom Körper getrennt, sondern geht aus ihm hervor und wird von ihm geformt. Somit ist die Kognition, der Prozess des Lebens, auf allen Komplexitätsebenen in lebender Materie verkörpert.

Die einheitliche, postkartesianische Vorstellung von Geist, Materie und Leben ist auch mit einer radikalen Neubesinnung, was die Beziehung zwischen Menschen und Tieren angeht, verbunden. In der ganzen westlichen Philosophie galt die Fähigkeit zu denken als einzigartiges menschliches Merkmal, das uns von allen anderen Tieren unterschied. Die Kommunikationsforschung an Schimpansen hat überaus drastisch nachgewiesen, was für ein Irrglaube dies ist. Sie macht klar, dass sich das kognitive und emotionale Leben von Tieren und Menschen nur graduell unterscheidet, dass das Leben ein großes Kontinuum ist, in dem die Unterschiede zwischen den Arten graduell und evolutionär sind. Die Kognitionslinguisten haben diese evolutionäre Vorstellung von der Natur des Menschen voll bestätigt. Dazu noch einmal Lakoff und Johnson: «Der Verstand, selbst in seiner abstraktesten Form, bedient sich unserer tierischen Natur, statt sie zu übersteigen ... Der Verstand ist somit nicht eine Substanz, die uns von anderen Tieren trennt – er stellt uns vielmehr in ein Kontinuum mit ihnen.»[77]

Die spirituelle Dimension

Das Szenarium der Evolution des Lebens, wie ich es auf den vorangegangenen Seiten dargestellt habe, beginnt in den urzeitlichen Ozeanen mit der Entstehung von Bläschen, die durch Membranen begrenzt waren. Diese winzigen Tröpfchen bildeten sich spontan in einem angemessenen «Seife-und-Wasser-Milieu» nach den Gesetzen der Physik und der Chemie. Sobald sie da waren, entfaltete sich in den Räumen, die sie umschlossen, allmählich eine komplexe Netzwerkchemie, die den Bläschen das Potenzial vermittelte, zu wachsen und sich zu «komplexen», selbstreplizierenden Strukturen zu «entwickeln». Als Katalysatoren in das System gelangten, nahm die molekulare Komplexität rapide zu, und schließlich ging aus diesen Protozellen mit der Entwicklung von Proteinen, Nukleinsäuren und dem genetischen Code das Leben hervor.

Das markierte das Entstehen eines universalen Ahnen – der ersten Bakterienzelle –, von dem alles nachfolgende Leben auf der Erde abstammt. Die Nachkommen der ersten lebenden Zellen eroberten die Erde, indem sie ein planetarisches Bakteriennetz woben und nach und nach alle ökologischen Nischen besetzten. Angetrieben von der allen lebenden Systemen innewohnenden Kreativität, expandierte das planetarische Netz durch Mutationen, Genaustausch und Symbiosen und brachte Lebensformen von ständig zunehmender Komplexität und Vielfalt hervor.

In dieser majestätischen Entfaltung des Lebens reagierten alle lebenden Organismen ständig auf Umwelteinflüsse mit strukturellen Veränderungen, und zwar autonom, entsprechend ihrer eigenen Natur. Vom Beginn des Lebens an waren ihre Interaktionen miteinander und mit der nichtlebenden Umwelt kognitive Interaktionen. Als ihre Strukturen an Komplexität zunahmen, taten dies auch ihre kognitiven Prozesse, die schließlich das Bewusstsein, die Sprache und das begriffliche Denken hervorbrachten.

Wenn wir dieses Szenarium betrachten – von der Bildung von

Öltröpfchen bis zur Entstehung von Bewusstsein –, könnte es den Anschein haben, Leben sei nichts weiter als eine Ansammlung von Molekülen, und da stellt sich natürlich die Frage: Was ist mit der spirituellen Dimension des Lebens? Gibt es in dieser neuen Vorstellung einen Platz für den menschlichen Geist?

Die Ansicht, dass das Leben letztlich nichts weiter als eine Ansammlung von Molekülen sei, wird in der Tat oft von Molekularbiologen vorgetragen. Meiner Meinung nach ist es wichtig zu erkennen, dass dies eine gefährlich reduktionistische Ansicht ist. Das neue Verständnis von Leben ist ein systemisches Verständnis, und das heißt, dass es nicht nur auf der Analyse von Molekülstrukturen basiert, sondern auch auf der Analyse der Beziehungsmuster zwischen diesen Strukturen und der ihrer Bildung zugrunde liegenden spezifischen Prozesse. Wie wir gesehen haben, ist das definierende Merkmal eines lebenden Systems nicht die Anwesenheit bestimmter Makromoleküle, sondern die Gegenwart eines sich selbst erzeugenden Netzwerks von Stoffwechselprozessen.[78]

Leben hat somit nicht nur etwas mit Molekülen zu tun. Es geht dabei vielmehr um Beziehungsmuster zwischen spezifischen Prozessen. Diese Lebensprozesse umfassen vor allem das spontane Aufkommen einer neuen Ordnung, die die Grundlage der dem Leben immanenten Kreativität ist. Außerdem sind die Lebensprozesse mit der kognitiven Dimension des Lebens verbunden, und der Beginn einer neuen Ordnung schließt auch das Aufkommen von Sprache und Bewusstsein mit ein.

Wo also kommt der menschliche Geist in dieses Bild? Um diese Frage zu beantworten, ist es sinnvoll, noch einmal auf die ursprüngliche Bedeutung von Geist zurückzukommen. Wie wir gesehen haben, bedeutet das lateinische *spiritus* «Atem», ebenso wie das verwandte lateinische Wort *anima*, das griechische *psyche* und das Sanskrit-Wort *atman*.[79] Die gemeinsame Bedeutung dieser Schlüsselbegriffe verweist darauf, dass Geist in vielen antiken philosophischen und religiösen Traditionen, im Westen ebenso wie im Osten, ursprünglich «Atem des Lebens» meint.

Da die Atmung in der Tat ein zentraler Aspekt des Stoffwechsels bei allen Lebensformen – außer den einfachsten – ist, ist der Atem des Lebens offenbar eine vollkommene Metapher für das Netzwerk von Stoffwechselprozessen, das das definierende Merkmal aller lebenden Systeme ist. Geist – der Atem des Lebens – ist das, was wir mit allen Lebewesen gemeinsam haben. Er nährt uns und hält uns am Leben.

Die Spiritualität oder das spirituelle Leben wird gewöhnlich als eine Seinsweise verstanden, die aus einem bestimmten tiefen Erleben von Wirklichkeit fließt, das als «mystisches», «religiöses» oder «spirituelles» Erleben bezeichnet wird. Es gibt zahlreiche Beschreibungen dieses Erlebens in der Literatur der Weltreligionen, die im Allgemeinen darin übereinstimmen, dass es ein direktes, nichtintellektuelles Erleben von Wirklichkeit ist und einige fundamentale Merkmale aufweist, die unabhängig vom jeweiligen kulturellen und historischen Kontext sind. Eine der schönsten zeitgenössischen Schilderungen enthält ein kurzer Essay mit dem Titel «Spirituality as Common Sense» («Spiritualität als gesunder Menschenverstand») des Benediktinermönchs, Psychologen und Autors David Steindl-Rast.[80]

Entsprechend der ursprünglichen Bedeutung von Geist als Atem des Lebens charakterisiert Bruder David das spirituelle Erleben als Augenblicke der erhöhten Lebendigkeit. Unsere spirituellen Augenblicke sind jene Augenblicke, in denen wir uns am lebendigsten fühlen. Das Lebendigsein, das in solch einem «Spitzenerleben», wie der Psychologe Abraham Maslow es genannt hat, empfunden wird, umfasst nicht nur den Körper, sondern auch den Geist. Die Buddhisten nennen diese erhöhte geistige Wachheit «Achtsamkeit», und sie betonen interessanterweise, dass die Achtsamkeit tief im Körper verwurzelt ist. Spiritualität ist also immer verkörpert. Wir erleben unseren Geist, wie Bruder David es formuliert hat, als «die Fülle von Geist und Körper».

Es liegt auf der Hand, dass diese Vorstellung von Spiritualität ganz und gar der Vorstellung vom verkörperten Geist entspricht, wie sie gerade in der Kognitionswissenschaft entwickelt wird. Darüber hinaus überwindet dieses Erleben der Einheit nicht nur die Trennung von Geist und Körper, sondern auch die Trennung von Ich und Welt. Die zentrale Gewissheit in diesen spirituellen Augenblicken ist ein tiefes Gefühl des Einsseins mit allem, ein Gefühl, dem Universum als Ganzem anzugehören.[81]

Dieses Gefühl des Einsseins mit der Welt der Natur wird von der neuen wissenschaftlichen Vorstellung vom Leben voll und ganz bestätigt. Wenn wir verstehen, dass die Wurzeln des Lebens tief in die Grundlagen der Physik und der Chemie hinabreichen, dass die Entfaltung von Komplexität lange vor der Bildung der ersten lebenden Zellen begann und dass sich das Leben über Jahrmilliarden hinweg entwickelt hat, indem es immer wieder die gleichen Grundmuster und -prozesse anwandte, dann erkennen wir, wie eng wir mit dem gesamten Gewebe des Lebens verknüpft sind.

Wenn wir die Welt um uns herum betrachten, sehen wir, dass wir nicht in Chaos und Beliebigkeit geworfen sind, sondern Teil einer großen Ordnung, einer großartigen Symphonie des Lebens sind. Jedes Molekül in unserem Körper war einst ein Teil früherer – lebender oder nichtlebender – Körper und wird ein Teil künftiger Körper sein. In diesem Sinne wird unser Körper nicht sterben, sondern weiterleben, immer wieder, weil das Leben weiterlebt. Wir haben nicht nur die Moleküle des Lebens, sondern auch die Grundprinzipien seiner Organisation mit der übrigen lebenden Welt gemeinsam. Und da auch unser Geist verkörpert ist, sind unsere Begriffe und Metaphern in das Netz des Lebens zusammen mit unserem Körper und Gehirn eingebettet. Ja, wir gehören dem Universum an, wir sind darin zu Hause, und diese Erfahrung des Zugehörigseins kann unser Leben zutiefst sinnvoll machen.

3

Die gesellschaftliche Wirklichkeit

In *Lebensnetz* habe ich eine Synthese der neuen Theorien lebender Systeme vorgeschlagen, die auch Erkenntnisse aus der nichtlinearen Dynamik enthält, der «Komplexitätstheorie», wie sie gemeinhin genannt wird.[1] In den beiden vorangehenden Kapiteln habe ich die Grundlagen dargelegt, von denen aus sich diese Synthese überprüfen und auf den sozialen Bereich ausweiten lässt. Mein Ziel ist es, wie ich schon im Vorwort erklärt habe, eine einheitliche systemische Theorie für das Verstehen biologischer und sozialer Phänomene zu entwickeln.

Das Leben – drei Betrachtungsweisen

Die Synthese basiert auf der Unterscheidung zweier Betrachtungsweisen des Wesens lebender Systeme, die ich die «Musterperspektive» und die «Strukturperspektive» genannt habe, und ihrer Integration mittels einer dritten Betrachtungsweise, der «Prozessperspektive». Genauer gesagt, habe ich das *Organisationsmuster* eines lebenden Systems definiert als die Konfiguration von Beziehungen zwischen den Komponenten des Systems, die die wesentlichen Merkmale des Systems, die *Struktur des Systems*, als die materielle Verkörperung seines Organisationsmusters und den Lebens*prozess* als den kontinuierlichen Prozess dieser Verkörperung bestimmt.

Ich wählte die Begriffe «Organisationsmuster» und «Struktur», um in der Sprache der Theorien zu bleiben, die die Komponenten meiner Synthese bilden.[2] Doch angesichts der Tatsache, dass «Struktur» in den Sozialwissenschaften ganz anders als in den Naturwissenschaften definiert wird, werde ich nun meine Terminologie modifizieren und die allgemeineren Begriffe *Form* und *Materie* verwenden, um dem unterschiedlichen Gebrauch des Begriffs «Struktur» Rechnung zu tragen. In dieser allgemeineren Terminologie entsprechen die drei Betrachtungsweisen des Wesens lebender Systeme dem Studium der Form (oder des Organisationsmusters), dem Studium der Materie (oder der materiellen Struktur) und dem Studium von Prozessen.

Wenn wir lebende Systeme aus der Perspektive der Form untersuchen, stellen wir fest, dass ihr Organisationsmuster ein selbsterzeugendes Netzwerkmuster ist. Aus der Perspektive der Materie ist die materielle Struktur eines lebenden Systems eine dissipative Struktur, d.h. ein offenes System fern vom Gleichgewicht. Aus der Prozessperspektive schließlich sind lebende Systeme kognitive Systeme, bei denen der Kognitionsprozess eng mit dem Muster der Autopoiese verknüpft ist. Dies ist, kurz gesagt, meine Synthese des neuen wissenschaftlichen Verständnisses von Leben.

In der Darstellung unten habe ich die drei Betrachtungsweisen als Punkte in einem Dreieck wiedergegeben, um hervorzuheben, dass sie auf grundlegende Weise miteinander verknüpft sind. Die Form eines Organisationsmusters lässt sich nur erkennen, wenn sie in Materie verkörpert ist, und in lebenden Systemen ist diese Verkörperung ein fortlaufender Prozess. Somit muss ein vollständiges Verstehen irgendeines biologischen Phänomens alle drei Perspektiven umfassen.

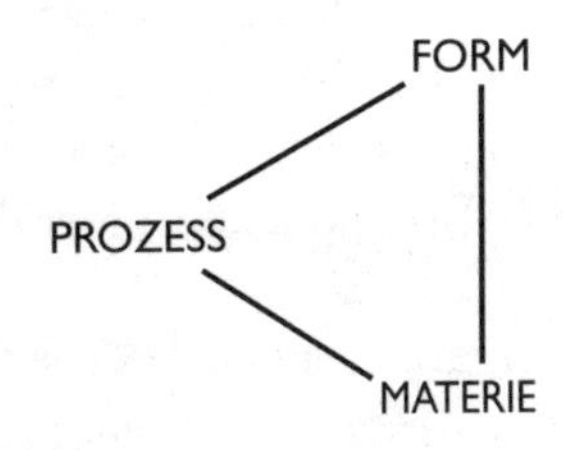

Nehmen wir beispielsweise den Stoffwechsel einer Zelle. Er besteht aus einem Netzwerk *(Form)* chemischer Reaktionen *(Prozess)*, bei denen es um die Produktion der Zellkomponenten *(Materie)* geht und die kognitiv, d. h. durch selbstgeregelte strukturelle Veränderungen *(Prozess)*, auf Störungen aus der Umwelt reagieren. Ebenso ist das Phänomen der Emergenz ein *Prozess*, der für dissipative Strukturen *(Materie)* typisch und mit vielfachen Rückkopplungsschleifen *(Form)* verbunden ist.

Den meisten Wissenschaftlern fällt es aufgrund des nachhaltigen Einflusses des kartesianischen Erbes schwer, jeder dieser drei Betrachtungsweisen gleiches Gewicht beizumessen. Die Naturwissenschaftler sollen sich mit materiellen Phänomenen beschäftigen, aber nur eine der drei Betrachtungsweisen befasst sich mit dem Studium der Materie. Die anderen beiden haben es mit Beziehungen, Eigenschaften, Mustern und Prozessen zu tun, die alle nichtmateriell sind. Natürlich würde kein Wissenschaftler die Existenz von Mustern und Prozessen leugnen, doch für die meisten wäre ein Muster eine emergente Eigenschaft der Materie, eine von der Materie abstrahierte Idee, und nicht etwa eine erzeugende Kraft.

Die Konzentration auf materielle Strukturen und die Kräfte zwischen ihnen sowie die Betrachtung der aus diesen Kräften hervorgehenden Organisationsmuster als sekundäre, emergente Phänomene sind in der Physik und der Chemie sehr effektiv. Wenn wir es jedoch mit lebenden Systemen zu tun haben, ist diese Methode nicht mehr angemessen. Das wesentliche Merkmal, das lebende von nichtlebenden Systemen unterscheidet – der Zellstoffwechsel –, ist weder eine Eigenschaft von Materie noch eine spezielle «Vitalkraft». Sie ist ein spezifisches Muster von Beziehungen zwischen chemischen Prozessen.[3] Das Netzwerkmuster enthält zwar Beziehungen zwischen Prozessen der Produktion materieller Komponenten, aber dieses Muster selbst ist nichtmateriell.

Die strukturellen Veränderungen in diesem Netzwerkmuster werden als kognitive Prozesse verstanden, die schließlich das bewusste Erleben und das begriffliche Denken entstehen lassen.

All diese kognitiven Phänomene sind nichtmateriell, aber sie sind verkörpert – sie entstehen aus dem Körper und werden von ihm geformt. Somit ist das Leben niemals von der Materie geschieden, auch wenn seine wesentlichen Merkmale – Organisation, Komplexität, Prozess etc. – nichtmateriell sind.

Sinn – die vierte Betrachtungsweise

Wenn wir versuchen, das neue Verständnis des Lebens auf den Bereich der Gesellschaft zu übertragen, stoßen wir sofort auf eine verwirrende Vielzahl von Phänomenen – Verhaltensregeln, Werte, Intentionen, Ziele, Strategien, Konstruktionen, Machtverhältnisse –, die in der nichtmenschlichen Welt größtenteils keine Rolle spielen, aber für das Sozialleben des Menschen von wesentlicher Bedeutung sind. Dabei stellt sich freilich heraus, dass all diese verschiedenen Merkmale der gesellschaftlichen Wirklichkeit einen Grundzug gemeinsam haben, der eine natürliche Verbindung zu der auf den vorangegangenen Seiten entwickelten systemischen Betrachtung des Lebens darstellt.

Das Selbstbewusstsein entwickelte sich, wie wir gesehen haben, während der Evolution unserer Hominidenahnen zusammen mit Sprache, begrifflichem Denken und der sozialen Welt organisierter Beziehungen und der Kultur. Folglich ist das Verständnis des reflexiven Bewusstseins unauflöslich mit dem der Sprache und ihres sozialen Kontexts verknüpft. Dieses Argument lässt sich auch umkehren: Das Verständnis der gesellschaftlichen Wirklichkeit ist unauflöslich verknüpft mit dem des reflexiven Bewusstseins.

Genauer gesagt: Unsere Fähigkeit, geistige Bilder materieller Objekte und Vorgänge zu entwerfen, ist offenbar eine grundlegende Bedingung für das Entstehen der Schlüsselmerkmale des sozialen Lebens. Weil wir geistige Bilder entwerfen können, vermögen wir zwischen mehreren Möglichkeiten zu wählen, und das ist unabdingbar, um Werte und soziale Verhaltensregeln zu formulieren. Auf unterschiedlichen Werten basierende Interessenkonflikte sind, wie wir noch sehen werden, der Ursprung von Machtverhältnissen. Unsere Intentionen, unsere Zielbewusstheit sowie unsere Planungen und Strategien für das Erreichen bestimmter Ziele – all das erfordert die Projektion geistiger Bilder in die Zukunft.

Unsere innere Welt der Begriffe und Ideen, der Bilder und Symbole ist eine entscheidende Dimension der gesellschaftlichen Wirklichkeit: Sie konstituiert den «geistigen Charakter gesellschaftlicher Phänomene», wie John Searle dies genannt hat.[4] Sozialwissenschaftler bezeichnen dies oft als die «hermeneutische»* Dimension, um damit zum Ausdruck zu bringen, dass in der menschlichen Sprache, die ihrem Wesen nach symbolisch ist, die Sinnvermittlung von zentraler Bedeutung ist und dass menschliches Handeln aus dem Sinn hervorgeht, den wir unserer Umwelt zuschreiben.

Folglich behaupte ich, dass sich das systemische Verständnis des Lebens auf den sozialen Bereich ausweiten lässt, indem man den anderen drei Betrachtungsweisen des Lebens die Perspektive von Sinn hinzufügt. Dabei verwende ich «Sinn» als Kürzel für die Innenwelt des reflexiven Bewusstseins, die eine Vielzahl von miteinander zusammenhängenden Merkmalen aufweist. Ein vollständiges Verständnis sozialer Phänomene muss daher die Integration von vier Perspektiven umfassen – das Studium von Form, Materie, Prozess und Sinn.

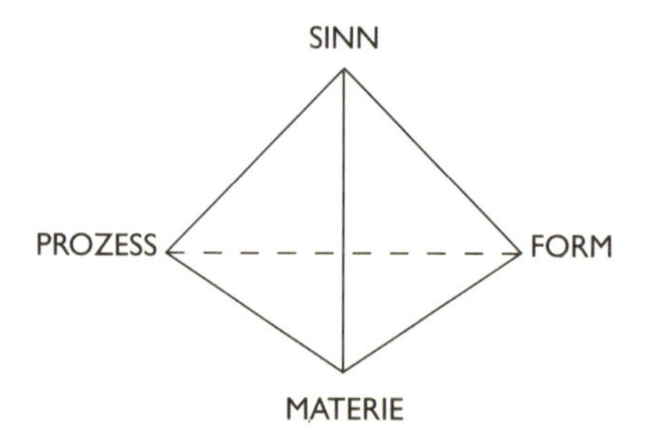

* Vom griechischen *hermēnúein* = erklären, auslegen.

In obigem Diagramm wird erneut auf die wechselseitige Verbundenheit dieser Perspektiven hingewiesen, indem sie als die Ecken einer geometrischen Figur dargestellt sind. Die ersten drei Perspektiven bilden wie zuvor ein Dreieck. Die Sinnperspektive ist so dargestellt, dass sie sich außerhalb der Ebene dieses Dreiecks befindet, was darauf hindeutet, dass sie sich einer neuen «inneren» Dimension öffnet, so dass die gesamte begriffliche Struktur ein Tetraeder bildet.

Wenn wir die vier Betrachtungsweisen integrieren, erkennen wir, dass jede von ihnen erheblich zum Verständnis eines sozialen Phänomens beiträgt. Beispielsweise werden wir sehen, dass Kultur von einem Netzwerk *(Form)* von Kommunikationen *(Prozess)* erschaffen und erhalten wird, in dem *Sinn* erzeugt wird. Die materiellen Verkörperungen *(Materie)* der Kultur umfassen Artefakte und geschriebene Texte, durch die *Sinn* von einer Generation zur anderen weitergegeben wird.

Interessanterweise weist dieses begriffliche System von vier wechselseitig voneinander abhängigen Betrachtungsweisen des Lebens einige Ähnlichkeiten mit den vier Prinzipien oder «Ursachen» auf, die von Aristoteles als wechselseitig voneinander abhängende Quellen aller Phänomene postuliert wurden.[5] Aristoteles unterschied zwischen inneren und äußeren Ursachen. Die beiden inneren Ursachen sind Materie und Form. Die äußeren Ursachen sind die bewirkende Ursache, die das Phänomen durch ihre Aktion erzeugt, und die finale Ursache, die die Aktion der bewirkenden Ursache bestimmt, indem sie ihr ein Ziel oder einen Zweck verleiht.

Aristoteles' ausführliche Darstellung der vier Ursachen und ihrer wechselseitigen Beziehungen unterscheidet sich freilich doch sehr von dem Begriffsschema, das ich vorschlage.[6] Insbesondere die finale Ursache, die der Perspektive entspricht, die ich mit dem Sinn verbunden habe, wirkt nach Aristoteles in der gesamten materiellen Welt, während die heutige Wissenschaft behauptet, dass sie keine Rolle in nichtmenschlichen Systemen spielt. Gleichwohl finde ich es faszinierend, dass wir nach über zweitausend Jahren Philosophiegeschichte die Wirklichkeit noch immer im Rahmen der von Aristoteles ermittelten vier Perspektiven analysieren.

Sozialtheorie

Wenn wir die Entwicklung der Sozialwissenschaft vom 19. Jahrhundert bis zur Gegenwart verfolgen, erkennen wir, dass die großen Debatten zwischen den verschiedenen Denkrichtungen offenbar die Spannungen zwischen den vier Betrachtungsweisen des sozialen Lebens widerspiegeln – Form, Materie, Prozess und Sinn.

Das soziale Denken im späten 19. und frühen 20. Jahrhundert war erheblich vom Positivismus beeinflusst, einer von dem Sozialphilosophen Auguste Comte formulierten Doktrin. Ihr zufolge sollte die Sozialwissenschaft nach allgemeinen Gesetzen des menschlichen Handelns suchen, wobei sie das Quantifizieren betont und Erklärungen durch subjektive Phänomene wie Intentionen oder Zwecke ablehnt.

Es liegt auf der Hand, dass sich das positivistische System an den Mustern der klassischen Physik orientiert. Tatsächlich nannte Auguste Comte, der den Begriff «Soziologie» eingeführt hat, das wissenschaftliche Studium der Gesellschaft zunächst «Sozialphysik». Die Hauptdenkrichtungen zu Beginn des 20. Jahrhunderts lassen sich als Versuche verstehen, sich aus der positivistischen Zwangsjacke zu befreien. Ja, die meisten Sozialtheoretiker jener Zeit sahen sich ausdrücklich im Gegensatz zur positivistischen Epistemologie.[7]

Ein Erbe des Positivismus in den ersten Jahrzehnten der Soziologie war das Beharren auf einer engen Vorstellung von «sozialer Kausalität», die die Sozialtheorie begrifflich mit der Physik statt mit den Lebenswissenschaften verknüpfte. Emile Durkheim, der neben Max Weber als einer der Hauptbegründer der modernen Soziologie gilt, machte «soziale Tatsachen» wie Ansichten oder Praktiken als Ursachen sozialer Phänomene aus. Obwohl diese sozialen Tatsachen eindeutig nichtmateriell sind, beharrte Durkheim darauf, sie wie materielle Objekte zu behandeln. Für ihn waren soziale Tatsachen durch andere soziale Tatsachen verursacht, analog zu den Operationen physikalischer Kräfte.

Stark beeinflusst von Durkheims Ideen waren der Strukturalismus und der Funktionalismus, zwei dominante Schulen der Soziologie im frühen 20. Jahrhundert. Für beide Denkrichtungen bestand die Aufgabe des Sozialwissenschaftlers darin, eine verborgene kausale Wirklichkeit unter der Oberfläche der beobachteten Phänomene sichtbar zu machen. Derartige Versuche, irgendwelche verborgenen Phänomene – Vitalkräfte oder andere «zusätzliche Bestandteile» – zu identifizieren, wurden in den Lebenswissenschaften wiederholt unternommen, als die Wissenschaftler sich bemühten, das Aufkommen von Neuem zu verstehen, das für alles Leben charakteristisch ist und sich nicht durch lineare Zusammenhänge von Ursache und Wirkung erklären lässt.

Für die Strukturalisten besteht der verborgene Bereich aus grundlegenden «sozialen Strukturen». Die frühen Strukturalisten behandelten diese sozialen Strukturen zwar wie materielle Objekte, verstanden sie aber auch als integriertes Ganzes und verwendeten den Begriff «Struktur» etwa so wie die frühen Systemdenker die Bezeichnung «Organisationsmuster».

Während die Strukturalisten nach verborgenen sozialen Strukturen suchten, behaupteten die Funktionalisten, es gebe eine grundlegende soziale Rationalität, die Menschen veranlasse, entsprechend den «sozialen Funktionen» ihrer Handlungen zu handeln – das heißt, so zu handeln, dass ihre Handlungen soziale Bedürfnisse erfüllen. Durkheim betonte, dass eine vollständige Erklärung sozialer Phänomene kausale und funktionale Analysen miteinander verbinden und dass man zwischen Funktionen und Intentionen unterscheiden müsse. Anscheinend versuchte er, irgendwie Intentionen und Zwecke (die *Sinn*perspektive) zu berücksichtigen, ohne das Begriffssystem der klassischen Physik mit ihren materiellen Strukturen, Kräften und linearen Zusammenhängen zwischen Ursache und Wirkung aufzugeben.

Mehrere frühe Strukturalisten erkannten auch die Verbindungen zwischen sozialer Wirklichkeit, Bewusstsein und Sprache. Der Linguist Ferdinand de Saussure war einer der Begründer des Strukturalismus, und der Anthropologe Claude Lévi-Strauss, dessen Name eng mit der strukturalistischen Tradition verbunden ist, hat als einer der Ersten das Sozialleben analysiert, indem er systematisch Analogien zu linguistischen Systemen herstellte. Noch weiter ins Zentrum rückte die Sprache um 1960 mit dem Aufkommen der so genannten interpretierenden Soziologie, die betonte, dass der einzelne Mensch die ihn umgebende Wirklichkeit interpretiere und entsprechend handle.

In den vierziger und fünfziger Jahren entwickelte Talcott Parsons, einer der führenden damaligen Sozialtheoretiker, eine «Allgemeine Theorie der Handlungen», die stark von der allgemeinen Systemtheorie beeinflusst war. Parsons versuchte, Strukturalismus und Funktionalismus in einer einzigen Theorie zu integrieren, indem er hervorhob, dass die Handlungen der Menschen ebenso zielorientiert wie erzwungen seien. Wie Parsons betonten viele damalige Soziologen die Relevanz von Intentionen und Zwecken, indem sie sich auf das «menschliche Wirken», das zweckgerichtete Handeln, konzentrierten.

Das systemorientierte Denken von Talcott Parsons wurde von Niklas Luhmann weitergeführt, einem der innovativsten zeitgenössischen Soziologen, der sich von den Ideen von Maturana und Varela inspirieren ließ und eine Theorie der «sozialen Autopoiese» entwickelte, auf die ich noch ausführlicher zu sprechen kommen werde.[8]

Giddens und Habermas – zwei integrierende Theorien

In der zweiten Hälfte des 20. Jahrhunderts gab es mehrere Versuche in der Sozialtheorie, über die miteinander konkurrierenden Denkrichtungen früherer Jahrzehnte hinauszugelangen und die Vorstellungen von sozialer Sinnanalyse und menschlichem

Wirken mit einer expliziten Sinnanalyse zu verbinden. Die Strukturierungstheorie von Anthony Giddens und die Kritische Theorie von Jürgen Habermas sind die wohl einflussreichsten integrierenden Theorien.

Anthony Giddens ist seit den frühen siebziger Jahren ein führender Vertreter der Sozialtheorie.[9] Seine Strukturierungstheorie erforscht die Interaktion zwischen sozialen Strukturen und menschlichem Wirken dergestalt, dass sie Erkenntnisse aus Strukturalismus und Funktionalismus mit Ergebnissen der interpretativen Soziologie vereint. Dazu bedient sich Giddens zweier unterschiedlicher, aber einander ergänzender Untersuchungsmethoden. Mittels der Institutionsanalyse studiert er soziale Strukturen und Institutionen, mit der strategischen Analyse hingegen die Art und Weise, wie Menschen für das Erreichen strategischer Ziele auf soziale Strukturen zurückgreifen.

Giddens betont, dass das strategische Verhalten von Menschen großenteils darauf beruht, wie sie ihre Umgebung interpretieren. Sozialwissenschaftler haben es somit mit einer «doppelten Hermeneutik» zu tun. Sie interpretieren ihren Untersuchungsgegenstand, der seinerseits mit Interpretationen befasst ist. Folglich glaubt Giddens, dass wir subjektive phänomenologische Einsichten ernst nehmen müssen, wenn wir menschliches Verhalten verstehen wollen.

Giddens' Begriff der sozialen Struktur ist ziemlich komplex – was bei einer integrierenden Theorie, die traditionelle Gegensätze zu überwinden versucht, nicht weiter überrascht. Wie in den meisten gegenwärtigen Sozialtheorien wird die soziale Struktur als ein Set von Regeln definiert, das in sozialen Praktiken umgesetzt ist, außerdem enthält Giddens' Definition noch bestimmte Ressourcen. Es gibt zwei Arten von Regeln: Interpretationsschemata oder semantische Regeln sowie Normen oder moralische Regeln. Es gibt auch zwei Arten von Ressourcen: Zu den materiellen Ressourcen gehört der Besitz von Objekten oder die Kontrolle darüber (der traditionelle Gegenstand marxistischer Soziologien), während sich Autoritätsressourcen aus der Organisation von Macht ergeben.

Giddens verwendet auch die Begriffe «strukturelle Eigenschaften» – für die institutionalisierten Merkmale der Gesellschaft (z. B. die Arbeitsteilung) – und «strukturelle Prinzipien», für die am tiefsten eingebetteten Merkmale. Die Untersuchung struktureller Prinzipien, die abstrakteste Form der Sozialanalyse, ermöglicht die Unterscheidung von Gesellschaftstypen.

Die Interaktion zwischen sozialen Strukturen und menschlichem Wirken ist nach Giddens zyklisch. Soziale Strukturen sind sowohl die Vorbedingung als auch das unbeabsichtigte Ergebnis von menschlichem Wirken. Die Menschen greifen auf sie zurück, um ihren täglichen sozialen Praktiken zu entsprechen, und damit reproduzieren sie nolens volens die genau gleichen Strukturen.

Wenn wir zum Beispiel sprechen, greifen wir zwangsläufig auf die Regeln unserer Sprache zurück, und wenn wir unsere Sprache gebrauchen, reproduzieren und transformieren wir ständig genau die gleichen semantischen Strukturen. Somit ermöglichen soziale Strukturen es uns, zu interagieren, und zugleich werden sie durch unsere Interaktionen reproduziert. Giddens nennt dies die «Dualität der Struktur», und er ist sich dabei über die Ähnlichkeit mit der kreisförmigen Beschaffenheit autopoietischer Netzwerke in der Biologie im Klaren.[10]

Die begrifflichen Zusammenhänge mit der Theorie der Autopoiese werden sogar noch augenfälliger, wenn wir uns Giddens' Anschauung vom menschlichen Wirken zuwenden. Er behauptet, dass Wirken nicht aus einzelnen Handlungen bestehe, sondern ein kontinuierlicher Verhaltensstrom sei. Auch ein lebendes Stoffwechselnetzwerk verkörpert einen fortwährenden Lebensprozess. Und so wie die Komponenten des lebenden Netzwerks ständig andere Komponenten umwandeln oder ersetzen, haben die Handlungen im Strom des menschlichen Verhaltens nach Giddens' Theorie eine «Transformationsfähigkeit».

In den siebziger Jahren, als Anthony Giddens seine Strukturalisierungstheorie an der Universität Cambridge entwickelte, formulierte Jürgen Habermas an der Universität Frankfurt a. M.

eine nicht minder weit reichende Theorie, die er «Theorie des kommunikativen Handelns» nannte.[11] Weil Habermas zahlreiche philosophische Richtungen miteinander zu vereinen weiß, hat er großen Einfluss auf die Philosophie und die Sozialtheorie. Er ist der bedeutendste zeitgenössische Vertreter der Kritischen Theorie, einer Sozialtheorie mit marxistischen Wurzeln, die in den dreißiger Jahren von der Frankfurter Schule entwickelt wurde.[12] Getreu ihrer marxistischen Herkunft wollen die kritischen Theoretiker nicht einfach die Welt erklären. Ihr höchstes Ziel ist es, so Habermas, die strukturellen Bedingungen des menschlichen Handelns aufzudecken und den Menschen zu helfen, diese Bedingungen zu überwinden. Die Kritische Theorie befasst sich mit der Macht und zielt auf Emanzipation ab.

Wie Giddens behauptet auch Habermas, dass es zweier verschiedener, aber einander ergänzender Sichtweisen bedarf, um soziale Phänomene vollständig zu verstehen. Die eine ist die des sozialen Systems – dies entspricht der Betrachtung der Institutionen in Giddens' Theorie; die andere Sichtweise ist die der «Lebenswelt» – dies entspricht in Giddens' Theorie der Betrachtung des menschlichen Verhaltens. Für Habermas hat es das Gesellschaftssystem mit der Art und Weise zu tun, wie soziale Strukturen das Handeln der Menschen einschränken, und das schließt Probleme der Macht und speziell die an der Produktion beteiligten Klassenverhältnisse mit ein. Die Lebenswelt wiederum wirft Fragen nach Sinn und Kommunikation auf. Dementsprechend ist die Kritische Theorie für Habermas die Integration zweier verschiedener Arten von Wissen. Das empirisch-analytische Wissen ist mit der äußeren Welt verbunden und befasst sich mit kausalen Erklärungen. Die Hermeneutik, das Verstehen von Sinn, ist mit der inneren Welt verbunden und befasst sich mit Sprache und Kommunikation.

Wie Giddens erkennt Habermas, dass hermeneutische Erkenntnisse für das Wirken der sozialen Welt relevant sind, weil Menschen ihrer Umwelt Sinn zuschreiben und entsprechend handeln. Habermas weist allerdings darauf hin, dass die Interpretationen der Menschen stets von einer Reihe impliziter Annahmen abhängen, die in Geschichte und Tradition eingebettet sind – und das bedeute, dass die Annahmen nicht gleichwertig sind. Nach Habermas sollten die Sozialwissenschaftler verschiedene Traditionen kritisch bewerten, ideologische Verzerrungen feststellen und ihre Zusammenhänge mit Machtverhältnissen aufdecken. Die Emanzipation gelingt, wenn Menschen in der Lage sind, vergangene Beschränkungen zu überwinden, die aus einer entstellten Kommunikation resultierten.

Entsprechend seinen Differenzierungen zwischen verschiedenen Wissenswelten und -arten unterscheidet Habermas auch zwischen verschiedenen Arten von Handeln, und hier kommt der integrative Charakter seiner Kritischen Theorie vielleicht am stärksten zum Ausdruck. Im Hinblick auf die oben eingeführten vier Betrachtungsweisen des Lebens können wir sagen, dass das Handeln eindeutig zur Prozessperspektive gehört. Habermas spricht von drei Arten von Handeln und verbindet den *Prozess* mit jeder der anderen drei Perspektiven. Das instrumentelle Handeln findet in der äußeren Welt *(Materie)* statt, das strategische Handeln befasst sich mit menschlichen Beziehungen *(Form)*, und das kommunikative Handeln orientiert sich am Verstehen *(Sinn)*. Jede Art von Handeln ist für Habermas mit einem anderen Sinn für «Richtigkeit» verbunden. Richtiges Handeln bezieht sich auf die faktische Wahrheit in der materiellen Welt, auf moralische Richtigkeit in der sozialen Welt und auf Aufrichtigkeit in der inneren Welt.

Die Übertragung der systemischen Methode

Die Theorien von Giddens und Habermas sind herausragende Versuche, Untersuchungen der äußeren Welt von Ursache und Wirkung, die soziale Welt der menschlichen Beziehungen und die innere Welt der Werte und des Sinns zu integrieren. Beide Sozialtheoretiker vereinen Erkenntnisse aus den Naturwissenschaften, den Sozialwissenschaften und der kognitiven Philosophien miteinander, während sie die Beschränkungen des Positivismus ablehnen. Ich glaube, diese Integration lässt sich erheblich weiterentwickeln, indem man das neue systemische Verständnis des Lebens auf den sozialen Bereich im begrifflichen Rahmen der oben eingeführten vier Betrachtungsweisen – Form, Materie, Prozess und Sinn – überträgt. Wir müssen alle vier Perspektiven miteinander integrieren, um ein systemisches Verständnis der sozialen Wirklichkeit zu erreichen.

Ein solches systemisches Verständnis basiert auf der Annahme, dass es eine fundamentale Einheit des Lebens gibt, dass verschiedene lebende Systeme ähnliche Organisationsmuster aufweisen. Diese Annahme stützt sich auf die Beobachtung, dass die Evolution sich seit Milliarden von Jahren vollzieht, indem sie die gleichen Muster immer wieder verwendet. Während sich das Leben entwickelt, neigen diese Muster dazu, zunehmend raffinierter zu werden, aber stets sind sie Variationen der gleichen Grundthemen.

Insbesondere das Netzwerkmuster ist ein grundlegendes Organisationsmuster aller lebenden Systeme. Auf sämtlichen Lebensebenen – von den Stoffwechselnetzwerken der Zellen bis zu den Nahrungsnetzen von Ökosystemen – sind die Komponenten und Prozesse lebender Systeme wechselseitig netzwerkartig miteinander verknüpft. Indem wir das systemische Verständnis des Lebens auf den sozialen Bereich übertragen, wenden wir somit unser Wissen von den Grundmustern und Organisationsprinzipien des Lebens und speziell unser Verständnis lebender Netzwerke auf die soziale Wirklichkeit an.

Doch während uns Erkenntnisse hinsichtlich der Organisation biologischer Netzwerke helfen können, soziale Netzwerke zu verstehen, sollten wir nicht davon ausgehen, unser Verständnis der materiellen Struktur des Netzwerks vom biologischen Bereich auf den sozialen Bereich zu übertragen. Am Beispiel des Stoffwechselnetzwerks von Zellen lässt sich dies veranschaulichen. Ein Zellnetzwerk ist ein nichtlineares Organisationsmuster, und wir benötigen die Komplexitätstheorie (die nichtlineare Dynamik), um seine Feinheiten zu verstehen. Darüber hinaus ist die Zelle ein chemisches System, und wir brauchen die Molekularbiologie und die Biochemie, um die Beschaffenheit der Strukturen und Prozesse zu begreifen, die die Knoten und Verbindungen des Netzwerks bilden. Wenn wir nicht wissen, was ein Enzym ist und wie es die Synthese eines Proteins katalysiert, dürfen wir nicht erwarten, das Stoffwechselnetzwerk der Zelle zu verstehen.

Auch ein soziales Netzwerk ist ein nichtlineares Organisationsmuster, und in der Komplexitätstheorie entwickelte Begriffe wie Rückkopplung oder Emergenz sind wahrscheinlich ebenfalls in einem sozialen Kontext relevant. Doch die Knoten und Verbindungen des Netzwerks sind nicht bloß chemisch. Soziale Netzwerke sind vor allem Kommunikationsnetzwerke, die es mit Sprache, kulturellen Zwängen, Machtverhältnissen und so weiter zu tun haben. Um die Strukturen solcher Netzwerke zu verstehen, müssen wir Erkenntnisse aus der Sozialtheorie, Philosophie, Kognitionswissenschaft, Anthropologie und anderen Disziplinen einbeziehen. Eine einheitliche systemische Theorie für das Verständnis biologischer und sozialer Phänomene wird erst entstehen, wenn die Begriffe der nichtlinearen Dynamik mit Erkenntnissen aus diesen Forschungsgebieten verbunden werden.

Kommunikationsnetzwerke

Um unser Wissen über lebende Netzwerke auf soziale Phänomene anzuwenden, müssen wir herausfinden, ob das Konzept der Autopoiese im sozialen Bereich Gültigkeit besitzt. Dieser Punkt wurde in den letzten Jahren ausgiebig diskutiert, aber die Lage ist alles andere als klar.[13] Die entscheidende Frage lautet: Welches sind die Elemente eines autopoietischen sozialen Netzwerks? Maturana und Varela schlugen ursprünglich vor, den Begriff der Autopoiese auf die Beschreibung von Zellnetzwerken zu beschränken und den allgemeineren Begriff der «organisatorischen Geschlossenheit», der keine Produktionsprozesse spezifiziert, auf alle anderen lebenden Systeme anzuwenden.

Eine andere Denkrichtung, deren Vorreiter der Soziologe Niklas Luhmann ist, behauptet, dass sich der Gedanke der Autopoiese tatsächlich auf den sozialen Bereich übertragen und streng im begrifflichen Rahmen der Sozialtheorie formulieren lässt. Luhmann hat eine ausführliche Theorie der «sozialen Autopoiese» entwickelt.[14] Allerdings vertritt er die merkwürdige Position, dass soziale Systeme zwar autopoietisch, aber keine lebenden Systeme seien.

Da soziale Systeme nicht nur mit lebenden Menschen, sondern auch mit Sprache, Bewusstsein und Kultur zu tun haben, sind sie offenkundig kognitive Systeme. Somit erscheint es sehr seltsam, sie nicht für lebendig zu halten. Ich ziehe es vor, die Autopoiese als definierendes Merkmal von Leben beizubehalten. Doch in meiner Erörterung menschlicher Organisationen werde ich auch darlegen, dass soziale Systeme in unterschiedlichem Maße «lebendig» sein können.[15]

Für Luhmann ist es von zentraler Bedeutung, Kommunikationen als Elemente sozialer Netzwerke zu verstehen:

> Soziale Systeme bedienen sich der Kommunikation als ihres besonderen Modus der autopoietischen Reproduktion. Ihre Elemente sind Kommunikationen, die von einem Netzwerk von Kommunikationen rekursiv produziert und reproduziert werden und außerhalb eines solchen Netzwerks nicht existieren können.[16]

Diese Kommunikationsnetzwerke sind selbsterzeugend. Jede Kommunikation erschafft Gedanken und Bedeutungen, die zu weiteren Kommunikationen führen, und damit erzeugt das ganze Netzwerk sich selbst – es ist autopoietisch. Wenn Kommunikationen sich in vielfachen Rückkopplungsschleifen wiederholen, produzieren sie ein gemeinsames System von Anschauungen, Erklärungen und Werten: einen gemeinsamen Sinnzusammenhang, der durch weitere Kommunikationen ständig aufrechterhalten wird. Durch diesen gemeinsamen Sinnzusammenhang erwerben Menschen Identitäten als Mitglieder des sozialen

Netzwerks, und auf diese Weise erzeugt das Netzwerk seine eigene Grenze. Das ist keine physische Grenze, sondern eine Grenze aus Erwartungen, Vertrauen und Loyalität, die durch das Kommunikationsnetzwerk ständig aufrechterhalten und neu verhandelt wird.

Wenn wir wissen wollen, was die Vorstellung von sozialen Systemen als Kommunikationsnetzwerken impliziert, sollten wir uns an die Dualität der menschlichen Kommunikation erinnern. Wie jede Kommunikation unter lebenden Organismen ist sie eine kontinuierliche Verhaltenskoordination, und weil sie mit begrifflichem Denken und symbolischer Sprache verbunden ist, erzeugt sie auch geistige Bilder, Gedanken und Sinn. Folglich können wir davon ausgehen, dass Kommunikationsnetzwerke eine doppelte Wirkung haben. Einerseits erzeugen sie Ideen und Sinnzusammenhänge, andererseits Verhaltensregeln oder, in der Sprache der Sozialtheoretiker, soziale Strukturen.

Sinn, Zweck und menschliche Freiheit

Nachdem wir festgestellt haben, dass die Organisation sozialer Systeme selbsterzeugende Netzwerke bildet, müssen wir uns nun den Strukturen, die von diesen Netzwerken produziert werden, sowie den Beziehungen zuwenden, die da erzeugt werden. Erneut ist ein Vergleich mit biologischen Netzwerken hilfreich. Das Stoffwechselnetzwerk einer Zelle beispielsweise erzeugt materielle Strukturen. Einige davon werden Strukturkomponenten des Netzwerks, indem sie Teile der Zellmembran oder andere Zellstrukturen bilden. Andere werden zwischen den Netzwerkknoten als Energie- oder Informationsträger oder als Katalysatoren von Stoffwechselprozessen ausgetauscht.

Auch soziale Netzwerke erzeugen materielle Strukturen – Gebäude, Straßen, Technologien usw. –, die Strukturkomponenten des Netzwerks werden; und sie produzieren auch materielle Güter und Artefakte, die zwischen den Netzwerkknoten ausgetauscht werden. Doch die Produktion materieller Strukturen in sozialen Netzwerken unterscheidet sich erheblich von der in biologischen und ökologischen Netzwerken. Die Strukturen werden für einen Zweck geschaffen, nach irgendeinem Plan, und sie verkörpern einen Sinn. Um die Aktivitäten sozialer Systeme zu verstehen, muss man sie daher aus dieser Perspektive untersuchen.

Die Sinnperspektive schließt eine Vielzahl miteinander zusammenhängender Merkmale ein, die für das Verständnis der sozialen Wirklichkeit wichtig sind. Sinn an sich ist ein systemisches Phänomen – er hat immer etwas mit Zusammenhang zu tun. Das Lexikon definiert Sinn als «eine Idee, die dem Geist vermittelt wird und eine Interpretation erfordert oder zulässt» und Interpretation als «Vorstellen im Lichte individueller Anschauungen, Urteile oder Umstände».

Mit anderen Worten: Wir interpretieren etwas, indem wir es in einen bestimmten Kontext von Begriffen, Werten, Anschauungen oder Umständen stellen. Um den Sinn von etwas zu verstehen, müssen wir es in Beziehung zu anderen Dingen in seiner Umwelt, in seiner Vergangenheit oder in seiner Zukunft setzen. Nichts ist an sich sinnvoll. Sinn leitet sich aus einem allgemeineren Zusammenhang ab.

Um zum Beispiel den Sinn eines literarischen Textes zu verstehen, muss man die vielfachen Kontexte seiner Wörter und Formulierungen ermitteln. Dies kann ein rein intellektuelles Unterfangen sein, aber es kann auch eine tiefere Ebene berühren. Wenn der Kontext einer Idee oder eines Ausdrucks Beziehungen einschließt, die uns selbst betreffen, wird er für uns auf eine persönliche Weise sinnvoll. Dieses tiefere Gefühl von Sinn enthält eine emotionale Dimension und kann sogar den Verstand völlig umgehen. Etwas kann für uns zutiefst sinnvoll sein durch ein direktes Erleben von Zusammenhang.

Sinn ist wesentlich für uns Menschen. Ständig müssen wir in unserer Außen- und Innenwelt, in unserer Umwelt und in unseren Beziehungen zu anderen Menschen einen Sinn erkennen und diesem Sinn entsprechend handeln. Dies schließt insbesondere unser Bedürfnis ein, beim Handeln an einen Zweck oder ein Ziel zu denken. Aufgrund unserer Fähigkeit, geistige Bilder in die Zukunft zu projizieren, handeln wir aus der begründeten oder unbegründeten Überzeugung heraus, dass unser Handeln gewollt, absichtlich und zielgerichtet ist.

Als Menschen sind wir zu zweierlei Arten von Handeln fähig. Wie alle lebenden Organismen führen wir unfreiwillige, unbewusste Tätigkeiten aus, indem wir etwa unsere Nahrung verdauen oder unser Blut zirkulieren lassen, Tätigkeiten also, die Teil des Lebensprozesses und damit kognitiv im Sinne der Santiago-Theorie sind. Außerdem üben wir freiwillige, absichtliche Tätigkeiten aus, und in eben diesem absichtlichen und zielgerichteten Handeln erleben wir die menschliche Freiheit.[17]

Wie bereits angesprochen, wirft das neue Verständnis des Lebens neues Licht auf die uralte philosophische Debatte über Freiheit und Determinismus.[18] Entscheidend dabei ist, dass das Verhalten eines lebenden Organismus von äußeren Kräften erzwungen, aber nicht determiniert wird. Lebende Organismen sind selbstorganisierend, und das heißt, dass ihr Verhalten ihnen nicht von der Umwelt auferlegt, sondern vom System selbst bestimmt wird. Genauer gesagt: Das Verhalten des Organismus wird von seiner eigenen Struktur determiniert, einer Struktur, die von einer Abfolge autonomer struktureller Veränderungen gebildet wird.

Die Autonomie lebender Systeme darf nicht mit Unabhängigkeit verwechselt werden. Lebende Organismen sind nicht von ihrer Umwelt isoliert. Sie interagieren zwar ständig mit ihr, aber die Umwelt determiniert nicht ihre Organisation. Auf unserer Ebene als Menschen erleben wir diese Selbstdeterminierung als die Freiheit, nach unseren eigenen Entscheidungen zu handeln. Diese Entscheidungen als «unsere eigenen» zu erleben heißt, dass sie von unserer Natur determiniert sind, einschließlich unserer vergangenen Erlebnisse und unseres genetischen Erbes. In dem Maße, in dem wir keinen menschlichen Machtverhältnissen unterliegen, ist unser Verhalten selbstdeterminiert und damit frei.

Die Dynamik der Kultur

Unsere Fähigkeit, geistige Bilder zu entwerfen und sie in die Zukunft zu projizieren, ermöglicht es uns nicht nur, uns Ziele und Zwecke zu setzen und Strategien und Pläne zu entwickeln, sondern ermöglicht es uns auch, zwischen mehreren Möglichkeiten zu wählen und somit Werte und soziale Verhaltensregeln zu formulieren. All diese sozialen Phänomene werden infolge der Doppelrolle der menschlichen Kommunikation von Kommunikationsnetzwerken erzeugt. Einerseits erzeugt das Netzwerk ständig geistige Bilder, Gedanken und Sinn, andererseits koordiniert es permanent das Verhalten seiner Mitglieder. Aus der komplexen Dynamik und wechselseitigen Abhängigkeit dieser Prozesse geht das integrierte System von Werten, Anschauungen und Verhaltensregeln hervor, das wir mit dem Phänomen der Kultur verbinden.

Der Begriff «Kultur» hat eine lange und verwickelte Geschichte und wird heute in verschiedenen wissenschaftlichen Disziplinen mit unterschiedlichen und zuweilen verwirrenden Bedeutungen verwendet. In seinem Standardwerk *Culture* verfolgt der Historiker Raymond Williams die Bedeutung des Wortes zurück bis zu seinem frühen Gebrauch als Substantiv, das einen Prozess bezeichnet: die Kultur (d. h. den Anbau) von Feldfrüchten oder die Kultur (d. h. Zucht und Aufzucht) von Tieren. Im 16. Jahrhundert wurde diese Bedeutung metaphorisch auf die aktive Kultivierung des menschlichen Geistes übertragen, und im späten 18. Jahrhundert, als das Wort von deutschen Schriftstellern aus dem Französischen übernommen wurde, wurde damit die Lebensweise eines Volkes bezeichnet.[19] Im 19. Jahrhundert wurde der Plural «Kulturen» besonders wichtig für die Entwicklung der vergleichenden Anthropologie; hier werden auch weiterhin bestimmte Lebensweisen so benannt.

Gleichzeitig existierte der ältere Gebrauch von «Kultur» als aktive Kultivierung des Geistes weiter. Ja, er erweiterte und differenzierte sich, indem er eine ganze Reihe von Bedeutungen abdeckte – von einem hoch entwickelten Geisteszustand («ein kultivierter Mensch») über den Prozess dieser Entwicklung («kulturelle Tätigkeiten») bis zu den Mitteln dieses Prozesses (die beispielsweise von einem «Kulturministerium» verwaltet werden). In unserer Zeit koexistieren – oft auf beunruhigende Weise, wie Williams feststellt – die verschiedenen Bedeutungen von «Kultur», die mit der aktiven Kultivierung des Geistes verbunden werden, mit der anthropologischen Bedeutung, also der Lebensweise eines Volkes oder einer sozialen Gruppe (wie in «die Kultur der Aborigines» oder «Unternehmenskultur»). Auch die ursprüngliche biologische Bedeutung von «Kultur» als Anbau ist weiterhin in Gebrauch, wie zum Beispiel in «Monokultur» oder «Bakterienkultur».

Für unsere systemische Analyse der sozialen Wirklichkeit müssen wir uns auf die anthropologische Bedeutung von Kultur konzentrieren, die das Lexikon definiert als «das einheitliche System sozial erworbener Werte, Anschauungen und Verhaltensregeln, das den Spielraum akzeptierter Verhaltensweisen in einer bestimmten Gesellschaft einschränkt». Wenn wir uns diese Definition genauer ansehen, entdecken wir, dass Kultur aus einer komplexen, hoch nichtlinearen Dynamik entsteht. Sie wird von einem sozialen Netzwerk mit vielfachen Rückkopplungsschleifen erschaffen, durch die Werte, Anschauungen und Verhaltensregeln ständig kommuniziert, modifiziert und erhalten werden. Sie geht aus einem Netzwerk von Kommunikationen zwischen einzelnen Menschen hervor, und dabei produziert sie Beschränkungen für ihr Handeln. Mit anderen Worten: Die sozialen Strukturen oder Verhaltensregeln, die das Handeln einzelner Menschen beschränken, werden von ihrem eigenen Netzwerk von Kommunikationen erzeugt und ständig verstärkt.

Das soziale Netzwerk produziert auch einen gemeinsamen Wissensbestand – samt Informationen, Ideen und Fähigkeiten –, der zusammen mit Werten und Anschauungen die spezifische Lebensweise der Kultur gestaltet. Außerdem wirken sich die Werte und Anschauungen der Kultur auch auf ihren Wissensbestand aus. Sie sind Teil der Linse, durch die wir die Welt erkennen. Sie helfen uns dabei, unsere Erlebnisse zu interpretieren und festzustellen, welche Art von Wissen sinnvoll ist. Dieses sinnvolle Wissen, das ständig von dem Netzwerk von Kommunikationen modifiziert wird, wird zusammen mit den Werten, Anschauungen und Verhaltensregeln der Kultur von Generation zu Generation weitergegeben.

Das System der gemeinsamen Werte und Anschauungen stellt eine Identität zwischen den Mitgliedern des sozialen Netzwerks her, die auf einem Zugehörigkeitsgefühl basiert. Menschen in anderen Kulturen haben auch eine andere Identität, weil sie andere Sets von Werten und Anschauungen miteinander gemein haben. Gleichzeitig kann ein einzelner Mensch verschiedenen Kulturen angehören. Das Verhalten von Menschen wird von ihren kulturellen Identitäten geformt und beschränkt, und das wiederum verstärkt ihr Zugehörigkeitsgefühl. Somit ist die Kultur in die Lebensweise der Menschen eingebettet. Ja, sie ist im Allgemeinen so umfassend, dass sie unserer Alltagswahrnehmung entgeht.

Die kulturelle Identität verstärkt auch die Geschlossenheit des Netzwerks, indem sie Bedeutungen und Erwartungen erzeugt, die den Zugang von Menschen und Informationen zum Netzwerk begrenzen. Somit befasst sich das soziale Netzwerk mit Kommunikationen innerhalb einer kulturellen Grenze, die seine Mitglieder ständig neu erzeugen und verhandeln. Diese Situation ähnelt derjenigen im Stoffwechselnetzwerk einer Zelle, das ständig eine Grenze – die Zellmembran – produziert und neu erschafft, die sie begrenzt und ihr ihre Identität verleiht. Dennoch gibt es einige entscheidende Unterschiede zwischen zellularen und sozialen Grenzen. Soziale Grenzen sind, wie ich bereits betont habe, nicht unbedingt physische Grenzen, sondern Grenzen von Bedeutungen und Erwartungen. Sie umgeben nicht buchstäblich das Netzwerk, sondern existieren in einem geistigen Bereich, der nicht die topologischen Eigenschaften des physikalischen Raums besitzt.

Der Ursprung der Macht

Eines der erstaunlichsten Merkmale der sozialen Wirklichkeit ist das Phänomen der Macht. Der Wirtschaftswissenschaftler John Kenneth Galbraith hat es einmal so formuliert: «Die Ausübung von Macht, die Unterwerfung einiger unter den Willen anderer, ist unvermeidlich in der modernen Gesellschaft; nichts kann ohne sie zuwege gebracht werden ... Macht kann in gesellschaftlicher Hinsicht bösartig sein – sie ist aber auch von wesentlicher Bedeutung für die Gesellschaft.»[20] Die zentrale Rolle der Macht in der sozialen Organisation ist mit unvermeidlichen Interessenkonflikten verbunden. Aufgrund unserer Fähigkeit, Prioritäten zu setzen und entsprechende Entscheidungen zu treffen, kommt es in jeder menschlichen Gemeinschaft zu Interessenkonflikten, und die Macht ist das Mittel, durch das diese Konflikte gelöst werden.

Damit ist nicht unbedingt die Androhung oder Anwendung von Gewalt verbunden. In seinem brillanten Werk unterscheidet Galbraith zwischen drei Arten von Macht, die jeweils von den angewendeten Mitteln abhängen. Zwanghafte Macht erzielt eine Unterwerfung durch Verhängung oder Androhung von Sanktionen, kompensatorische Macht durch Anbieten von Anreizen oder Belohnungen und bedingte Macht durch die Veränderung von Anschauungen durch Überzeugung oder Erziehung.[21] Die Kunst der Politik besteht darin, die richtige Mischung dieser drei Arten von Macht zur Lösung von Konflikten und zum Ausgleich widerstreitender Interessen zu finden.

Machtverhältnisse werden kulturell definiert als Übereinkünfte in Bezug auf Autoritätspositionen, die Teil der Verhaltensregeln der Kultur sind. In der Evolution des Menschen sind solche Übereinkünfte vielleicht schon sehr früh, mit der Entwicklung der ersten Gemeinschaften, getroffen worden. Eine Gemeinschaft kann viel effektiver arbeiten, wenn jemand die Autorität besitzt, Entscheidungen zu treffen oder zu erleichtern, wenn es zu Interessenkonflikten käme. Derartige soziale Arrangements würden der betreffenden Gemeinschaft einen erheblichen evolutionären Vorteil verschaffen.

Die ursprüngliche Bedeutung von «Autorität» ist denn auch nicht «Befehlsgewalt», sondern «eine feste Grundlage für Wissen und Handeln».[22] Wenn wir eine feste Wissensgrundlage brauchen, können wir einen autorisierten Text zu Rate ziehen; wenn wir eine ernsthafte Krankheit haben, suchen wir einen Arzt auf, der eine Autorität auf dem betreffenden medizinischen Gebiet ist.

Seit frühester Zeit wählen sich menschliche Gemeinschaften Männer und Frauen zu Führern, wenn sie in deren Weisheit und Erfahrung eine feste Grundlage für das kollektive Handeln erkennen. Diesen Führern wird dann Macht übertragen – ursprünglich erhielten sie rituelle Gewänder als Symbole ihrer Führungsrolle –, und damit wird ihre Autorität mit der Befehlsgewalt verbunden. Der Ursprung der Macht liegt somit in kulturell definierten Autoritätspositionen, auf die sich die Gemeinschaft zur Lösung von Konflikten und bei Entscheidungen über ein kluges und effektives Handeln verlässt. Mit anderen Worten: Die Macht der wahren Autorität besteht darin, andere zum Handeln zu ermächtigen.

Doch oft geschieht es, dass das Symbol, das für die Befehlsgewalt steht – ein Stück Tuch, eine Krone oder irgendetwas anderes –, einer Person ohne wahre Autorität verliehen wird. Diese verliehene Autorität und nicht die Weisheit eines echten Führers ist nun die einzige Quelle der Macht, und in dieser Situation kann sich das Wesen der Macht leicht verändern – nun werden nicht mehr andere ermächtigt, sondern die eigenen Interessen gefördert. Dann ist die Macht mit Ausbeutung verbunden.

Diese Verbindung von Macht mit der Förderung der eigenen Interessen ist die Basis der meisten modernen Analysen der Macht. Dazu Galbraith: «Einzelne und Gruppen erstreben Macht mit dem Ziel, ihre eigenen ... Interessen zu fördern, ihre persönlichen, religiösen oder gesellschaftspolitischen Wertvorstellungen auf andere Menschen auszudehnen und Unterstützung für die wirtschaftlichen und sozialen Perzeptionen zu gewinnen, die sie vom öffentlichen Wohl haben.»[23] Ein weiteres Stadium der Ausbeutung wird erreicht, wenn Macht nicht nur zur Förderung persönlicher Interessen, Werte oder der sozialen Anerkennung, sondern um ihrer selbst willen angestrebt wird. Bekanntlich verschafft die Ausübung von Macht den meisten Menschen hohe emotionale und materielle Belohnungen, die durch ausgeklügelte Symbole und Rituale der Huldigung vermittelt werden – von stehenden Ovationen, Fanfaren und militärischen Saluten bis zu Bürosuiten, Dienstwagen, Unternehmensjets und Begleitkolonnen.

Wenn eine Gemeinschaft wächst und komplexer wird, werden auch ihre Machtpositionen zunehmen. In komplexen Gesellschaften sind Konfliktlösungen und Entscheidungen über das richtige Handeln nur dann effektiv, wenn Autorität und Macht im Rahmen von administrativen Strukturen organisiert sind. In der langen Geschichte der menschlichen Zivilisation hat dieses Bedürfnis, die Verteilung von Macht zu organisieren, zahlreiche Formen der sozialen Organisation geschaffen.

Daher spielt die Macht eine zentrale Rolle bei der Entstehung sozialer Strukturen. In der Sozialtheorie sind alle Verhaltensregeln im Begriff der sozialen Strukturen enthalten, ob sie nun informell sind und aus ständigen Verhaltenskoordinationen resultieren oder formalisiert, dokumentiert und per Gesetz durchgesetzt werden. Alle derartigen formalen Strukturen oder sozialen Institutionen sind letztlich Verhaltensregeln, die die Entscheidungsfindung erleichtern und Machtverhältnisse verkörpern. Diese entscheidende Verbindung zwischen Macht und sozialer Struktur ist ausführlich in den klassischen Texten über Macht dargestellt worden. So erklärt der Soziologe und Wirtschaftswissenschaftler Max Weber: «Das Bestehen von Herrschaft spielt insbesondere gerade bei den ökonomisch relevantesten sozialen Gebilden der Vergangenheit und der Gegenwart . . . die entscheidende Rolle.»[24] Und die Politikwissenschaftlerin Hannah Arendt: «Alle politischen Institutionen sind Manifestationen und Materialisationen von Macht.»[25]

«Struktur» in biologischen und sozialen Systemen

Wie wir bei der Untersuchung der Dynamik sozialer Netzwerke, der Kultur und des Ursprungs der Macht auf den vorangegangenen Seiten gesehen haben, ist die Erzeugung von materiellen wie sozialen Strukturen ein entscheidendes Merkmal dieser Dynamik. An dieser Stelle ist es sinnvoll, die Rolle der Struktur in lebenden Systemen einmal systematisch zu betrachten.

Im Zentrum einer systemischen Analyse steht der Gedanke der Organisation oder des «Organisationsmusters». Lebende Systeme sind selbsterzeugende Netzwerke, und das heißt, dass ihr Organisationsmuster ein Netzwerkmuster ist, in dem jede Komponente zur Produktion anderer Komponenten beiträgt. Dieser Gedanke lässt sich auf den sozialen Bereich übertragen, indem man die entsprechenden lebenden Netzwerke als Kommunikationsnetzwerke betrachtet.

Im sozialen Bereich gewinnt der Begriff der Organisation eine zusätzliche Bedeutung. Soziale Organisationen wie Unternehmen oder politische Institutionen sind soziale Systeme, deren Organisationsmuster so beschaffen sind, dass sie die Verteilung von Macht organisieren. Diese formal konstruierten Organisationsmuster nennt man Organisationsstrukturen, und sie werden optisch durch die standardisierten Organigramme dargestellt. Letztlich sind sie Verhaltensregeln, die die Entscheidungsfindung erleichtern und Machtverhältnisse verkörpern.[26]

In biologischen Systemen sind alle Strukturen materielle Strukturen. Die Prozesse in einem biologischen Netzwerk sind Produktionsprozesse der materiellen Komponenten des Netzwerks, und die sich ergebenden Strukturen sind die materiellen Verkörperungen des Organisationsmusters des Systems. Alle biologischen Strukturen verändern sich ständig – daher ist der Prozess der materiellen Verkörperung ein fortwährender.

Soziale Systeme erzeugen nichtmaterielle ebenso wie materielle Strukturen. Die Prozesse, die ein soziales Netzwerk aufrechterhalten, sind Kommunikationsprozesse, die gemeinsame

Bedeutungen und Verhaltensregeln (die Netzwerkkultur) ebenso wie einen gemeinsamen Wissensbestand hervorbringen. Die – formellen oder informellen – Verhaltensregeln nennt man soziale Strukturen. Sie sind das Hauptthema der Sozialwissenschaft. Dazu der Soziologe Manuel Castells: «Die soziale Struktur ist der Grundbegriff der Sozialtheorie. Alles andere funktioniert durch die sozialen Strukturen.»[27]

Die Ideen, Werte, Anschauungen und anderen durch soziale Systeme erzeugten Wissensformen stellen Sinnstrukturen dar, die ich «semantische Strukturen» nennen werde. Diese semantischen Strukturen und damit auch die Organisationsmuster des Netzwerks sind physikalisch in gewissem Maße im Gehirn der Individuen verkörpert, die dem Netzwerk angehören. Sie können auch in anderen biologischen Strukturen durch die Auswirkungen des Geistes auf den Körper der Menschen verkörpert sein, wie zum Beispiel in stressbedingten Krankheiten. Den neueren Entdeckungen der Kognitionswissenschaft zufolge gibt es ein kontinuierliches Zusammenspiel von semantischen, neuronalen und anderen biologischen Strukturen, da der Geist ja stets verkörpert ist.[28]

In modernen Gesellschaften sind die semantischen Strukturen der Kultur in geschriebenen und digitalen Texten dokumentiert – d.h. materiell verkörpert. Sie sind auch in Artefakten, Kunstwerken und anderen materiellen Strukturen verkörpert, etwa in traditionellen nichtliterarischen Kulturen. Ja, die Tätigkeiten von Individuen in sozialen Netzwerken schließen speziell die organisierte Produktion materieller Güter ein. All diese materiellen Strukturen – Texte, Kunstwerke, Technologien und materielle Güter – werden für einen Zweck und entsprechend irgendeinem Plan geschaffen. Sie sind Verkörperungen des durch die Kommunikationsnetzwerke der Gesellschaft erzeugten gemeinsamen Sinns.

Technik und Kultur

Das Verhalten eines lebenden Organismus wird durch seine Struktur geformt. So, wie sich die Struktur während der Entwicklung des Organismus und während der Evolution seiner Spezies verändert, verändert sich auch das Verhalten.[29] Eine ähnliche Dynamik lässt sich in sozialen Systemen beobachten. Die biologische Struktur eines Organismus entspricht der materiellen Infrastruktur einer Gesellschaft, die die Kultur der Gesellschaft verkörpert. Entwickelt sich die Kultur, entwickelt sich auch ihre Infrastruktur. Sie entwickeln sich gemeinsam durch ständige wechselseitige Beeinflussung.

Die Einflüsse der materiellen Infrastruktur auf das Verhalten und die Kultur der Menschen sind besonders signifikant im Falle der Technik, und daher stellt deren Analyse ein wichtiges Thema in der Sozialtheorie dar, und zwar im Rahmen wie außerhalb der marxistischen Tradition.[30]

Die Bedeutung von «Technik» hat sich wie die von «Wissenschaft» im Laufe der Jahrhunderte erheblich verändert. Das ursprüngliche griechische Wort *téchnē* bedeutete «Handwerk, Kunst, Fertigkeit, Wissenschaft». Als der Begriff im 17. Jahrhundert erstmals im Deutschen verwendet wurde, bedeutete er die systematische Erörterung der «angewandten Künste» oder des Kunsthandwerks, und nach und nach bezeichnete er das Handwerk selbst. Im frühen 20. Jahrhundert wurde der Begriff ausgeweitet – er erstreckte sich nicht nur auf Werkzeuge und Maschinen, sondern auch auf nichtmaterielle Methoden und Techniken, und zwar im Sinne einer systematischen Anwendung aller derartigen Techniken. Daher sprechen wir von «Managementtechnik» oder «Simulationstechniken». Heute betonen die meisten Definitionen von Technik deren Zusammenhang mit der Naturwissenschaft. Der Soziologe Manuel Castells beispielsweise definiert Technik als «das Set von Werkzeugen, Regeln und Verfahren, durch welche wissenschaftliches Wissen auf eine bestimmte Aufgabe reproduzierbar angewendet wird.»[31]

Die Technik ist jedoch viel älter als die Naturwissenschaft. Ja, ihre Ursprünge in der Herstellung von Werkzeugen reichen bis zu den Anfängen der Spezies Mensch zurück, als sich Sprache, reflexives Bewusstsein und die Fähigkeit zur Herstellung von Werkzeugen miteinander entwickelten.[32] Folglich nannte man die erste Spezies Mensch *homo habilis* («geschickter Mensch»), um damit seine Fähigkeit zu bezeichnen, raffinierte Werkzeuge herzustellen.[33] Somit ist die Technik ein definierendes Merkmal des menschlichen Wesens. Ihre Geschichte umfasst die gesamte Evolutionsgeschichte des Menschen.

Als ein fundamentaler Aspekt des menschlichen Wesens hat die Technik aufeinander folgende Epochen der Zivilisation entscheidend gestaltet.[34] Wir charakterisieren sogar die großen Epochen der menschlichen Zivilisation nach ihrer jeweiligen Technik – von der Steinzeit, der Bronzezeit und der Eisenzeit über das Industriezeitalter bis zum Informationszeitalter. Im Laufe der Zeit, besonders aber seit der industriellen Revolution haben kritische Stimmen darauf hingewiesen, dass die Technik Leben und Kultur des Menschen nicht immer segensreich beeinflusst. Im frühen 19. Jahrhundert prangerte William Blake die «finsteren satanischen Fabriken» der zunehmenden Industrialisierung in Großbritannien an, und mehrere Jahrzehnte später beschrieb Karl Marx anschaulich und bewegend die entsetzliche Ausbeutung der Arbeiter in der britischen Spitzen- und Keramikindustrie.[35]

In neuerer Zeit verweisen Kritiker auf die zunehmenden Spannungen zwischen kulturellen Werten und der Hochtechnologie.[36] Befürworter der Technik dagegen behaupten, die Technik sei neutral, sie könne sich segensreich oder schädlich auswirken, je nachdem, wie sie angewendet werde. Doch diese «Verteidiger» sind sich nicht darüber im Klaren, dass eine spezifische Technik stets das Wesen des Menschen auf spezifische Weise prägen wird, weil die Anwendung der Technik ein derart fundamentaler Aspekt des Menschseins ist. Dazu die Historiker Melvin Kranzberg und Carroll Pursell:

> Wenn wir sagen, die Technik sei nicht strikt neutral, sie habe immanente Tendenzen oder nötige einem ihre eigenen Werte auf, dann tragen wir damit nur der Tatsache Rechnung, dass sie als Teil unserer Kultur die Art und Weise beeinflusst, wie wir uns verhalten und entwickeln. So wie Menschen immer schon irgendeine Form von Technik hatten, beeinflusst diese Technik Wesen und Richtung ihrer Entwicklung. Der Prozess lässt sich nicht aufhalten, die Beziehung nicht beenden – sie lassen sich nur verstehen und hoffentlich zu Zielen hinlenken, die der Menschheit würdig sind.[37]

Diese kurze Darstellung des Zusammenwirkens von Technik und Kultur, auf die ich auf den folgenden Seiten wiederholt zurückkommen werde, schließt meine Skizze einer einheitlichen systemischen Theorie für das Verständnis biologischen und sozialen Lebens ab. Im Verlaufe dieses Buches werde ich dieses neue Begriffssystem auf einige der wichtigsten sozialen und politischen Fragen unserer Zeit anwenden: das Management menschlicher Organisationen, die Herausforderungen und Gefahren der wirtschaftlichen Globalisierung, die Probleme der Biotechnik und die Gestaltung nachhaltiger Gemeinschaften.

Teil II
Die Herausforderungen des 21. Jahrhunderts

4

Leben und Führung in Organisationen

Seit etlichen Jahren wird das Wesen menschlicher Organisationen in Unternehmer- und Managerkreisen ausgiebig erörtert – eine Reaktion auf das verbreitete Gefühl, die heutigen Unternehmen müssten sich einem grundlegenden Wandel unterziehen. Die Veränderungen von Organisationen sind denn auch ein beherrschendes Thema in der Managementliteratur geworden, und zahlreiche Unternehmensberater bieten Seminare zum «Management des Wandels» an.

Im Laufe der letzten zehn Jahre bin ich selbst als Redner zu einer Reihe von Unternehmenskonferenzen eingeladen worden, und anfangs war ich doch sehr verblüfft, als ich dem entschiedenen Bedürfnis nach organisatorischen Veränderungen begegnete. Die Unternehmen schienen doch mächtiger als je zuvor zu sein; die Wirtschaft dominierte eindeutig die Politik, und die Profite und Aktienkurse der meisten Unternehmen kletterten in noch nie da gewesene Höhen. Für die Wirtschaft schien alles sehr gut zu laufen – warum also dieses ganze Gerede über einen grundlegenden Wandel?

Doch als ich mir die Unterhaltungen zwischen Managern auf diesen Seminaren anhörte, begann ich mir bald ein anderes Bild zu machen. Topmanager stehen heutzutage unter enormem Stress. Sie arbeiten länger als je zuvor, und viele beklagen sich darüber, sie hätten keine Zeit mehr für ein Privatleben, und trotz zunehmendem materiellen Wohlstand sei ihr Leben wenig befriedigend. Ihre Unternehmen mögen von außen stark wirken, aber sie selbst fühlen sich von globalen Marktkräften herumgeschubst und unsicher angesichts von Turbulenzen, die sie weder vorhersagen noch ganz begreifen können.

Das wirtschaftliche Umfeld der meisten Unternehmen verändert sich heute mit unglaublicher Geschwindigkeit. Die Märkte werden rapide dereguliert, und unablässige Unternehmensfusionen und -zukäufe belasten die betroffenen Organisationen mit radikalen kulturellen und strukturellen Veränderungen, die die Lernfähigkeit der Menschen übersteigen und den Einzelnen wie die Organisationen überfordern. Das löst bei Managern das tiefe und weit verbreitete Gefühl aus, dass die Dinge außer Kontrolle geraten, auch wenn man noch so hart arbeitet.

Komplexität und Wandel

Die wahre Ursache für dieses tiefe Unbehagen unter leitenden Angestellten ist offenbar die ungeheure Komplexität, die eines der typischsten Merkmale der gegenwärtigen Industriegesellschaft geworden ist. Zu Beginn dieses neuen Jahrhunderts sind wir von überaus komplexen Systemen umgeben, die zunehmend fast jeden Aspekt unseres Lebens durchdringen. Diese Komplexitäten konnte man sich noch vor einem halben Jahrhundert nur schwer vorstellen: globale Handels- und Übertragungssysteme, eine sofortige weltweite Kommunikation über immer ausgeklügeltere elektronische Netzwerke, gigantische multinationale Organisationen, automatisierte Fabriken und so weiter.

In das Erstaunen, das wir beim Nachdenken über diese Wunder der Industrie- und Informationstechnologien empfinden, mischt sich ein Gefühl des Unbehagens, ja, eine ausgesprochene Besorgnis. Auch wenn diese komplexen Systeme weiterhin wegen ihrer zunehmenden Raffiniertheit gepriesen werden, ist man sich immer mehr darüber im Klaren, dass sie ein wirtschaftliches und organisatorisches Umfeld geschaffen haben, das aus der Sicht der traditionellen Managementtheorie und -praxis fast nicht mehr wieder zu erkennen ist.

Und als ob dies nicht schon alarmierend genug wäre, wird immer offenkundiger, dass unsere komplexen organisatorischen wie technologischen Industriesysteme die Hauptverursacher der globalen Umweltzerstörung sind und somit in erster Linie das langfristige Überleben der Menschheit gefährden. Damit wir für unsere Kinder und für künftige Generationen eine nachhaltige Gesellschaft errichten können, müssen wir viele unserer Technologien und sozialen Institutionen grundlegend neu gestalten, um die gewaltige Kluft zwischen menschlichen Schöpfungen und den ökologisch nachhaltigen Systemen der Natur zu überbrücken.[1]

Das bedeutet, dass Organisationen sich fundamental verändern müssen, um sich sowohl dem neuen wirtschaftlichen Umfeld anzupassen als auch ökologisch nachhaltig zu werden. Diese doppelte Herausforderung ist real und akut, und damit sind die Diskussionen über Veränderungen von Organisationen in jüngster Zeit völlig gerechtfertigt. Doch ungeachtet dieser ausgiebigen Debatten und einiger eher anekdotischer Beispiele erfolgreicher Versuche der Umwandlung von Organisationen ist die Gesamtbilanz äußerst schwach. In jüngsten Erhebungen berichten Unternehmenschefs immer wieder davon, dass ihr Trachten nach einer Veränderung ihrer Organisation nicht die verheißenen Ergebnisse erbracht habe. Statt neue Unternehmensorganisationen zu managen, mussten sie schließlich die unerwünschten Nebenwirkungen ihrer Bemühungen managen.[2]

Auf den ersten Blick wirkt diese Situation paradox. Wenn wir uns in unserer natürlichen Umwelt umschauen, erblicken wir ständig Veränderung, Anpassung und Kreativität – doch unsere Wirtschaftsorganisationen scheinen außerstande, mit Veränderungen fertig zu werden. Im Laufe der Jahre bin ich zu der Erkenntnis gelangt, dass die Wurzeln dieses Paradoxons in der Doppelnatur menschlicher Organisationen liegen.[3]

Einerseits sind sie soziale Institutionen, die bestimmten Zwecken dienen, etwa für ihre Aktionäre Geld zu erwirtschaften, die Verteilung politischer Macht zu managen, Wissen zu vermitteln oder einen religiösen Glauben zu verbreiten. Andererseits sind Organisationen Gemeinschaften von Menschen, die miteinander interagieren, um Beziehungen aufzubauen, einander zu helfen und ihren täglichen Aktivitäten auf privater Ebene einen Sinn zu verleihen.

Diesen beiden Aspekten von Organisationen entsprechen zwei ganz verschiedene Arten von Veränderung. Viele Führungskräfte sind hinsichtlich der Ergebnisse ihrer Bemühungen um Veränderung großenteils deshalb so enttäuscht, weil sie in ihrem Unternehmen ein gut konstruiertes Instrument zum Erreichen bestimmter Zwecke erblicken, und wenn sie versuchen, seine Konstruktion zu verändern, wollen sie eine vorhersagbare, quantifizierbare Veränderung in der gesamten Struktur herbeiführen. Doch die konstruierte Struktur weist immer Schnittstellen mit den lebendigen Individuen und Gemeinschaften der Organisation auf, für die sich keine Veränderung konzipieren lässt.

Immer wieder hört man, dass sich Menschen in Organisationen Veränderungen widersetzen. In Wirklichkeit widersetzen sie sich gar nicht den Veränderungen – sie sträuben sich nur dagegen, dass ihnen Veränderungen aufgenötigt werden. Da Individuen und ihre Gemeinschaften lebendig sind, sind sie sowohl stabil als auch der Veränderung und Entwicklung unterworfen, aber ihre natürlichen Veränderungsprozesse unterscheiden sich erheblich von den organisatorischen Veränderungen, die von «Umstrukturierungsexperten» konzipiert und von oben angeordnet werden.

Um das Problem der organisatorischen Veränderung zu lösen, müssen wir die natürlichen Veränderungsprozesse verstehen, die allen lebenden Systemen eigen sind. Erst dann können wir die Prozesse der organisatorischen Veränderung entsprechend konzipieren und menschliche Organisationen schaffen, die die Anpassungsfähigkeit, Vielfalt und Kreativität des Lebens widerspiegeln.

Nach dem systemischen Verständnis des Lebens erschaffen lebende Systeme sich ständig selbst, indem sie ihre Komponenten umwandeln oder ersetzen. Sie unterziehen sich fortwährenden strukturellen Veränderungen, während sie ihre netzartigen Organisationsmuster bewahren.[4] Das Leben zu verstehen heißt, seine immanenten Veränderungsprozesse zu verstehen. Offenbar sehen wir daher organisatorische Veränderungen in einem neuen Licht, wenn wir klar verstehen, in welchem Maße und auf welche Weise menschliche Organisationen lebendig sind. Die Organisationstheoretiker Margaret Wheatley und Myron Kellner-Rogers haben das so formuliert: «Das Leben ist der beste Lehrmeister bei Veränderungen.»[5]

Im Anschluss an Wheatley und Kellner-Rogers möchte ich hier eine systemische Lösung des Problems der organisatorischen Veränderungen vorschlagen, die, wie viele systemische Lösungen, nicht nur dieses Problem, sondern auch mehrere andere Probleme löst. Wenn wir menschliche Organisationen als lebende Systeme, d.h. als komplexe nichtlineare Netzwerke, verstehen, führt dies wahrscheinlich zu neuen Erkenntnissen über das Wesen von Komplexität und hilft uns daher, mit den Komplexitäten in der heutigen Wirtschaft umzugehen.

Darüber hinaus wird es uns dabei helfen, Wirtschaftsorganisationen zu konzipieren, die ökologisch nachhaltig sind, da die Organisationsprinzipien von Ökosystemen, die die Basis für Nachhaltigkeit sind, mit den Organisationsprinzipien aller lebenden Systeme identisch sind. Somit ist das Verständnis menschlicher Organisationen als lebende Systeme offenbar eine der entscheidenden Herausforderungen unserer Zeit.

Es gibt noch einen weiteren Grund dafür, dass das systemische Verständnis von Leben im Management heutiger Wirtschaftsorganisationen von herausragender Bedeutung ist. Seit einigen Jahrzehnten erleben wir die Entstehung einer neuen Wirtschaft, die entscheidend von Informations- und Kommunikationstechnologien geformt wird. In dieser neuen Wirtschaft sind die Informationsverarbeitung und die Bildung wissenschaftlichen und technischen Wissens die Hauptquellen der Produktivität.[6] Nach der klassischen Wirtschaftstheorie beruht Reichtum auf natürlichen Ressourcen (insbesondere Grund und Boden), Kapital und Arbeit. Die Produktivität resultiert aus der effektiven Kombination dieser drei Quellen durch Management und Technologie. Und in der heutigen Wirtschaft wiederum sind Management und Technologie aufs Engste mit der Wissensbildung verknüpft. Produktivitätszuwächse basieren nicht auf Arbeit, sondern auf der Fähigkeit, die Arbeit mit neuen, auf neuem Wissen beruhenden Fähigkeiten auszustatten. Darum sind «Wissensmanagement», «intellektuelles Kapital» und «organisatorisches Lernen» wichtige neue Konzepte in der Managementtheorie geworden.[7]

Gemäß der systemischen Betrachtung des Lebens sind das spontane Auftreten von Ordnung und die Dynamik der strukturellen Koppelung, die zu den für alle lebenden Systeme charakteristischen ständigen strukturellen Veränderungen führt, die Grundphänomene, auf denen die Lernprozesse basieren.[8] Und wie wir bereits gesehen haben, ist die Bildung von Wissen in sozialen Netzwerken ein Schlüsselmerkmal der Dynamik der Kultur.[9] Indem wir diese Erkenntnisse miteinander verbinden und auf das organisatorische Lernen anwenden, können wir die Bedingungen erklären, unter denen Lernen und Wissensbildung stattfinden, und daraus wichtige Leitlinien für das Management heutiger wissensorientierter Organisationen ableiten.

Metaphern im Management

Das der Theorie und Praxis des Managements zugrunde liegende Konzept besagt, dass es dabei um die Steuerung einer Organisation in einer Richtung geht, die mit deren Zielen und Zwecken übereinstimmt.[10] Für Wirtschaftsorganisationen sind dies vorrangig finanzielle Ziele, und daher befasst sich das Management, so der Managementtheoretiker Peter Block, hauptsächlich mit der Definition des Zwecks, dem Gebrauch von Macht und der Verteilung von Reichtum.[11]

Um eine Organisation effizient zu steuern, müssen Manager einigermaßen detailliert wissen, wie die Organisation funktioniert, und da die entsprechenden Organisationsprozesse und -muster sehr komplex sein können, insbesondere in den heutigen Großunternehmen, bezeichnen Manager allgemeine Gesamtperspektiven traditionellerweise mit Metaphern. Der Organisationstheoretiker Gareth Morgan hat die zur Beschreibung von Organisationen verwendeten Schlüsselmetaphern in seinem aufschlussreichen Buch *Bilder der Organisation* analysiert: «Das Medium von Organisation und Management ist die Metapher. Managementtheorie und -praxis werden durch einen metaphorischen Prozess geformt, der praktisch alles beeinflusst, was wir tun.»[12]

Die von Morgan erörterten Schlüsselmetaphern bezeichnen Organisationen als Maschinen (bezogen auf Steuerung und Effizienz), Organismen (Entwicklung und Anpassung), Gehirne (organisatorisches Lernen), Kulturen (Werte und Überzeugungen) und als Regierungssysteme (Interessen- und Machtkonflikte). Im Hinblick auf unser Begriffssystem stellen wir fest, dass die Metaphern des Organismus und des Gehirns die biologischen beziehungsweise kognitiven Dimensionen des Lebens ansprechen, während die Metaphern der Kultur und der Regierung für verschiedene Aspekte der sozialen Dimension stehen. Somit gibt es zwei gegensätzliche Arten von Metaphern, nämlich solche, die Organisationen als Maschinen, und solche, die sie als lebende Systeme charakterisieren.

Ich möchte hier über die metaphorische Ebene hinausgehen und feststellen, in welchem Maße sich menschliche Organisationen buchstäblich als lebende Systeme verstehen lassen. Zuvor empfiehlt es sich allerdings, einen Blick auf die Geschichte und die Hauptmerkmale der Maschinenmetapher zu werfen.

Die Vorstellung, menschliche Organisationen seien Maschinen, ist ein integraler Bestandteil des allgemeineren mechanistischen Paradigmas, das von Descartes und Newton im 17. Jahrhundert formuliert wurde und unsere Kultur über Jahrhunderte hinweg beherrschte, in denen es die westliche Gesellschaft geprägt und die übrige Welt erheblich beeinflusst hat.[13]

Die Vorstellung vom Universum als einem mechanischen System, das sich aus elementaren Bausteinen zusammensetzt, hat unsere Wahrnehmung der Natur, des menschlichen Organismus, der Gesellschaft und damit auch der Wirtschaftsorganisation geprägt. Die ersten mechanistischen Managementtheorien waren die so genannten «klassischen Managementtheorien» des frühen 20. Jahrhunderts, in denen

Organisationen als Ansammlungen präzise ineinander greifender Teile konzipiert wurden – von funktionalen Abteilungen wie Produktion, Marketing, Finanzen und Personal –, die miteinander durch klar definierte Kommando- und Kommunikationsrichtlinien verbunden waren.[14]

Diese Vorstellung vom Management als Technik, die auf einer präzisen Konstruktion basiert, wurde von Frederick Taylor perfektioniert, einem Ingenieur, dessen «Prinzipien des wissenschaftlichen Managements» in der ersten Hälfte des 20. Jahrhunderts den Grundstein der Managementtheorie legten. Gareth Morgan weist darauf hin, dass der Taylorismus in seiner ursprünglichen Form noch immer in zahlreichen Fastfood-Ketten auf der ganzen Welt lebendig ist. In diesen mechanisierten Restaurants, die Hamburger, Pizzas und andere hoch standardisierte Produkte anbieten, «ist die Arbeit häufig bis in die kleinste Einzelheit durchorganisiert, und zwar auf der Grundlage von Ablaufplanungen, denen eine Analyse des gesamten Herstellungsprozesses zugrunde liegt. Die effizientesten Verfahren werden in genau definierte Aufgabenstellungen umgesetzt, die von eigens geschultem Personal ausgeführt werden. Manager und Arbeitsplaner denken, Arbeiter und Angestellte führen aus.»[15]

Die Prinzipien der klassischen Managementtheorie sind inzwischen in unseren Vorstellungen von Organisationen so tief verwurzelt, dass die Konstruktion formaler Strukturen, die durch klare Kommunikations-, Koordinations- und Kontrollrichtlinien verbunden sind, für die meisten Manager fast zur zweiten Natur geworden ist. Wie wir noch sehen werden, ist dieses unbewusste Übernehmen des mechanistischen Managementmodells heute eines der Haupthindernisse für organisatorische Veränderungen.

Um den weit reichenden Einfluss der Maschinenmetapher auf Theorie und Praxis des Managements zu verstehen, wollen wir ihr nun die Vorstellung von Organisationen als lebenden Systemen gegenüberstellen, die sich gegenwärtig noch auf der Ebene der Metaphorik befindet. Der Managementtheoretiker Peter

Senge, einer der Hauptbefürworter des Systemsdenkens und der Idee der «lernenden Organisation», hat untersucht, wie sich diese beiden Metaphern auf Organisationen auswirken. Um den Kontrast zwischen ihnen zu verstärken, spricht Senge von einer «Maschine zum Geldverdienen» beziehungsweise von einem «Lebewesen».[16]

Eine Maschine wird von Ingenieuren für einen bestimmten Zweck konstruiert und gehört jemandem, dem es freisteht, sie zu verkaufen. Genau dies ist die mechanistische Vorstellung von Organisationen. Sie besagt, dass ein Unternehmen von Menschen außerhalb des Systems geschaffen wird und ihnen gehört sowie gekauft und verkauft werden kann. Seine Struktur und seine Ziele werden vom Management oder von Experten von außerhalb konzipiert und der Organisation auferlegt. Wenn wir jedoch die Organisation als Lebewesen verstehen, wird die Eigentumsfrage problematisch. «Die meisten Menschen auf der Welt», so Senge, «würden die Vorstellung, dass ein Mensch einen anderen besitzt, als fundamental unmoralisch erachten.»[17] Ja, wenn Organisationen wahrhaft lebende Gemeinschaften wären, liefe ihr Kauf und Verkauf auf Sklaverei hinaus, und wenn das Leben ihrer Mitglieder vorgegebenen Zielen unterworfen wäre, hielte man dies für eine Entmenschlichung.

Damit eine Maschine richtig läuft, muss sie von ihren Betreibern kontrolliert werden, so dass sie gemäß ihren Instruktionen funktioniert. Dementsprechend zielt die klassische Managementtheorie vor allem darauf ab, effiziente Betriebsabläufe durch hierarchische Kontrolle zu erreichen. Lebewesen hingegen handeln autonom. Sie lassen sich niemals wie Maschinen kontrollieren. Wer dies versucht und tut, nimmt ihnen ihre Lebendigkeit.

Ein Unternehmen als eine Maschine zu verstehen bedeutet auch, dass es schließlich zugrunde geht, wenn es nicht regelmäßig vom Management «gewartet» und erneuert wird. Es kann sich nicht selbst ändern – alle Veränderungen müssen von jemand anderem konzipiert werden. Versteht man das Unternehmen hingegen als Lebewesen, ist damit die Einsicht verbunden, dass es fähig ist, sich selbst zu regenerieren, und dass es sich auf natürliche Weise verändern und entwickeln wird. «Die Maschinenmetapher ist so einflussreich», erklärt Senge, «dass sie den Charakter der meisten Unternehmen prägt. Sie werden eher eine Art Maschine als ein Lebewesen, weil ihre Angehörigen sie so sehen.»[18] Die mechanistische Managementmethode ist gewiss sehr erfolgreich, wenn es darum geht, Effizienz und Produktivität zu erhöhen, aber sie hat auch zu einer verbreiteten Animosität gegenüber Organisationen geführt, die wie eine Maschine gemanagt werden. Der Grund dafür liegt auf der Hand. Die meisten Menschen lehnen es ab, nur als Rädchen im Getriebe behandelt zu werden.

Wenn wir die Gegensätzlichkeit der beiden Metaphern – Maschine kontra Lebewesen – betrachten, dann ist es evident, warum ein Managementstil, der sich von der Maschinenmetapher leiten lässt, Probleme mit organisatorischen Veränderungen bekommt. Das Bedürfnis, alle Veränderungen von Management konzipieren und der Organisation aufzwingen zu lassen, erzeugt im Allgemeinen eine bürokratische Starrheit. Die Maschinenmetapher kennt keinen Spielraum für flexible Anpassungen, für Lernen und Entwicklung, und es ist klar, dass streng mechanistisch gemanagte Organisationen im heutigen komplexen, wissensorientierten und rapide sich verändernden wirtschaftlichen Umfeld nicht überleben können.

Peter Senge hat seine Gegenüberstellung der beiden Metaphern im Vorwort zu einem bemerkenswerten Buch mit dem Titel *The Living Company* dargelegt.[19] Dessen Autor, Arie de Geus, ein ehemaliger Shell-Manager, befasst sich mit dem Wesen von Unternehmensorganisationen aus einem interessanten Blickwinkel. In den achtziger Jahren leitete de Geus eine Studiengruppe für Shell, die die Frage der Langlebigkeit von Konzernen untersuchte. Er und seine Kollegen beschäftigten sich mit großen Unternehmen, die seit mehr als hundert Jahren existierten, entscheidende Veränderungen in der Welt überlebt hatten, noch immer eine intakte Unternehmensidentität aufwiesen und florierten.

Die Studie analysierte 27 solcher langlebiger Unternehmen und fand heraus, dass sie mehrere gemeinsame Schlüsselmerkmale hatten.[20] De Geus gelangte zu der Schlussfolgerung, dass widerstandsfähige, langlebige Unternehmen das Verhalten und gewisse Eigenschaften von lebenden Wesen aufweisen. Im Prinzip stellte er zwei Sets von Eigenschaften fest. Zum einen gibt es da ein starkes Gemeinschaftsgefühl und eine kollektive Identität in Verbindung mit einer Reihe gemeinsamer Werte – in dieser Gemeinschaft wissen alle Mitglieder, dass sie bei ihren Bemühungen, ihre Ziele zu erreichen, Unterstützung finden. Das andere Set von Eigenschaften besteht aus Offenheit gegenüber der Außenwelt, Toleranz hinsichtlich der Aufnahme neuer Mitglieder und Ideen und folglich einer offenkundigen Fähigkeit, zu lernen und sich neuen Umständen anzupassen.

De Geus stellt die Werte eines derartigen lernenden Unternehmens, dessen Hauptzweck das Überleben und langfristige Florieren ist, den Werten eines konventionellen «Wirtschaftsunternehmens» gegenüber, dessen Prioritäten von rein wirtschaftlichen Kriterien bestimmt werden. Er behauptet, dass «der krasse Unterschied zwischen diesen beiden Definitionen eines Unternehmens – der Definition des Wirtschaftsunternehmens und der Definition des lernenden Unternehmens – auf den Kern der Krise verweist, vor der die Manager heute stehen.»[21] Um die Krise zu überwinden, so de Geus' Vorschlag, müssen die Manager «ihre Prioritäten ändern und Unternehmen nicht zur Optimierung von Kapital, sondern zur Optimierung von Menschen managen».[22]

Soziale Netzwerke

Für de Geus spielt es keine besondere Rolle, ob das «lebende Unternehmen» einfach nur eine sinnvolle Metapher ist oder ob Wirtschaftsorganisationen tatsächlich lebende Systeme sind, solange die Manager ein Unternehmen für lebendig halten und ihren Managementstil entsprechend ändern. Allerdings legt er ihnen auch nahe, sich zwischen den beiden Bildern des «lebenden Unternehmens» und des «Wirtschaftsunternehmens» zu entscheiden, und das wirkt doch ziemlich künstlich. Ein Unternehmen ist mit Sicherheit eine juristische und wirtschaftliche Einheit, und in gewisser Hinsicht ist es anscheinend auch lebendig. Die Aufgabe besteht dann darin, die beiden Aspekte menschlicher Organisationen miteinander zu vereinen. Meiner Ansicht nach werden wir dieser Aufgabe eher gerecht, wenn wir genau verstehen, auf welche Weise Organisationen lebendig sind.

Lebende soziale Systeme sind, wie wir gesehen haben, selbsterzeugende Kommunikationsnetzwerke.[23] Das bedeutet, dass eine menschliche Organisation nur dann ein lebendes System ist, wenn sie als Netzwerk organisiert ist oder kleinere Netzwerke innerhalb ihrer Grenzen enthält. In den letzten Jahren sind Netzwerke denn auch nicht nur in der Wirtschaft, sondern in der breiten Öffentlichkeit und überall in einer neu entstehenden globalen Kultur ins Zentrum des Interesses gerückt.

Innerhalb weniger Jahre ist das Internet ein mächtiges globales Kommunikationsnetzwerk geworden, und viele neue Internetfirmen fungieren als Schnittstellen zwischen Netzwerken von Kunden und Lieferanten. Ein innovatives Beispiel für diese neuartige Organisationsstruktur stellt Cisco Systems dar, eine Firma in San Francisco, die der größte Lieferant von Schaltern und Routern für das Internet ist, aber jahrelang keine einzige Fabrik besessen hat. Im Prinzip produziert und managt Cisco Informationen durch seine Website, indem es Kontakte zwischen Lieferanten und Kunden herstellt und Fachwissen vermittelt.[24]

Die meisten heutigen Großunternehmen existieren als dezentralisierte Netzwerke kleinerer Einheiten. Außerdem sind sie mit Netzwerken kleiner und mittlerer Unternehmen verknüpft, die als ihre Subunternehmer und Lieferanten fungieren, und Einheiten, die zu unterschiedlichen Unternehmen gehören, gehen ebenfalls strategische Allianzen ein und engagieren sich in Joint Ventures. Somit entstehen zwischen den verschiedenen

Teilen dieser Unternehmensnetzwerke ständig neue Kombinationen und Vernetzungen, so dass sie miteinander gleichzeitig kooperieren und konkurrieren.

Ähnliche Netzwerke gibt es auch zwischen Nonprofit-Unternehmen und Nichtregierungsorganisationen (NGOs). Lehrer vernetzen sich an und zwischen Schulen und zunehmend durch elektronische Netzwerke, die auch Eltern und verschiedene Organisationen einbeziehen, welche unterstützende Erziehungs- und Bildungsarbeit leisten. Darüber hinaus ist die «Netzwerktätigkeit» seit vielen Jahren eine der Hauptaktivitäten basisdemokratischer politischer Organisationen. Die Umweltbewegung, die Menschenrechtsbewegung, die feministische Bewegung, die Friedensbewegung und viele andere politische und kulturelle Basisbewegungen haben sich als Netzwerke organisiert, die nationale Grenzen überschreiten.[25]

1999 haben sich hunderte solcher Basisorganisationen für mehrere Monate elektronisch vernetzt, um sich auf gemeinsame Protestaktionen während der Konferenz der Welthandelsorganisation (WTO) in Seattle vorzubereiten. Die «Seattle-Koalition» war äußerst erfolgreich darin, die WTO-Konferenz scheitern zu lassen und ihre Ansichten der Welt bekannt zu machen. Ihre auf Netzwerkstrategien basierenden Aktionen haben das politische Klima im Zusammenhang mit der Frage der ökonomischen Globalisierung für immer verändert.[26]

Diese neueren Entwicklungen beweisen, dass Netzwerke eines der bedeutendsten sozialen Phänomene unserer Zeit geworden sind. Die Analyse sozialer Netzwerke ist eine neue Methode für die Soziologie, die von zahlreichen Wissenschaftlern beim Studium sozialer Beziehungen und des Wesens von Gemeinschaft angewandt wird.[27] Der Soziologe Manuel Castells geht noch weiter, wenn er behauptet, dass die jüngste Revolution der Informationstechnologie eine neue Wirtschaft hervorgebracht habe, die sich um Ströme von Informationen, Macht und Reichtum in globalen finanziellen Netzwerken herum strukturiere. Castells stellt außerdem fest, dass sich die Netzwerktätigkeit in der ganzen Gesellschaft zu einer neuen Organisationsform menschlichen Handelns entwickelt hat, und er hat den Begriff «Netzwerkgesellschaft» geprägt, um diese neue soziale Struktur zu beschreiben und zu analysieren.[28]

Praxisgemeinschaften

Mit den neuen Informations- und Kommunikationstechnologien breiten sich soziale Netzwerke überall aus, innerhalb wie außerhalb von Organisationen. Damit eine Organisation lebendig ist, reicht jedoch die Existenz sozialer Netzwerke nicht aus – sie müssen Netzwerke eines speziellen Typs sein. Lebende Netzwerke sind, wie gesagt, selbsterzeugend. Jede Kommunikation erzeugt Gedanken und Sinn, die ihrerseits weitere Kommunikationen entstehen lassen. Auf diese Weise erzeugt das gesamte Netzwerk sich selbst, indem es einen gemeinsamen Sinnzusammenhang, ein gemeinsames Wissen, Verhaltensregeln, eine Grenze und eine kollektive Identität für seine Mitglieder produziert.

Der Organisationstheoretiker Etienne Wenger hat für diese selbsterzeugenden sozialen Netzwerke den Begriff «Praxisgemeinschaften» geprägt, wobei er sich auf den gemeinsamen Sinnzusammenhang und nicht auf das Organisationsmuster bezieht, durch das der Sinn erzeugt wird. «Wenn Menschen im Laufe der Zeit ein gemeinsames Unternehmen betreiben», erläutert Wenger, «entwickeln sie eine gemeinsame Praxis, das heißt, eine gemeinsame Art und Weise, Dinge zu tun und eine Beziehung zueinander zu haben, die es ihnen ermöglicht, ihr gemeinsames Ziel zu erreichen. Im Laufe der Zeit wird die sich ergebende Praxis ein erkennbares Band zwischen den Beteiligten.»[29]

Wenger betont, dass es viele unterschiedliche Arten von Gemeinschaften gibt, genauso, wie es viele unterschiedliche Arten von sozialen Netzwerken gibt. Wohnungs- und Hausnachbarn zum Beispiel werden oft eine Gemeinschaft genannt, und wir sprechen auch von einer «Anwaltsgemeinschaft» oder einer «ärztlichen Gemeinschaftspraxis». Doch das sind im Allgemeinen keine Praxisgemeinschaften mit der typischen Dynamik selbsterzeugender Kommunikationsnetzwerke.

Wenger definiert eine Praxisgemeinschaft als einen besonderen Gemeinschaftstypus, der drei Merkmale aufweist: gegenseitiges Engagement der Mitglieder, ein gemeinsames Unternehmen und ein sich im Laufe der Zeit entwickelndes gemeinsames «Repertoire» von Routine, stillschweigenden Verhaltensregeln und Wissen.[30] Bezogen auf unser Begriffssystem, erkennen wir, dass sich das gegenseitige Engagement auf die Dynamik eines selbsterzeugenden Kommunikationsnetzwerkes bezieht, das gemeinsame Unternehmen auf den gemeinsamen Zweck und Sinn und das gemeinsame Repertoire auf die sich daraus ergebende Verhaltenskoordination und die Bildung eines gemeinsamen Wissens.

Die Erzeugung eines gemeinsamen Sinnzusammenhangs, eines gemeinsamen Wissens und von Verhaltensregeln ist charakteristisch für die «Dynamik der Kultur», von der bereits die Rede war.[31] Dies schließt insbesondere die Erschaffung einer Bedeutungsgrenze und somit einer Identität der Mitglieder des sozialen Netzwerks ein, die auf einem Zugehörigkeitsgefühl basiert, dem definierenden Merkmal einer Gemeinschaft. Nach Arie de Geus ist ein starkes Gefühl unter den Mitarbeitern eines Unternehmens, dass sie der Organisation angehören und sich mit ihren Leistungen identifizieren – mit anderen Worten: ein starkes Gemeinschaftsgefühl –, wesentlich für das Überleben von Unternehmen im heutigen turbulenten wirtschaftlichen Umfeld.[32]

Bei unseren täglichen Aktivitäten gehören wir meist mehreren Praxisgemeinschaften an – bei der Arbeit, in Schulen, im Sport und bei Hobbys oder im bürgerlichen Leben. Einige können spezifische Namen und formelle Strukturen haben, andere können so informell sein, dass man sie nicht einmal als Gemeinschaften erkennt. Ungeachtet ihres Status sind Praxisgemeinschaften ein wesentlicher Bestandteil unseres Lebens. Was die menschlichen Organisationen betrifft, so erkennen wir nun, dass ihre Doppelnatur als juristische und wirtschaftliche Einheiten einerseits und als Gemeinschaften von Menschen andererseits aus der Tatsache resultiert, dass sich innerhalb der formalen Strukturen der Organisationen immer Praxisgemeinschaften bilden und entwickeln. Das sind informelle Netzwerke – Allianzen und Freundschaften, informelle Kommunikationskanäle (die «Mundpropaganda») und andere verwickelte Beziehungsnetze –, die ständig wachsen, sich verändern und neuen Situationen anpassen. Dazu Etienne Wenger:

> Die Arbeitnehmer organisieren ihr Leben mit ihren unmittelbaren Kollegen und Kunden, um ihre Jobs zu erledigen. Dabei entwickeln sie oder bewahren sie sich ein Selbstverständnis, mit dem sie leben können, haben ein wenig Spaß und erfüllen die Anforderungen ihrer Arbeitgeber und Kunden. Unabhängig von ihrer offiziellen Arbeitsplatzbeschreibung erschaffen sie sich eine Praxis, um das zu tun, was getan werden muss. Die Arbeitnehmer mögen zwar vertraglich an eine große Institution gebunden sein, aber in der tagtäglichen Praxis arbeiten sie mit – und in einem gewissen Sinn für – viel weniger Menschen und Gemeinschaften.[33]

Innerhalb jeder Organisation gibt es eine Gruppe von miteinander vernetzten Praxisgemeinschaften. Je mehr Menschen in diese informellen Netzwerke eingebunden und je entwickelter und ausgeklügelter die Netzwerke sind, desto eher wird die Organisation in der Lage sein, zu lernen, kreativ auf unerwartete neue Umstände zu reagieren, sich zu verändern und zu entwickeln. Mit anderen Worten: Die Lebendigkeit der Organisation sitzt in den Praxisgemeinschaften.

Die lebendige Organisation

Damit sie das kreative Potenzial und die Lernfähigkeit eines Unternehmens maximieren können, müssen Manager und Unternehmensführer das Zusammenspiel zwischen den formellen, konstruierten Strukturen der Organisation und ihren informellen, selbsterzeugenden Netzwerken verstehen.[34] Die formellen Strukturen sind Sets von Regeln und Vorschriften, die die Beziehungen zwischen Menschen und Aufgaben definieren und die Machtverteilung festlegen. Grenzen werden durch vertragliche Vereinbarungen errichtet, die genau definierte Subsysteme (Abteilungen) und Funktionen beschreiben. Die formellen Strukturen werden in den offiziellen Dokumenten der Organisationen dargestellt – den Organigrammen, Satzungen, Anweisungen und Budgets, die die formalen politischen Richtlinien, Strategien und Verfahren der Organisation beschreiben.

Die informellen Strukturen dagegen sind fließende und fluktuierende Kommunikationsnetzwerke.[35] Diese Kommunikationen schließen nichtverbale Formen eines gegenseitigen Engagements in einem gemeinsamen Unternehmen ein, durch die Fähigkeiten ausgetauscht werden und ein gemeinsames stillschweigendes Wissen erzeugt wird. Die gemeinsame Praxis erzeugt flexible Sinngrenzen, die oft unausgesprochen sind. Die Zugehörigkeit zu einem Netzwerk kann schlicht daran erkennbar sein, dass jemand bestimmten Unterhaltungen folgen kann oder den neuesten Klatsch kennt.

Die informellen Kommunikationsnetzwerke sind in den Menschen verkörpert, die sich in der gemeinsamen Praxis engagieren. Wenn neue Menschen hinzukommen, kann sich das gesamte Netzwerk neu konfigurieren – wenn Menschen es verlassen, wird das Netzwerk sich erneut verändern oder vielleicht sogar zusammenbrechen. In der formellen Organisation hingegen sind Funktionen und Machtverhältnisse wichtiger als die Menschen und bleiben über die Jahre hinweg bestehen, während die Menschen kommen und gehen.

In jeder Organisation gibt es ein ständiges Zusammenspiel

zwischen ihren informellen Netzwerken und ihren formellen Strukturen. Die formellen politischen Richtlinien und Verfahren werden stets von den informellen Netzwerken gefiltert und modifiziert, so dass diese von ihrer Kreativität Gebrauch machen können, wenn sie vor unerwarteten, neuartigen Situationen stehen. Die Stärke dieses Zusammenspiels wird besonders offenkundig, wenn die Arbeiter in einem Unternehmen mit einem «Dienst nach Vorschrift» ihren Unmut demonstrieren. Indem sie strikt nach den offiziellen Anweisungen und Verfahrensweisen handeln, beeinträchtigen sie ernsthaft das Funktionieren der Organisation. Im Idealfall werden die informellen Beziehungsnetzwerke von der formellen Organisation anerkannt und unterstützt, die ihre Innovationen auch in ihre formellen Strukturen einbindet.

Noch einmal: Die Lebendigkeit einer Organisation – ihre Flexibilität, ihr kreatives Potenzial und ihre Lernfähigkeit – sitzt in ihren informellen Praxisgemeinschaften. Die formellen Teile der Organisation können in unterschiedlichem Maße «lebendig» sein, je nachdem, wie eng ihr Kontakt mit den informellen Netzwerken ist. Erfahrene Manager wissen, wie sie mit der informellen Organisation zu arbeiten haben. Normalerweise lassen sie die formellen Strukturen die Routinearbeit erledigen und verlassen sich darauf, dass die informelle Organisation bei Aufgaben helfen wird, die über das Übliche hinausgehen. Sie können auch wichtige Informationen bestimmten Menschen übermitteln, weil sie wissen, dass sie durch die informellen Kanäle weitergegeben und erörtert werden.

Aus diesen Überlegungen folgt, dass sich das Kreativitäts- und Lernpotenzial einer Organisation am effektivsten erhöhen sowie dynamisch und lebendig erhalten lässt, wenn die Praxisgemeinschaften unterstützt und gestärkt werden. Der erste Schritt besteht dann darin, den sozialen Raum zu bieten, in dem informelle Kommunikationen gedeihen können. Manche Unternehmen richten vielleicht spezielle Kaffeetheken ein, um informelle Zusammenkünfte zu fördern; andere bedienen sich für den gleichen Zweck schwarzer Bretter, des Unternehmens-Newsletters, einer Fachbibliothek, Klausurtagungen außerhalb des Unternehmens oder Online-Chatrooms. Wenn diese Maßnahmen innerhalb des Unternehmens publik gemacht werden, so dass die Unterstützung durch das Management offenkundig ist, werden sie die Energien der Menschen freisetzen, die Kreativität anregen und Veränderungsprozesse in Gang bringen.

Vom Leben lernen

Je genauer die Manager die Prozesse in selbsterzeugenden sozialen Netzwerken kennen, desto effektiver arbeiten sie mit den Praxisgemeinschaften der Organisation. Sehen wir uns daher nun an, welche Lehren das Management aus dem systemischen Verständnis von Leben ziehen kann.[36]

Ein lebendes Netzwerk reagiert auf Störungen mit strukturellen Veränderungen und entscheidet dabei darüber, welche Störungen es bemerken und wie es auf sie reagieren will.[37] Was Menschen bemerken, hängt davon ab, was für Individuen sie sind und welche kulturellen Merkmale ihre Praxisgemeinschaften haben. Eine Botschaft erreicht sie nicht nur aufgrund ihrer Lautstärke oder Frequenz, sondern weil sie für sie sinnvoll ist.

Wir haben es hier mit einem wichtigen Unterschied zwischen einem lebenden System und einer Maschine zu tun. Eine Maschine lässt sich steuern – ein lebendes System kann nur gestört werden. Mechanistisch eingestellte Manager halten gern an der Überzeugung fest, dass sie die Organisation steuern können, wenn sie verstehen, wie all ihre Teile zusammengehören. Selbst die alltägliche Erfahrung, dass das Verhalten von Menschen ihren Erwartungen widerspricht, lässt in ihnen keine Zweifel an ihrer Grundannahme aufkommen. Im Gegenteil – sie zwingt sie, die Managementmechanismen noch eingehender zu erforschen, damit sie sie unter Kontrolle bekommen.

Das systemische Verständnis von Leben hingegen besagt, dass menschliche Organisationen sich niemals lenken lassen – sie können nur gestört werden. Mit anderen Worten: Organisationen können beeinflusst werden, indem sie Impulse statt Anweisungen erhalten. Damit sich der konventionelle Managementstil ändert, ist eine Wahrnehmungsänderung erforderlich, die alles andere als leicht ist. Sie ist allerdings auch überaus lohnend. Indem wir mit den in lebenden Systemen existenten Prozessen arbeiten, müssen wir nicht eine Menge Energie aufwenden, um eine Organisation zu bewegen. Wir müssen sie nicht drängen, antreiben oder drangsalieren, damit sie sich ändert. Hier geht es nicht um Kraft oder Energie, sondern um Sinn. Sinnvolle Störungen erregen die Aufmerksamkeit der Organisation und lösen strukturelle Veränderungen aus.

Sinnvolle Impulse zu geben, statt präzise Anweisungen zu erteilen – das mag sich für Manager, die sich um Effizienz und vorhersagbare Ergebnisse bemühen, viel zu vage anhören. Doch bekanntlich führen intelligente, wache Menschen nur selten Anweisungen buchstabengetreu aus. Stets modifizieren sie sie und interpretieren sie um, ignorieren einige Teile und fügen andere aus eigenem Antrieb hinzu. Manchmal handelt es sich nur um eine Akzentverschiebung, aber immer reagieren Menschen mit neuen Versionen der ursprünglichen Anweisungen.

Oft wird dies als Widerstand oder gar als Sabotage verstanden. Es lässt sich jedoch auch ganz anders interpretieren. Lebende Systeme entscheiden stets selbst, was wahrzunehmen und wie darauf zu reagieren ist. Wenn Menschen Anweisungen modifizieren, dann reagieren sie kreativ auf eine Störung, denn das ist ja das Wesen des Lebendigseins. In ihren kreativen Reaktionen erzeugen und kommunizieren die lebenden Netzwerke in der Organisation Sinn, indem sie von ihrer Freiheit Gebrauch machen, sich ständig neu zu erschaffen. Selbst eine passive oder «passiv aggressive» Reaktion ist für Menschen eine Möglichkeit, ihre Kreativität zur Geltung zu bringen. Ein striktes Befolgen lässt sich nur dann erzwingen, wenn man die Menschen ihrer Vitalität beraubt und sie zu teilnahmslosen Robotern macht. Dies zu bedenken ist besonders wichtig in den heutigen wissensorientierten Organisationen, deren größte Vorzüge Loyalität, Intelligenz und Kreativität sind.

Das neue Verständnis des Widerstands gegen organisatorische Veränderungen kann sehr wirksam sein, ermöglicht es uns doch, mit der Kreativität von Menschen zu arbeiten, statt sie zu ignorieren, und sie in eine positive Kraft umzuwandeln. Wenn wir die Menschen von Anfang an in den Veränderungsprozess einbeziehen, werden sie sich «freiwillig stören lassen», da der Prozess für sie sinnvoll ist. Dazu Wheatley und Kellner-Rogers:

> Wir haben keine andere Wahl, als die Menschen aufzufordern, sich am Prozess des Umdenkens, des Umkonzipierens und Umstrukturierens der Organisation zu beteiligen. Wenn wir das Bedürfnis der Menschen nach Teilhabe ignorieren, tun wir dies auf eigene Gefahr. Wenn sie einbezogen werden, erschaffen sie eine Zukunft, die sie bereits in sich hat. Wir müssten uns nicht auf die unmögliche und erschöpfende Aufgabe einlassen, ihnen die Lösung zu «verkaufen», sie dazu zu bringen, sich «zu melden», oder uns die Anreize auszudenken, die sie zu gefügigem Verhalten veranlassen könnten ... Nach unserer Erfahrung kommt es bei der Umsetzung jedes Mal zu enormen Kämpfen, wenn wir Veränderungen der Organisation verkünden, statt herauszufinden versuchen, wie die Menschen einbezogen werden könnten, um sie herbeizuführen ... [Andererseits] haben wir erlebt, dass sich die Umsetzung in dramatischem Tempo vollzieht, wenn die Menschen bei der Konzeption dieser Veränderungen hinzugezogen werden.[38]

Die Aufgabe besteht somit darin, den Veränderungsprozess für die Menschen von Anfang an sinnvoll zu machen, sie für die Teilnahme zu gewinnen und ein Umfeld herzustellen, in dem sich ihre Kreativität entfalten kann.

Werden Impulse und Leitprinzipien statt strenger Anweisungen angeboten, läuft dies offenkundig auf erhebliche Veränderungen in den Machtverhältnissen hinaus – Beherrschung und Kontrolle werden durch Kooperation und Partnerschaften ersetzt. Auch dies ist eine fundamentale Auswirkung des neuen

Verständnisses von Leben. In den letzten Jahren haben die Biologen und Ökologen damit begonnen, ihre Metaphorik von Hierarchien zu Netzwerken zu verlagern, und sie sind zu der Erkenntnis gelangt, dass Partnerschaft – die Neigung, sich zu verbinden, Verknüpfungen herzustellen, zu kooperieren und symbiotische Beziehungen zu unterhalten – eines der Kennzeichen von Leben ist.[39]

Vor dem Hintergrund unserer bisherigen Überlegungen zum Phänomen der Macht können wir sagen, dass der Verlagerung von der Herrschaft zur Partnerschaft eine Verlagerung von der Zwangsgewalt, die sich durch Androhung von Sanktionen die Befolgung von Befehlen sichern will, und von der kompensatorischen Macht, die finanzielle Anreize und Belohnungen anbietet, zur konditionierten Macht entspricht, die Anweisungen sinnvoll zu machen versucht, indem sie durch Überzeugung und Erziehung wirkt.[40] Doch selbst in traditionellen Organisationen wird die in den formellen Strukturen der Organisation verkörperte Macht stets gefiltert, modifiziert oder unterlaufen von Praxisgemeinschaften, die sich ihre eigenen Interpretationen schaffen, wenn Befehle von oben durch die Hierarchie der Organisation erteilt werden.

Organisatorisches Lernen

Angesichts der überragenden Bedeutung der Informationstechnik in der heutigen Wirtschaftswelt stehen die Begriffe Wissensmanagement und organisatorisches Lernen im Mittelpunkt der Managementtheorie. Das Wesen des organisatorischen Lernens ist Gegenstand einer leidenschaftlichen Debatte. Ist eine «lernende Organisation» ein lernfähiges soziales System oder eine Gemeinschaft, die das Lernen ihrer Mitglieder fördert und unterstützt? Mit anderen Worten: Ist Lernen nur ein individuelles oder auch ein soziales Phänomen?

Der Organisationstheoretiker Ilkka Tuomi hat die neueren Beiträge zu dieser Debatte in seinem bemerkenswerten Buch

Corporate Knowledge dargestellt und analysiert sowie eine integrative Theorie des Wissensmanagements vorgelegt.[41] Tuomis Modell der Erschaffung von Wissen basiert auf einem früheren Werk von Ikujiro Nonaka, der den Begriff des «Wissen erschaffenden Unternehmens» in die Managementtheorie eingeführt hat und einer der Hauptvertreter der neuen Disziplin des Wissensmanagements ist.[42] Tuomis Ansichten über organisatorisches Lernen stimmen offenbar weitgehend mit den auf den vorangegangenen Seiten entwickelten Gedanken überein. Ja, ich glaube, dass das systemische Verständnis des reflexiven Bewusstseins und der sozialen Netzwerke erheblich zur Klärung der Dynamik des organisatorischen Lernens beitragen kann.

Nonaka und sein Mitarbeiter Hirotaka Takeuchi haben in diesem Zusammenhang erklärt:

> Streng genommen wird Wissen von Individuen geschaffen ... Das Erschaffen von organisatorischem Wissen sollte daher als ein Prozess verstanden werden, der das von Individuen geschaffene Wissen «organisatorisch» verstärkt und als Teil des Wissensnetzwerks der Organisation kristallisiert.[43]

Im Zentrum von Nonakas und Takeuchis Modell der Erschaffung von Wissen steht die Unterscheidung von explizitem und stillschweigendem Wissen, die in den achtziger Jahren von dem Philosophen Michael Polanyi eingeführt wurde. Während das explizite Wissen durch die Sprache kommuniziert und dokumentiert werden kann, wird das stillschweigende Wissen durch Erfahrung erworben und bleibt oft unbestimmt. Nonaka und Takeuchi behaupten, dass Wissen zwar immer durch Individuen erschaffen werde, aber von der Organisation ans Licht gebracht und erweitert werden könne, nämlich durch soziale Interaktionen, in denen stillschweigendes in explizites Wissen umgewandelt werde. Während also das Erschaffen von Wissen ein individueller Prozess ist, sind seine Verstärkung und Erweiterung soziale Prozesse, die sich zwischen Individuen abspielen.[44]

Tuomi weist jedoch darauf hin, dass es eigentlich unmöglich

sei, das Wissen säuberlich in zwei verschiedene «Bestände» einzuteilen. Für Polanyi ist stillschweigendes Wissen eine unabdingbare Voraussetzung für explizites Wissen. Es stellt den Sinnzusammenhang her, in dem der Wissende explizites Wissen erwirbt. Dieser unausgesprochene Zusammenhang, auch «gesunder Menschenverstand» genannt, der aus einem Netz kultureller Konventionen erwächst, ist den Forschern auf dem Gebiet der künstlichen Intelligenz frustrierenderweise nur zu bekannt. Er ist nämlich die Ursache dafür, dass es ihnen auch nach jahrzehntelangem Bemühen noch immer nicht gelungen ist, Computer so zu programmieren, dass sie die menschliche Sprache im Wesentlichen verstehen.[45]

In einer menschlichen Organisation ist das stillschweigende Wissen somit der Sinnzusammenhang, der von der aus einem (verbalen und nonverbalen) Kommunikationsnetzwerk innerhalb einer Praxisgemeinschaft resultierenden kulturellen Dynamik erschaffen wird. Organisatorisches Lernen ist somit ein soziales Phänomen, weil das stillschweigende Wissen, auf dem jedes explizite Wissen basiert, kollektiv erzeugt wird. Darüber hinaus sind Kognitionswissenschaftler zu der Erkenntnis gelangt, dass sogar das Erschaffen von explizitem Wissen eine soziale Dimension hat, und zwar aufgrund der immanent sozialen Natur des reflexiven Bewusstseins.[46] Somit zeigt das systemische Verständnis von Leben und Kognition eindeutig, dass das organisatorische Lernen sowohl individuelle als auch soziale Aspekte hat.

Diese Erkenntnisse haben wichtige Auswirkungen auf das Gebiet des Wissensmanagements. Damit ist klar, dass die verbreitete Neigung, Wissen als eine Einheit zu behandeln, die unabhängig von den Menschen und ihrem sozialen Zusammenhang existiert – als ein «Ding», das repliziert, übertragen, quantifiziert und ausgetauscht werden kann –, das organisatorische Lernen nicht verbessern wird. Margaret Wheatley bringt es auf den Punkt: «Wenn wir beim Wissensmanagement Erfolg haben wollen, müssen wir uns um die Bedürfnisse und die Dynamik der Menschen kümmern . . . Wissen [ist nicht] das Vermögen oder Kapital. Die Menschen sind es.»[47]

Somit bestätigt die systemische Vorstellung von organisatorischem Lernen die Lektion, die uns das Verständnis von Leben in menschlichen Organisationen gelehrt hat: Am effektivsten lässt sich das Lernpotenzial einer Organisation verbessern, wenn ihre Praxisgemeinschaften unterstützt und bestärkt werden. In einer Organisation, die lebendig ist, ist das Erschaffen von Wissen ganz natürlich, und wenn wir das, was wir gelernt haben, mit Freunden und Kollegen teilen, ist das menschlich befriedigend. Dazu noch einmal Wheatley: «Für eine Organisation zu arbeiten, die sich auf das Erschaffen von Wissen konzentriert, ist wunderbar motivierend, und zwar nicht, weil die Organisation mehr Gewinn macht, sondern weil unser Leben für uns lebenswerter ist.»[48]

Wie Neues entsteht

Wenn also die Lebendigkeit einer Organisation in ihren Praxisgemeinschaften sitzt und wenn Kreativität, Lernen, Veränderung und Entwicklung allen lebenden Systemen immanent sind, wie manifestieren sich diese Prozesse dann eigentlich in den lebenden Netzwerken und Gemeinschaften der Organisation? Um diese Frage zu beantworten, müssen wir uns noch einmal einem Schlüsselmerkmal von Leben zuwenden, dem wir schon mehrmals begegnet sind: dem spontanen Entstehen von neuer Ordnung. Das Phänomen der Emergenz taucht ja an entscheidenden Punkten der Instabilität auf, die aus Fluktuationen in der Umwelt entstehen, welche durch Rückkopplungsschleifen verstärkt werden.[49] Emergenz führt zum Erschaffen von Neuem, das sich oft qualitativ von den Phänomenen unterscheidet, aus denen es hervorgegangen ist. Das ständige Erzeugen von Neuem – der «schöpferische Fortschritt der Natur», wie der Philosoph Alfred North Whitehead dies genannt hat – ist eine Schlüsseleigenschaft aller lebenden Systeme.

In einer menschlichen Organisation kann das den Prozess der Emergenz auslösende Ereignis eine beiläufige Bemerkung sein, die vielleicht nicht einmal für die Person, die sie gemacht hat, wichtig ist, aber für einige Menschen in einer Praxisgemeinschaft von Bedeutung ist. Weil sie für sie von Bedeutung ist, fühlen sie sich gestört und verbreiten die Information rasch durch die Netzwerke der Organisation. Während die Information durch verschiedene Rückkopplungsschleifen zirkuliert, kann sie verstärkt und erweitert werden, sogar so sehr, dass die Organisation sie in ihrem gegenwärtigen Zustand nicht mehr verarbeiten kann. Wenn das geschieht, ist ein Punkt der Instabilität erreicht. Das System kann die neue Information nicht in seine bestehende Ordnung integrieren – es ist gezwungen, einige seiner Strukturen, Verhaltensweisen oder Überzeugungen aufzugeben. Das führt zu einem Zustand von Chaos, Verwirrung, Ungewissheit und Zweifel, und aus diesem chaotischen Zustand erwächst eine neue Form von Ordnung, die um eine neue Bedeutung herum organisiert ist. Die neue Ordnung wurde nicht von einem Einzelnen konzipiert, sondern entstand als ein Ergebnis der kollektiven Kreativität der Organisation.

Dieser Prozess weist mehrere unterschiedliche Stadien auf. Zunächst einmal muss es innerhalb der Organisation eine gewisse Offenheit geben, eine Bereitschaft, sich stören zu lassen, damit der Prozess in Gang gesetzt wird; und es muss ein aktives Netzwerk von Kommunikationen mit vielfachen Rückkopplungsschleifen geben, damit das auslösende Ereignis verstärkt wird. Das nächste Stadium ist der Punkt der Instabilität, der als Spannung, Chaos, Ungewissheit oder Krise erlebt werden kann. In diesem Stadium kann das System entweder zusammenbrechen oder zu einem neuen Zustand von Ordnung durchbrechen, der durch Neuheit charakterisiert ist und mit einem Erleben von Kreativität einhergeht, das oft wie Magie erscheint.

Sehen wir uns nun diese Stadien genauer an. Die anfängliche Offenheit für Störungen aus der Umwelt ist eine Grundeigenschaft allen Lebens. Lebende Organismen müssen offen sein für einen ständigen Strom von Ressourcen (Energie und Materie), um am Leben zu bleiben; menschliche Organisationen müssen offen sein für einen Strom von mentalen Ressourcen (Informationen und Ideen) ebenso wie für den Strom von Energie und Materialien, die zur Produktion von Gütern oder Dienstleistungen gehören. Die Offenheit einer Organisation für neue Konzepte, neue Technologien und neues Wissen ist ein Indikator für ihre Lebendigkeit, Flexibilität und Lernfähigkeit.

Das Erleben der kritischen Instabilität, die zur Emergenz führt, geht gewöhnlich mit starken Emotionen – Angst, Verwirrung, Selbstzweifel oder Schmerz – einher und kann sich sogar zu einer Existenzkrise zuspitzen. Diese Erfahrung machte eine kleine Gemeinschaft von Quantenphysikern in den zwanziger Jahren des vorigen Jahrhunderts, als die Erforschung der atomaren und subatomaren Welt sie in Kontakt mit einer seltsamen und unerwarteten Wirklichkeit brachte. In ihrem Bemühen, diese neue Wirklichkeit zu begreifen, wurden sich die Physiker schmerzlich dessen bewusst, dass ihre Grundbegriffe, ihre Sprache und ihre ganze Denkweise zur Beschreibung atomarer Phänomene nicht ausreichten. Für viele war diese Zeit mit einer intensiven emotionalen Krise verbunden, wie sie am anschaulichsten Werner Heisenberg geschildert hat:

> Ich erinnere mich an viele Diskussionen mit Bohr, die bis in die Nacht dauerten und fast in Verzweiflung endeten. Und wenn ich am Ende solcher Diskussionen noch alleine einen kurzen Spaziergang im benachbarten Park unternahm, wiederholte ich mir immer wieder die Frage, ob die Natur wirklich so absurd sein könne, wie sie uns in diesen Atomexperimenten erschien.[50]

Es dauerte lange, bis die Quantenphysiker ihre Krise überwunden hatten, aber am Ende wurden sie reich belohnt. Aus ihren intellektuellen und emotionalen Kämpfen gingen tiefe Einsichten in das Wesen von Raum, Zeit und Materie hervor und damit der Entwurf eines neuen wissenschaftlichen Paradigmas.[51]

Die Erfahrung von Spannung und Krise vor dem Auftauchen von etwas Neuem ist Künstlern wohl vertraut, die den Schöpfungsprozess zwar oft als überwältigend empfinden und doch darin mit Disziplin und Leidenschaft verharren. Marcel Proust stellt das Erleben des Künstlers in seinem Meisterwerk *Auf der Suche nach der verlorenen Zeit* wunderschön dar:

> Oft liegt es nur an einem Mangel schöpferischer Phantasie, dass man in seinem Leiden immer noch nicht weit genug geht. Die furchtbarste Wirklichkeit schenkt zugleich mit dem Leiden die Freuden einer schönen Entdeckung, weil sie nur dem neue und klare Form verleiht, woran wir schon lange herumtasteten, ohne es recht zu erraten.[52]

Natürlich sind nicht alle Erfahrungen der Krise vor dem Phänomen der Emergenz so extrem. Sie können unterschiedlich intensiv sein – von kleinen, plötzlichen Erkenntnissen bis hin zu schmerzlichen und berauschenden Verwandlungen. Ihnen allen gemeinsam ist ein Gefühl der Ungewissheit und des Verlusts der Kontrolle, das zumindest unangenehm ist. Künstler und andere kreative Menschen wissen, wie sie mit dieser Ungewissheit und diesem Verlust der Kontrolle umgehen müssen. Romanautoren berichten oft davon, dass ihre Figuren im Laufe der Handlung ein eigenständiges Leben annehmen – die Story scheint sich gleichsam selbst zu schreiben; und der große Michelangelo schenkte uns das unvergessene Bild vom Bildhauer, der den überschüssigen Marmor abschlägt, damit die Statue daraus hervorgeht.

Nach längerem Eintauchen in Ungewissheit, Verwirrung und Zweifel wird das plötzliche Auftauchen des Neuen ohne weiteres als magischer Augenblick erlebt. Künstler und Wissenschaftler haben diese Momente der Ehrfurcht und des Staunens oft geschildert, in denen sich eine verworrene und chaotische Situation auf wundersame Weise klärt, um eine neue Idee oder eine Lösung für ein äußerst vertracktes Problem zu offenbaren. Da der Prozess der Emergenz völlig nichtlinear und voller Rückkopplungsschleifen ist, kann er mit unseren konventionellen, linearen Denkweisen nicht vollständig analysiert werden, und darum neigen wir dazu, ihn als etwas Geheimnisvolles zu empfinden.

In menschlichen Organisationen entstehen emergente Lösungen im Kontext einer bestimmten Organisationskultur, und daher lassen sie sich im Allgemeinen nicht auf eine andere Organisation mit einer anderen Kultur übertragen. Das ist gewöhnlich ein großes Problem für Unternehmensführer, die natürlich darum bemüht sind, erfolgreiche organisatorische Veränderungen zu wiederholen. Dabei neigen sie dazu, eine neue Struktur, die sich bewährt hat, zu replizieren, ohne das stillschweigende Wissen und den Sinnzusammenhang mit einzubeziehen, aus denen diese neue Struktur hervorging.

Emergenz und Planung

Überall in der lebendigen Welt drückt sich die Kreativität des Lebens durch den Prozess der Emergenz aus. Die Strukturen, die in diesem Prozess geschaffen werden – biologische Strukturen lebender Organismen ebenso wie soziale Strukturen in menschlichen Gemeinschaften –, kann man durchaus als «emergente Strukturen» bezeichnen. Vor der Evolution des Menschen waren alle lebenden Strukturen auf unserem Planeten emergente Strukturen. Mit der menschlichen Entwicklung kamen die Sprache, das begriffliche Denken und alle anderen Merkmale des reflexiven Bewusstseins ins Spiel. Damit waren wir in der Lage, geistige Bilder physischer Objekte zu entwickeln, Ziele und Strategien zu formulieren und damit bewusst Strukturen zu erschaffen.

Manchmal sprechen wir vom strukturellen «Bauplan» eines Grashalms oder eines Insektenflügels, aber das ist nichts weiter als eine Metapher. Diese Strukturen wurden nicht geplant, sondern sie wurden im Laufe der Evolution des Lebens geformt und überlebten durch natürliche Auslese. Es sind emergente Strukturen. Das Planen erfordert die Fähigkeit, geistige Bilder zu entwickeln, und da diese Fähigkeit, soweit wir wissen, auf uns Menschen und die anderen großen Affen beschränkt ist, gibt es in der Natur im Allgemeinen kein Planen.

Geplante Strukturen werden stets für einen Zweck erschaffen und verkörpern irgendeine Bedeutung.[53] In der nichtmenschlichen Natur gibt es keinen Zweck und keine Intention. Wir neigen oft dazu, der Form eines Planeten oder dem Verhalten eines Tieres einen Zweck zuzuschreiben. Beispielsweise sagen wir, dass eine Blüte eine bestimmte Farbe hat, um Honigbienen anzuziehen, oder dass ein Eichhörnchen Nüsse versteckt, um Nahrung für den Winter zu speichern. Aber das sind anthropomorphe Projektionen, die das menschliche Merkmal des zielbewussten Handelns auf nichtmenschliche Phänomene übertragen. Die Farben von Blüten und das Verhalten von Tieren sind durch lange Prozesse von Evolution und natürlicher Auslese gestaltet worden, oft in Koevolution mit anderen Arten. Aus wissenschaftlicher Sicht gibt es in der Natur weder Zweck noch Planung.[54]

Diese Auffassung besagt nicht, dass das Leben rein zufällig und sinnlos wäre, wie das mechanistische neodarwinistische Denken meint. Das systemische Verständnis von Leben geht von der umfassenden Ordnung, Selbstorganisation und Intelligenz aus, die sich in der ganzen lebenden Welt manifestieren, und wie wir gesehen haben, entspricht diese Erkenntnis völlig einer spirituellen Einstellung zum Leben.[55] Die teleologische Annahme hingegen, dass den natürlichen Phänomenen ein Zweck innewohne, wird als menschliche Projektion verstanden, da der Zweck ein Merkmal des reflexiven Bewusstseins ist, das in der Natur im Allgemeinen nicht existiert.[56]

Menschliche Organisationen enthalten immer sowohl geplante als auch emergente Strukturen. Die geplanten Strukturen sind die formellen Strukturen der Organisation, wie sie in ihren offiziellen Dokumenten festgehalten sind. Die emergenten Strukturen werden von den informellen Netzwerken und den Praxisgemeinschaften der Organisation geschaffen. Die beiden Arten von Strukturen sind sehr unterschiedlich, wie wir gesehen haben, und jede Organisation benötigt beide Arten.[57] Geplante Strukturen liefern die Vorschriften und die Routine, die für das effiziente Funktionieren der Organisation erforderlich sind. Sie ermöglichen es einem Unternehmen, seine Produktionsprozesse zu optimieren und seine Produkte mittels effizienter Marketingkampagnen zu verkaufen. Geplante Strukturen sorgen für Stabilität.

Emergente Strukturen hingegen sorgen für Neuheit, Kreativität und Flexibilität. Sie sind anpassungsfähig, können sich verändern und entwickeln. In der heutigen Wirtschaftswelt besitzen rein geplante Strukturen nicht die nötige Reaktions- und Lernfähigkeit. Sie können Großartiges leisten, aber da sie nicht anpassungsfähig sind, versagen sie, wenn es um Lernen und Veränderung geht, und laufen somit Gefahr, über Bord geworfen zu werden.

Dabei geht es gar nicht darum, auf geplante Strukturen zugunsten von emergenten Strukturen zu verzichten. Wir brauchen beide. In jeder menschlichen Organisation gibt es eine Spannung zwischen ihren geplanten Strukturen, die Machtverhältnisse verkörpern, und ihren emergenten Strukturen, die für die Lebendigkeit und Kreativität der Organisation stehen. Dazu Margaret Wheatley: «Die Schwierigkeiten in Organisationen sind Manifestationen des Lebens, das sich gegen die Kontrollmächte behauptet.»[58] Kluge Manager sind sich über die wechselseitige Abhängigkeit von Planung und Emergenz im Klaren. Sie wissen, dass es in der heutigen turbulenten Wirtschaftswelt darauf ankommt, die Balance zwischen der Kreativität der Emergenz und der Stabilität der Planung zu finden.

Zwei Arten von Führung

Die Balance zwischen Planung und Emergenz zu finden scheint eine Kombination von zwei unterschiedlichen Arten von Führung zu erfordern. Traditionell stellt man sich unter einem Führer einen Menschen vor, der eine Vision hat, diese klar artikulieren und mit Leidenschaft und Charisma vermitteln kann. Seine Handlungen sollten gewisse Werte verkörpern, die als erstrebenswerter Maßstab für andere dienen. Die Fähigkeit, eine klare

Vorstellung von einer idealen Form oder einem Idealzustand zu haben, ist etwas, das traditionelle Führer mit Planern gemeinsam haben.

Die andere Art von Führung besteht darin, das Entstehen von Neuem zu ermöglichen, das heißt, Bedingungen zu schaffen, statt Anweisungen zu geben, und die Macht der Autorität dazu zu verwenden, andere zu autorisieren. Beide Arten von Führung haben etwas mit Kreativität zu tun. Ein Führer zu sein heißt, eine Vision zu entwickeln – dorthin zu gehen, wohin noch niemand zuvor gegangen ist. Es heißt auch, es der Gemeinschaft als einem Ganzen zu ermöglichen, etwas Neues zu schaffen. Emergenz zu ermöglichen heißt, Kreativität zu ermöglichen.

Eine Vision zu haben ist von zentraler Bedeutung für den Erfolg jeder Organisation, weil alle Menschen das Gefühl haben müssen, dass ihre Handlungen sinnvoll und auf bestimmte Ziele ausgerichtet sind. Auf allen Ebenen der Organisation müssen die Menschen eine Ahnung davon haben, wohin sie gehen. Eine Vision ist ein geistiges Bild dessen, was wir erreichen wollen. Visionen sind jedoch viel komplexer als konkrete Ziele und im Allgemeinen nicht durch gewöhnliche, rationale Begriffe zu erfassen. Ziele lassen sich ermessen, eine Vision dagegen ist etwas Qualitatives und viel weniger greifbar.

Wenn wir komplexe und subtile Bilder vermitteln müssen, gebrauchen wir Metaphern, und darum überrascht es nicht, dass Metaphern bei der Formulierung der Vision einer Organisation eine entscheidende Rolle spielen.[59] Oft bleibt die Vision unklar, solange wir sie zu erklären versuchen, aber wenn wir die richtige Metapher finden, wird sie plötzlich ganz deutlich. Somit ist die Fähigkeit, eine Vision durch Metaphern auszudrücken, sie so zu artikulieren, dass sie von allen verstanden und angenommen wird, eine wesentliche Führungseigenschaft.

Um Emergenz zu ermöglichen, muss man die verschiedenen Stadien dieses grundlegenden Lebensprozesses erkennen und verstehen. Wie wir gesehen haben, erfordert die Emergenz ein aktives Netzwerk von Kommunikationen mit mehrfachen Rückkopplungsschleifen. Emergenz zu ermöglichen heißt somit vor allem, Kommunikationsnetzwerke zu errichten und zu pflegen, um «das System mit mehr von sich selbst zu verbinden», wie Wheatley und Kellner-Rogers es formulieren.[60]

Außerdem ist ja, wie wir wissen, die Emergenz von Neuem eine Eigenschaft offener Systeme, das heißt, die Organisation muss für neue Ideen und neues Wissen offen sein. Das Ermöglichen der Emergenz schließt das Erschaffen von Offenheit ein – eine Lernkultur, in der ständiges Fragen gefördert und Innovationen belohnt werden. Organisationen mit einer derartigen Kultur schätzen die Vielfalt und – so Arie de Geus – «tolerieren Aktivitäten am Rande: Experimente und Exzentrizitäten, die ihr Wissen erweitern».[61]

Führungskräfte innerhalb der Organisationshierarchie haben oft Schwierigkeiten damit, die Rückkopplungsschleifen einzurichten, die die Vernetztheit der Organisation erhöhen. Sie neigen dazu, sich immer wieder den gleichen Menschen zuzuwenden – meist den stärksten in der Organisation, die sich oft Veränderungen widersetzen. Darüber hinaus sind leitende Mitarbeiter häufig der Meinung, dass sich aufgrund der Traditionen und der Geschichte der Organisation gewisse heikle Fragen nicht offen ansprechen lassen.

In diesen Fällen kann es sinnvoll sein, einen Berater von außen als «Katalysator» hinzuzuziehen. Als Katalysator ist der Berater von den Prozessen, die er einzuleiten hilft, nicht betroffen und kann daher die Situation viel klarer analysieren. Angelika Siegmund, Mitbegründerin der Corphis Consulting in München, beschreibt diese Arbeit folgendermaßen:

> Eine meiner Haupttätigkeiten besteht darin, das Feedback zu ermöglichen und zu verstärken. Ich erarbeite keine Lösungen, sondern ermögliche das Feedback – das Unternehmen kümmert sich um die Inhalte. Ich analysiere die Situation, unterrichte das Management davon und achte darauf, dass jede Entscheidung unverzüglich durch eine Rückkopplungsschleife kommuniziert wird. Ich errichte Netzwerke, erhöhe die Vernetztheit des Unternehmens und verstärke die Stim-

> men von Mitarbeitern, die sonst nicht gehört würden. Daraufhin beginnen die Manager über die Dinge zu sprechen, die normalerweise nicht erörtert würden, und damit erhöht sich die Lernfähigkeit des Unternehmens. Nach meiner Erfahrung bilden eine starke Führungspersönlichkeit und ein geschickter Ermöglicher von außen eine phantastische Kombination, die Unglaubliches bewirken kann.[62]

Das Erleben der kritischen Instabilität, die der Emergenz von Neuem vorausgeht, kann von Ungewissheit, Angst, Verwirrung oder Selbstzweifel begleitet sein. Erfahrene Führer erkennen in diesen Emotionen integrale Bestandteile der ganzen Dynamik und sorgen für ein Klima des Vertrauens und der gegenseitigen Unterstützung. In der heutigen globalen Wirtschaft ist dies besonders wichtig, da die Menschen oft Angst haben, aufgrund von Unternehmensfusionen oder anderen radikalen strukturellen Veränderungen ihren Arbeitsplatz zu verlieren. Diese Angst erzeugt einen starken Widerstand gegen Veränderungen, und daher ist der Aufbau von Vertrauen ein wesentliches Element in einem erfolgreichen Emergenzprozess.

Das Problem besteht darin, dass die Menschen auf allen Ebenen der Organisation erfahren wollen, welche konkreten Ergebnisse sie vom Veränderungsprozess erwarten können, während die Manager selbst nicht wissen, was dabei herauskommen wird. In dieser chaotischen Phase neigen viele Manager zur Zurückhaltung, statt aufrichtig und offen zu kommunizieren, was zur Folge hat, dass Gerüchte kursieren und niemand weiß, welchen Informationen zu trauen ist.

In dieser Situation ist die Erzeugung von Vertrauen eine wesentliche Führungsqualität. Erfahrene Führungskräfte werden ihren Mitarbeitern offen und oft erklären, welche Aspekte der Veränderungen klar und welche noch immer ungewiss sind. Sie werden versuchen, den Prozess transparent zu machen, auch wenn die Ergebnisse nicht im Voraus bekannt sind.

Während des Veränderungsprozesses können zwar einige der alten Strukturen zusammenbrechen, aber wenn das Klima der

Unterstützung und die Rückkopplungsschleifen in den Kommunikationsnetzwerken Bestand haben, werden wahrscheinlich neue und sinnvollere Strukturen entstehen. Wenn das geschieht, empfinden die Menschen das oft als ein Wunder und erleben ein Hochgefühl, und nun besteht die Rolle der Führungskraft darin, diese Emotionen zu akzeptieren und Anlässe zum Feiern zuzulassen.

Führer, die die Emergenz ermöglichen, müssen sich der Dynamik in all diesen Stadien bis ins Detail bewusst sein. Am Ende müssen sie imstande sein, das entstandene Neue zu erkennen, es zu artikulieren und in die Organisationsplanung einzubeziehen. Nicht alle emergenten Lösungen sind jedoch realisierbar, und daher muss eine Kultur, die die Emergenz begünstigt, auch die Freiheit einschließen, Fehler zu begehen. In einer solchen Kultur wird das Experimentieren gefördert, und das Lernen wird genauso geschätzt wie der Erfolg.

Da Macht in allen sozialen Strukturen verkörpert ist, wird die Emergenz neuer Strukturen immer die Machtverhältnisse verändern. Ja, der Prozess der Emergenz in Gemeinschaften ist auch ein Prozess der kollektiven Ermächtigung. Führer, die die Emergenz ermöglichen, benutzen ihre eigene Macht dazu, andere zu ermächtigen. Das kann zu einer Organisation führen, in der die Macht wie das Führungspotenzial weit verbreitet sind. Dies bedeutet nicht, dass mehrere Einzelne die Führung gleichzeitig übernehmen, sondern dass unterschiedliche Führer sich melden, wenn sie gebraucht werden, um die verschiedenen Emergenzstadien zu ermöglichen. Die Erfahrung zeigt allerdings, dass es Jahre dauert, diese Art von verteilter Führung zu entwickeln.

Zuweilen wird behauptet, der Bedarf an kohärenten Entscheidungen und Strategien erfordere eine höchste Machtebene. Viele Unternehmensführer haben jedoch darauf hingewiesen, dass eine kohärente Strategie entsteht, wenn leitende Angestellte sich an einem fortwährenden Gesprächsprozess beteiligen. Dazu Arie de Geus: «Entscheidungen wachsen im Mutterboden des formellen und informellen Gesprächs – manchmal sind sie strukturiert (wie in Vorstandssitzungen und im Budgetprozess), manchmal technischer Natur (der Umsetzung spezieller Pläne oder Praktiken gewidmet) und manchmal ad hoc.»[63]

Das Verständnis von menschlichen Organisationen als Cluster von lebenden Gemeinschaften führt uns zu der Schlussfolgerung, dass die Kunst des Managements – das Steuern einer Organisation – mit der Erzeugung sinnvoller Störungen und dem Ermöglichen der Emergenz von Neuem verbunden ist. Unterschiedliche Situationen erfordern unterschiedliche Arten von Führung. Zuweilen müssen informelle Netzwerke und Rückkopplungsschleifen eingeführt werden; dann wieder brauchen die Menschen feste Rahmenbedingungen mit eindeutigen Zielen und Zeitrahmen, innerhalb derer sie sich selbst organisieren können. Ein erfahrener Führer wird die Situation nüchtern abschätzen, nötigenfalls das Kommando übernehmen, aber dann flexibel genug sein, um wieder loszulassen. Es liegt auf der Hand, dass eine solche Führung die unterschiedlichsten Fähigkeiten erfordert, so dass viele Handlungswege beschritten werden können.

Wie Organisationen mit Leben erfüllt werden können

Wenn menschliche Organisationen mit Leben erfüllt werden, indem ihre Praxisgemeinschaften ermächtigt werden, erhöht das nicht nur ihre Flexibilität, ihre Kreativität und ihr Lernpotenzial, sondern es stärkt auch die Würde und Menschlichkeit der Leute in der Organisation, wenn sie sich mit diesen Eigenschaften in sich verbinden. Mit anderen Worten: Die Konzentration auf das Leben und die Selbstorganisation ermächtigt das Selbst. Es schafft geistig und emotional gesunde Arbeitsplätze, an denen die Menschen das Gefühl haben, in dem Bemühen, ihre eigenen Ziele zu erreichen, unterstützt zu werden, und ihre Integrität nicht opfern zu müssen, um die Ziele der Organisation zu verwirklichen.

Ein Problem besteht allerdings darin, dass menschliche Organisationen nicht nur lebende Gemeinschaften, sondern auch soziale Institutionen sind, die auf spezielle Zwecke ausgerichtet sind und in einem speziellen Wirtschaftsumfeld funktionieren. Heutzutage ist dieses Umfeld nicht lebensbereichernd, sondern in zunehmendem Maß Leben zerstörend. Je mehr wir das Wesen des Lebens verstehen und uns bewusst werden, wie lebendig eine Organisation sein kann, desto schmerzlicher stellen wir fest, wie lebensfeindlich unser derzeitiges Wirtschaftssystem ist.

Wenn Aktionäre und andere außen stehende Gruppen die «Gesundheit» eines Unternehmens beurteilen, erkundigen sie sich im Allgemeinen nicht nach der Lebendigkeit seiner Gemeinschaften, der Integrität und dem Wohlbefinden seiner Mitarbeiter und der ökologischen Nachhaltigkeit seiner Produkte. Sie fragen nach den Profiten, dem Shareholder-Value, den Marktanteilen und anderen ökonomischen Parametern – und sie werden jeden nur möglichen Druck ausüben, um sich eine rasche Rendite ihrer Investitionen zu sichern, ohne Rücksicht auf die langfristigen Folgen für das Unternehmen, das Wohlbefinden seiner Mitarbeiter oder die allgemeinen sozialen Auswirkungen und die Folgen für die Umwelt.

Dieser wirtschaftliche Druck wird mit Hilfe immer raffinierterer Informations- und Kommunikationstechnologien ausgeübt, die einen tiefen Konflikt zwischen der biologischen Zeit und der Computerzeit bewirken. Neues Wissen entsteht, wie wir gesehen haben, aus chaotischen Emergenzprozessen, die Zeit brauchen. Kreativ zu sein heißt, in der Lage zu sein, sich bei aller Ungewissheit und Verwirrung zu entspannen. In den meisten Unternehmen wird das immer schwieriger, weil sich die Dinge viel zu schnell bewegen. Die Menschen haben das Gefühl, kaum noch Zeit für stilles Nachdenken zu haben, und da das reflexive Bewusstsein eines der definierenden Merkmale der menschlichen Natur ist, sind die Auswirkungen zutiefst entmenschlichend.

Die ungeheure Arbeitsbelastung heutiger leitender Angestellter ist eine weitere direkte Folge des Konflikts zwischen biologischer Zeit und Computerzeit. Ihre Arbeit wird zunehmend von Computern bestimmt, und bei dem derzeitigen Fortschritt der

Computertechnik arbeiten diese Maschinen immer schneller und sparen somit immer mehr Zeit. Was mit dieser gesparten Zeit anzufangen ist, ist eine Wertfrage. Sie kann auf die Menschen in der Organisation verteilt werden – so dass sie Zeit haben, nachzudenken, sich selbst zu organisieren, sich zu vernetzen und zu informellen Gesprächen zu versammeln – oder der Organisation entzogen und für ihre Spitzenmanager und Aktionäre in Gewinne umgewandelt werden, indem man die Menschen mehr arbeiten lässt und so die Produktivität des Unternehmens erhöht. Leider haben sich die meisten Unternehmen in unserem so viel gerühmten Informationszeitalter für die zweite Möglichkeit entschieden. Folglich nimmt der Reichtum an der Spitze des Unternehmens zu, während unten tausende von Arbeitnehmern aufgrund der anhaltenden Manie des Rationalisierens und Fusionierens entlassen werden und die verbliebenen Mitarbeiter (einschließlich der Spitzenkräfte selbst) gezwungen sind, immer härter zu arbeiten.

Die meisten Fusionen gehen mit dramatischen und raschen strukturellen Veränderungen einher, auf die die Menschen überhaupt nicht vorbereitet sind. Akquisitionen und Fusionen finden zum Teil deshalb statt, weil große Unternehmen Zugang zu neuen Märkten gewinnen und Wissen oder Technologien, die von kleineren Unternehmen entwickelt wurden, zukaufen wollen (in der irrigen Annahme, sie könnten den Lernprozess abkürzen). Doch zunehmend erfolgen Fusionen vor allem deshalb, weil das Unternehmen auf diese Weise größer und damit weniger anfällig dafür wird, selbst geschluckt zu werden. In den meisten Fällen kommt es zu einer überaus problematischen Fusion von zwei unterschiedlichen Unternehmenskulturen, die offenbar keine Vorteile im Sinne einer größeren Effizienz oder höherer Profite bringt, sondern zu langwierigen Machtkämpfen, ungeheurem Stress, Existenzängsten und damit zu einem tiefen Misstrauen hinsichtlich struktureller Veränderungen führt.[64]

Es ist offenkundig, dass sich die Hauptmerkmale der heutigen Wirtschaftswelt – globaler Wettbewerb, turbulente Märkte,

Unternehmensfusionen mit rapiden strukturellen Veränderungen, zunehmende Arbeitsbelastung und Forderung nach ständiger Erreichbarkeit via E-Mail und Handy – miteinander verbinden und eine Situation schaffen, die für die Menschen und Organisationen höchst anstrengend und zutiefst ungesund ist. In diesem Unternehmensklima ist es oft schwierig, an der Vision einer Organisation festzuhalten, die lebendig, kreativ und am Wohlbefinden ihrer Mitglieder und der lebendigen Welt insgesamt interessiert ist. Wenn wir unter Stress stehen, neigen wir dazu, zu alten Formen des Handelns zurückzukehren. Wenn in einer chaotischen Situation alles drunter und drüber geht, versuchen wir, die Dinge in den Griff zu bekommen und das Kommando zu übernehmen. Diese Neigung ist besonders stark unter Managern ausgeprägt, die es gewohnt sind, dass Dinge erledigt werden, und gern Kontrolle ausüben.

Paradoxerweise jedoch bedarf die gegenwärtige Wirtschaftswelt, mit ihren Turbulenzen und Komplexitäten und ihrer Betonung von Wissen und Lernen, in besonderem Maße der Flexibilität, Kreativität und Lernfähigkeit, die mit der Lebendigkeit der Organisation einhergehen.

Inzwischen wird dies von einer wachsenden Zahl visionärer Unternehmensführer erkannt, die ihre Prioritäten verlagern – hin zur Entwicklung des kreativen Potenzials ihrer Mitarbeiter, zur Verbesserung der Qualität der internen Gemeinschaften des Unternehmens und zur Integration der Anforderungen ökologischer Nachhaltigkeit in ihre Strategien. Weil in der heutigen turbulenten Welt gerade ein ständiges Veränderungsmanagement gebraucht wird, sind die von dieser neuen Unternehmergeneration gemanagten «lernenden Organisationen» oft sehr erfolgreich, ungeachtet der gegenwärtigen ökonomischen Zwänge.[65]

Auf lange Sicht allerdings werden Organisationen, die wahrhaft lebendig sind, nur gedeihen können, wenn wir unser Wirtschaftssystem so verändern, dass es das Leben verbessert, statt es zu vernichten. Dies ist eine globale Frage, auf die ich auf den nächsten Seiten ausführlich eingehen werde. Wie wir sehen werden, sind die am Leben zehrenden Merkmale der Wirtschaftswelt, in der heutige Organisationen operieren müssen, nicht isoliert, sondern ausnahmslos Folgen der «neuen Wirtschaft», der New Economy, die den bestimmenden Rahmen des Lebens unserer Gesellschaft und unserer Unternehmensorganisationen bildet.

Diese neue Wirtschaft ist um Ströme von Informationen, von Macht und Reichtum in globalen finanziellen Netzwerken herum strukturiert, die auf fundamentale Weise von modernen Informations- und Kommunikationstechnologien abhängig sind.[66] Die neue Wirtschaft wird wesentlich von Maschinen gestaltet, und daher überrascht es nicht, dass das sich daraus ergebende ökonomische, soziale und kulturelle Umfeld das Leben nicht erhöht, sondern erniedrigt.

Die neue globale Wirtschaft ruft einen Widerstand hervor, der durchaus zu einer weltweiten Bewegung werden kann, die das gegenwärtige Wirtschaftssystem verändern will, indem seine Finanzströme entsprechend einem anderen Werte- und Glaubenssystem organisiert werden. Das systemische Verständnis von Leben lässt keinen Zweifel daran, dass eine derartige Veränderung nicht nur für das Wohlergehen menschlicher Organisationen, sondern auch für das nachhaltige Überleben der Menschheit insgesamt unabdingbar ist.

5

Die Netzwerke des globalen Kapitalismus

Im letzten Jahrzehnt des 20. Jahrhunderts waren sich Unternehmer, Politiker, Sozialwissenschaftler, Gemeinschaftsführer, Basisdemokraten, Bürgerrechtler, Künstler, Kulturhistoriker und ganz normale Frauen und Männer aus allen Gesellschaftsschichten darüber im Klaren, dass eine neue Welt im Entstehen begriffen ist – eine Welt, die von neuen Technologien, neuen sozialen Strukturen, einer neuen Wirtschaft und einer neuen Kultur gestaltet wird. Mit dem Begriff «Globalisierung» fasste man die außergewöhnlichen Veränderungen und die scheinbar unwiderstehliche Dynamik zusammen, die von Millionen Menschen empfunden wurden.

Mit der Gründung der Welthandelsorganisation (WTO) Mitte der neunziger Jahre wurde die als «freier Handel» charakterisierte ökonomische Globalisierung von Unternehmensführern und Politikern als eine neue Ordnung begrüßt, die allen Nationen zugute kommen werde, weil sie zu einer weltweiten Wirtschaftsexpansion führe, deren Nutzen alle erreichen werde. Doch schon bald wurde immer mehr Umweltschützern und basisdemokratischen Aktivisten klar, dass die von der WTO eingeführten Regeln der neuen Wirtschaft offenkundig umweltschädlich sind und eine Vielzahl von miteinander vernetzten fatalen Folgen zeitigen: soziale Desintegration, einen Niedergang der Demokratie, eine raschere und weiter reichende Zerstörung der Umwelt, die Verbreitung neuer Krankheiten und zunehmende Armut und Entfremdung.

1996 erschienen zwei Bücher, die die neue wirtschaftliche Globalisierung erstmals systemisch analysierten. Sie sind zwar in ganz unterschiedlichem Stil geschrieben, und ihre Autoren arbeiten mit ganz unterschiedlichen Methoden, aber ihr Ausgangspunkt ist der Gleiche: der Versuch, die tief greifenden Veränderungen zu verstehen, die durch die Kombination von außergewöhnlicher technologischer Innovation und globaler Einflussnahme von Unternehmen herbeigeführt werden.

The Case Against the Global Economy ist eine Sammlung von Essays von mehr als 40 basisdemokratischen Aktivisten und Gemeinschaftsführern; sie wurde von Jerry Mander und Edward Goldsmith herausgegeben und vom Sierra Club verlegt, einer der ältesten und angesehensten Umweltorganisationen in den USA.[1] Die Autoren dieses Buches repräsentieren kulturelle Traditionen aus Ländern der ganzen Welt. Die meisten sind aktiven Befürwortern eines sozialen Wandels bekannt. Ihre leidenschaftlichen Argumente gehen auf die Erfahrungen in ihren Gemeinschaften zurück und zielen auf eine Umgestaltung der Globalisierung gemäß anderen Werten und Vorstellungen ab.

The Rise of the Network Society von Manuel Castells, Professor für Soziologie an der University of California in Berkeley, ist eine glänzende Analyse der Prozesse, die der ökonomischen Globalisierung zugrunde liegen.[2] Nach Castells' Meinung müssen wir die tief reichenden systemischen Wurzeln der Welt, die derzeit entsteht, verstehen, bevor wir die Globalisierung umgestalten. «Ich vertrete die Ansicht», schreibt er im Prolog zu seinem Buch, «dass alle wichtigen Veränderungstrends, die unsere neue, verwirrende Welt ausmachen, miteinander zusammenhängen und dass wir ihre wechselseitige Beziehung verstehen können. Ja, ich glaube, dass trotz einer langen Tradition von zuweilen tragischen intellektuellen Irrtümern das Beobachten, Analysieren und Theoretisieren eine Möglichkeit ist, zur Errichtung einer anderen, besseren Welt beizutragen.»[3]

In den Jahren nach dem Erscheinen dieser Bücher gründeten einige Autoren von *The Case Against the Global Economy* das International Forum on Globalization, eine Nonprofit-Organisation, die Podiumsdiskussionen über die ökonomische Globalisierung in mehreren Ländern abhält. 1999 lieferten diese Diskussionen den philosophischen Background für die weltweite Koalition basisdemokratischer Organisationen, die erfolgreich die Konferenz der Welthandelsorganisation in Seattle blockierte und der ganzen Welt ihren Widerstand gegen die Politik und das autokratische Regime der WTO verkündete.

An der Theoriefront war Manuel Castells mit zwei weiteren Büchern aktiv, *The Power of Identity* (1997) und *End of Millenium* (1998), die das dreibändige Kompendium *The Information Age: Economy, Society and Culture* abschlossen.[4] Diese Trilogie ist ein monumentales Werk, eine reichhaltig dokumentierte Enzyklopädie, die Anthony Giddens mit Max Webers berühmtem Buch *Wirtschaft und Gesellschaft* verglich, das 1921 erschien.[5]

Castells' Werk ist so umfassend wie aufschlussreich. Im Mittelpunkt stehen die revolutionären Informations- und Kommunikationstechnologien, die in den letzten drei Jahrzehnten des 20. Jahrhunderts aufkamen. Während die industrielle Revolution die «Industriegesellschaft» hervorbrachte, bringt die informationstechnologische Revolution nun eine «Informationsgesellschaft» hervor. Und da die Informationstechnologie eine entscheidende Rolle bei der Bildung von Netzwerken als einer neuen Organisationsform menschlicher Tätigkeit in Wirtschaft, Politik, in den Medien und in nichtstaatlichen Organisationen spielt, nennt Castells die Informationsgesellschaft auch die «Netzwerkgesellschaft».

Ein weiterer bedeutender und ziemlich mysteriöser Aspekt der Globalisierung war der plötzliche Zusammenbruch des Sowjetkommunismus in den achtziger Jahren, der sich ohne das Zutun sozialer Bewegungen und ohne einen großen Krieg vollzog und für die meisten westlichen Beobachter völlig überraschend erfolgte. Nach Castells war auch dieser tief greifende geopolitische Wandel eine Folge der informationstechnologischen Revolution. In einer detaillierten Analyse des wirtschaftlichen Niedergangs der Sowjetunion vertritt Castells die These, dass die Wurzeln der Krise, die Gorbatschows Perestroika auslöste und schließlich zum Zusammenbruch der UdSSR führte, in der Unfähigkeit des sowjetischen wirtschaftlichen und politischen Systems zu suchen seien, den Übergang zu dem neuen Informationsparadigma zu steuern, das sich damals gerade in der übrigen Welt verbreitete.[6]

Seit dem Niedergang des Sowjetkommunismus floriert der Kapitalismus in der ganzen Welt und durchdringt, so Castells, «Länder, Kulturen und Lebensbereiche immer stärker. Ungeachtet einer hoch differenzierten sozialen und kulturellen Landschaft ist die ganze Welt zum ersten Mal in der Geschichte nach einem großenteils gemeinsamen Set ökonomischer Regeln organisiert.»[7]

In den ersten Jahren des neuen Jahrhunderts bemühen sich Wissenschaftler, Politiker und Gemeinschaftsführer verstärkt, Wesen und Konsequenzen der Globalisierung zu verstehen. Im Jahr 2000 wurde eine Sammlung von Aufsätzen einiger der führenden Köpfe in Politik und Wirtschaft über den globalen Kapitalismus von den britischen Sozialwissenschaftlern Will Hutton und Anthony Giddens herausgegeben.[8] Im selben Jahr versammelten der tschechische Staatspräsident Václav Havel und der Friedensnobelpreisträger Elie Wiesel eine illustre Gruppe von Religionsführern, Politikern, Wissenschaftlern und Gemeinschaftsführern auf dem Prager Hradschin zum «Forum 2000», einem Symposium «über die Probleme unserer Zivilisation ... [und] die politische, menschliche und ethische Dimension der Globalisierung».[9]

In diesem Kapitel werde ich versuchen, aus den wichtigsten Überlegungen zur Globalisierung in den oben erwähnten Publikationen eine Synthese herzustellen. Dabei hoffe ich, einige eigene Erkenntnisse aus der Perspektive des neuen einheitlichen Verständnisses des biologischen und sozialen Lebens beizutragen, das ich in den ersten drei Kapiteln dieses Buches dargestellt habe. Insbesondere will ich zeigen, wie sich das Entstehen der

Globalisierung durch einen Prozess vollzogen hat, der für alle menschlichen Organisationen charakteristisch ist: das Zusammenspiel von geplanten und emergenten Strukturen.[10]

Die informationstechnologische Revolution

Das gemeinsame Merkmal der vielfachen Aspekte der Globalisierung ist ein globales Informations- und Kommunikationsnetzwerk, das auf revolutionären neuen Technologien basiert. Die informationstechnologische Revolution ist das Ergebnis einer komplexen Dynamik von Interaktionen zwischen Technik und Mensch, die synergistische Effekte auf drei Hauptgebieten der Elektronik hervorgebracht haben: Computer, Mikroelektronik und Telekommunikation. Die entscheidenden Innovationen, die das radikal neue elektronische Umfeld der neunziger Jahre schufen, vollzogen sich allesamt zwanzig Jahre früher, nämlich in den siebziger Jahren.[11]

Die Computertechnik beruht theoretisch auf der Kybernetik, die auch eine der konzeptionellen Grundlagen des neuen systemischen Verständnisses von Leben darstellt.[12] Die ersten kommerziellen Computer wurden bereits in den fünfziger Jahren produziert, und während der sechziger Jahre errang IBM seine dominierende Position in der Computerindustrie mit seinen Großrechnern. Durch die Entwicklung der Mikroelektronik in den folgenden Jahren veränderte sich dieses Bild dramatisch. Das begann mit der Erfindung und der anschließenden Miniaturisierung des so genannten integrierten Schaltkreises – einem in einen «Chip» aus Silizium eingebetteten winzigen elektronischen Schaltkreis –, der tausende von Transistoren enthalten kann, die elektrische Impulse verarbeiten.

In den frühen siebziger Jahren erfolgte in der Mikroelektronik ein gewaltiger Sprung mit der Erfindung des Mikroprozessors, der im Prinzip ein Computer auf einem Chip ist. Seither hat die Dichte (oder «Integrationskapazität») von Schaltkreisen auf diesen Mikroprozessoren phänomenal zugenommen. In den siebziger Jahren wurden tausende von Transistoren auf einen daumennagelgroßen Chip gepackt – zwanzig Jahre später waren es Millionen. Mit dem Vordringen der Mikroelektronik in unvorstellbar kleine Dimensionen erhöhte sich die Computerkapazität unaufhörlich. Und während die informationsverarbeitenden Chips immer kleiner wurden, brachte man sie praktisch in allen Maschinen und Apparaten unseres Alltagslebens unter, wo wir uns ihrer Existenz nicht einmal bewusst sind.

Die Anwendung der Mikroelektronik auf die Konstruktion von Computern führte innerhalb weniger Jahre zu einer dramatischen Verringerung von deren Größe. Die Einführung des ersten Apple-Mikrocomputers Mitte der siebziger Jahre durch zwei junge Collegeaussteiger, Steve Jobs und Stephen Wozniak, erschütterte die Vorherrschaft der alten Hauptrechner. Aber IBM reagierte darauf rasch mit der Einführung seines eigenen Mikrocomputers unter dem genialen Namen «Personal Computer (PC)», der bald zur Gattungsbezeichnung für Mikrocomputer wurde.

Mitte der achtziger Jahre brachte Apple den ersten Macintosh heraus, mit seiner benutzerfreundlichen Technologie mit Icons und Maus. Gleichzeitig kreierten zwei weitere Collegeaussteiger, Bill Gates und Paul Allen, die erste PC-Software und gründeten aufgrund dieses Erfolgs Microsoft, den heutigen Softwaregiganten.

Das derzeitige Stadium der informationstechnologischen Revolution wurde erreicht, als die modernen PC-Technologien und die Mikroelektronik synergistisch mit den jüngsten Errungenschaften der Telekommunikation kombiniert wurden. Die weltweite Kommunikationsrevolution hatte in den späten sechziger Jahren begonnen, als die ersten Satelliten in geostationäre Umlaufbahnen gebracht wurden und blitzschnell Signale zwischen zwei beliebigen Punkten auf der Erde übertrugen. Die heutigen Satelliten können tausende von Kommunikationskanälen gleichzeitig bedienen. Einige strahlen auch ein konstantes Signal aus, mit dessen Hilfe Flugzeuge, Schiffe und sogar einzelne Autos ihre Position mit hoher Genauigkeit bestimmen können.

Während dieser Zeit wurde die Kommunikation auf der Erdoberfläche dank entscheidender Fortschritte in der Glasfaseroptik intensiviert, die die Kapazität der Übertragungsleitungen dramatisch erhöhte. Während das erste Transatlantiktelefonkabel 1956 50 komprimierte Stimmkanäle übertrug, sind es bei den heutigen faseroptischen Kabeln über 50000. Außerdem wurde die Kommunikationsvielfalt und -vielseitigkeit durch die Verwendung einer größeren Bandbreite von elektromagnetischen Frequenzen erheblich erweitert – durch Mikrowellen, Laserübertragung und digitale Handys.

All diese Entwicklungen zusammen führten bei der Nutzung von Computern zu einer drastischen Verschiebung von der Datenspeicherung und -verarbeitung in großen, isolierten Maschinen zur interaktiven Verwendung von Mikrocomputern und zum gemeinsamen Zugriff auf Computer in elektronischen Netzwerken. Das herausragende Beispiel dieser neuen Form der interaktiven Nutzung des Computers ist natürlich das Internet, das sich in weniger als drei Jahrzehnten aus einem kleinen experimentellen Netzwerk zwischen einem Dutzend Forschungsinstituten in den USA zu einem globalen System von tausenden von miteinander verknüpften Netzwerken entwickelte, die Millionen von Computern miteinander verbinden und das Potenzial zu einer scheinbar unendlichen Expansion und Diversifikation haben. Die Entwicklung des Internets ist eine faszinierende Geschichte. Sie veranschaulicht auf höchst dramatische Weise das ständige Zusammenspiel zwischen genialer Planung und spontaner Emergenz – das Merkmal der informationstechnologischen Revolution an sich.[13]

In Europa und in den USA waren die sechziger und siebziger Jahre des 20. Jahrhunderts nicht nur eine Zeit revolutionärer technologischer Neuerungen, sondern auch sozialer Unruhen. Von der Bürgerrechtsbewegung im Süden Amerikas bis zur Free-Speech-Bewegung auf dem Campus von Berkeley, dem Prager Frühling und der Pariser Studentenrevolte («Mai 68») entwickelte sich eine weltweite «Gegenkultur», die jegliche Autorität in Frage stellte, für individuelle Freiheit und Autorisierung war und nach der spirituellen wie sozialen Bewusstseinserweiterung strebte. Auf künstlerischem Gebiet entwickelten sich viele neue Stile und Formen, die den damaligen Zeitgeist charakterisierten.

Die sozialen und kulturellen Bewegungen der sechziger und siebziger Jahre prägten nicht nur die folgenden Jahrzehnte in vielerlei Hinsicht, sondern beeinflussten auch einige der führenden Köpfe der informationstechnologischen Revolution. Als das Silicon Valley zum neuen technologischen Eldorado wurde und tausende kreative junge Geister aus der ganzen Welt anzog, entdeckten diese neuen Pioniere schon bald – wenn sie es nicht schon längst wussten –, dass die San Francisco Bay Area auch ein blühendes Zentrum der Gegenkultur war. Die Respektlosigkeit, der starke Gemeinschaftssinn und das kosmopolitische Raffinement «der Sechziger» bildeten den kulturellen Hintergrund des informellen, offenen, dezentralisierten, kooperativen und zukunftsorientierten Arbeitsstils, der für die neuen Informationstechnologien typisch wurde.[14]

Der Ursprung des globalen Kapitalismus

Das Keynesianische Modell der kapitalistischen Wirtschaft, das auf einem Gesellschaftsvertrag zwischen Kapital und Arbeit sowie auf der «Feinabstimmung» der volkswirtschaftlichen Zyklen durch zentralisierte Maßnahmen – Anheben oder Senken von Zinssätzen, niedrigere oder höhere Steuern usw. – basierte, war über mehrere Jahrzehnte nach dem Zweiten Weltkrieg überaus erfolgreich, weil es den meisten Ländern mit einer gemischten Marktwirtschaft wirtschaftlichen Wohlstand und soziale Stabilität brachte. Doch in den siebziger Jahren stieß dieses Modell an seine konzeptionellen Grenzen.[15]

Die Anhänger von Keynes' Wirtschaftslehre konzentrierten sich auf die Binnenwirtschaft, ohne Rücksicht auf internationale Wirtschaftsabkommen und ein wachsendes globales Wirtschaftsnetzwerk; sie vernachlässigten die überwältigende Macht multinationaler Unternehmen, die die Hauptakteure auf der globalen Bühne geworden waren, und last but not least ignorierten sie die sozialen und Umweltkosten wirtschaftlicher Aktivitäten, wie die meisten Ökonomen dies noch immer tun. Als es in den Industrienationen Ende der siebziger Jahre eine Ölkrise gab, zusammen mit galoppierender Inflation und massiver Arbeitslosigkeit, wurde offenkundig, welche Sackgasse das Keynesianische Wirtschaftsmodell darstellte.

Westliche Regierungen und Wirtschaftsorganisationen reagierten auf die Krise, indem sie sich dem schmerzlichen Prozess der Umstrukturierung des Kapitalismus unterzogen, während ein paralleler (aber letztlich erfolgloser) Prozess der Umstrukturierung des Kommunismus – Gorbatschows Perestroika – in der Sowjetunion stattfand. Der kapitalistische Umstrukturierungsprozess ging mit der allmählichen Auflösung des Gesellschaftsvertrags zwischen Kapital und Arbeit, mit der Deregulierung und Liberalisierung des Finanzhandels und vielen organisatorischen Veränderungen einher, mit denen Flexibilität und Anpassungsfähigkeit erhöht werden sollten.[16] Er vollzog sich pragmatisch durch Ausprobieren und wirkte sich ganz unterschiedlich in den einzelnen Ländern aus – von den verheerenden Folgen der «Reaganomics» auf die US-Wirtschaft und vom Widerstand gegen den Abbau des Wohlfahrtsstaats in Westeuropa bis zur erfolgreichen Mischung von Hochtechnologie, Wettbewerb und Kooperation in Japan. Schließlich zwang die kapitalistische Umstrukturierung den Ländern der sich entwickelnden globalen Wirtschaft eine gemeinsame ökonomische Disziplin auf, die von den Zentralbanken und vom Internationalen Währungsfonds durchgesetzt wurde.

All diese Maßnahmen hingen entscheidend von den neuen Informations- und Kommunikationstechnologien ab, die es ermöglichten, Kapital zwischen verschiedenen Wirtschaftssegmenten und Ländern fast augenblicklich zu transferieren und die durch rasche Deregulierung und neue Finanzideen bewirkte ungeheure Komplexität zu bewältigen. Am Ende trug die informationstechnologische Revolution zur Geburt einer neuen globalen Wirtschaft bei – eines modernisierten, flexiblen und umfassenden Kapitalismus.

Wie Castells betont, unterscheidet sich dieser neue Kapitalismus erheblich von dem Kapitalismus, der während der industriellen Revolution oder nach dem Zweiten Weltkrieg entstand. Er weist drei grundlegende Merkmale auf. Seine Wirtschaftsaktivitäten sind im Kern global, die Hauptquellen von Produktivität und Wettbewerb sind Innovation, Wissenserzeugung und Informationsverarbeitung, und dieser Neokapitalismus ist großenteils um Netzwerke von Finanzströmen herum strukturiert.

Die neue Wirtschaft

In der neuen Wirtschaft arbeitet das Kapital in Echtzeit, indem es sich rasch durch globale Finanznetzwerke bewegt. Aus diesen Netzwerken wird es in alle möglichen Wirtschaftsaktivitäten investiert, und die meisten entnommenen Profile werden wieder in das Metanetzwerk der Finanzströme zurückgeleitet. Dank ausgeklügelter Informations- und Kommunikationstechnologien kann sich das Finanzkapital rapide von einer Option zu einer anderen in einer unermüdlichen globalen Suche nach Investitionsmöglichkeiten bewegen, so dass die Profitmargen in den Finanzmärkten generell viel höher sind als bei den meisten direkten Investitionen. Somit vereinen sich alle Geldströme letztlich in den globalen Finanznetzwerken auf der Suche nach höheren Gewinnen.

Die Doppelrolle der Computer als Werkzeuge für rasche Informationsverarbeitung und für raffinierte mathematische Modelle hat dazu geführt, dass Gold und Papiergeld im Begriff sind, durch immer abstraktere Finanzprodukte abgelöst zu werden: «Future Options» (finanzielle Gewinne in der Zukunft, die durch Computerprojektionen antizipiert werden), Hedge-Fonds (hochriskante Investmentfonds, die dem Kauf und Verkauf riesiger Währungsmengen innerhalb von Minuten dienen und Gewinne durch kleine Margen abwerfen) und Derivate (Pakete diverser Fonds, die Ansammlungen tatsächlicher oder potenzieller Finanzwerte darstellen). Manuel Castells hat das so entstandene globale Casino beschrieben:

> Das gleiche Kapital pendelt zwischen einzelnen Volkswirtschaften binnen Stunden, Minuten und zuweilen sogar in Sekundenschnelle hin und her. Begünstigt von der Deregulierung ... und der Öffnung heimischer Finanzmärkte spielen starke Computerprogramme und geschickte Finanzanalytiker und Computergenies, die an den globalen Knoten eines selektiven Telekommunikationsnetzes sitzen, buchstäblich Spiele mit Milliarden von Dollars ... Diese globalen Spieler sind nicht etwa obskure Spekulanten, sondern große Investmentbanken, Pensionsfonds, multinationale Konzerne ... und offene Investmentfonds, die genau für diese finanziellen Manipulationen eingerichtet werden.[17]

Mit der zunehmenden «Virtualität» von Finanzprodukten und der immer größeren Bedeutung von Computermodellen, die auf den subjektiven Wahrnehmungen ihrer Schöpfer beruhen, hat sich die Aufmerksamkeit von Investoren von realen Profiten zum subjektiven und instabilen Kriterium des Aktienwerts hin verlagert. In der neuen Wirtschaft besteht das primäre Ziel des Spiels nicht so sehr in der Maximierung von Profiten als in der des Shareholder-Value. Langfristig wird natürlich der Wert des Unternehmens abnehmen, wenn es betrieben wird, ohne irgendwelche Gewinne zu erzielen, aber kurzfristig kann sein Wert unabhängig von seiner tatsächlichen Leistungsfähigkeit aufgrund von oft ungreifbaren «Markterwartungen» zu- oder abnehmen.

Die neuen Internetfirmen, die «Dot-Coms», die eine Zeit lang explosive Wertzuwächse verzeichneten, ohne Profit zu machen, sind das beste Beispiel für die Entkopplung von Geldverdienen und Gewinnerzielen in der neuen Wirtschaft. Andererseits haben auch die Aktienwerte gesunder Unternehmen einen dramatischen Crash erlebt, wodurch die Unternehmen in den

Ruin getrieben und Arbeitsplätze massiv abgebaut wurden – trotz anhaltender solider Leistung –, und zwar nur aufgrund von subtilen Veränderungen im Finanzumfeld der Unternehmen.

Für die Konkurrenzfähigkeit im globalen Netzwerk der Finanzströme sind die rasche Informationsverarbeitung und das für technologische Innovationen erforderliche Wissen von entscheidender Bedeutung. Dazu Castells: «Produktivität beruht im Prinzip auf Innovation, Wettbewerb auf Flexibilität . . . Die Informationstechnologie und die kulturelle Fähigkeit, sie zu nutzen, sind von wesentlicher Bedeutung [für beides].»[18]

Komplexität und Turbulenz

Der Prozess der wirtschaftlichen Globalisierung wurde bewusst geplant von den führenden kapitalistischen Ländern (den so genannten «G-7-Ländern»), von den großen multinationalen Konzernen und von den globalen Finanzinstitutionen – vor allem von der Weltbank, dem Internationalen Währungsfonds (IWF) und der Welthandelsorganisation (WTO) –, die genau für diesen Zweck geschaffen wurden.

Doch dieser Prozess verläuft alles andere als glatt. Sobald die globalen Finanznetzwerke ein gewisses Komplexitätsniveau erreicht hatten, erzeugten ihre nichtlinearen Verknüpfungen rapide Rückkopplungsschleifen, die viele unvermutete emergente Phänomene hervorriefen. Die sich daraus ergebende neue Wirtschaft ist so komplex und turbulent, dass sie sich einer konventionellen wirtschaftlichen Analyse entzieht. Anthony Giddens, Direktor der angesehenen London School of Economics, räumt daher ein: «Der neue Kapitalismus, eine der Triebkräfte der Globalisierung, ist bis zu einem gewissen Grad ein Geheimnis. Noch wissen wir nicht einmal so ganz, wie er funktioniert.»[19]

Im elektronisch betriebenen globalen Casino folgen die Finanzströme nicht einer Marktlogik. Die Märkte werden ständig manipuliert und transformiert: von computergenerierten Investmentstrategien, von subjektiven Wahrnehmungen einflussreicher Analysten, von politischen Ereignissen in irgendeinem Teil der Welt und vor allem von unvermuteten Turbulenzen, die von den komplexen Interaktionen der Kapitalströme in diesem überaus nichtlinearen System ausgelöst werden. Diese großenteils ungesteuerten Turbulenzen sind für Preisfestlegungen und Markttrends genauso wichtig wie die traditionellen Kräfte von Angebot und Nachfrage.[20]

Auf den globalen Währungsmärkten allein vollzieht sich täglich der Austausch von über zwei Billionen Dollar, und da diese Märkte weitgehend den Wert jeder nationalen Währung festlegen, tragen sie erheblich dazu bei, dass Regierungen nicht mehr imstande sind, die Wirtschaftspolitik zu steuern.[21] Aus diesem Grund haben wir in den letzten Jahren eine Reihe schwerer Finanzkrisen erlebt, von Mexiko (1994) bis zu den asiatischen Pazifikstaaten (1997), Russland (1998) und Brasilien (1999).

Große Volkswirtschaften mit starken Banken sind gewöhnlich in der Lage, finanzielle Turbulenzen mit begrenzten und vorübergehenden Schäden zu überstehen, viel kritischer jedoch ist die Situation für die so genannten «Emerging Markets» der Länder des Südens, deren Volkswirtschaften im Vergleich zu den internationalen Märkten winzig sind.[22] Wegen ihres starken Wirtschaftswachstumspotenzials sind diese Länder primäre Ziele für die Spekulanten im globalen Casino geworden, die massiv in diese Märkte investieren, ihr Geld aber beim ersten Anzeichen von Schwäche sofort zurückziehen werden.

Damit destabilisieren sie eine kleine Volkswirtschaft, lösen eine Kapitalflucht aus und führen so eine ausgewachsene Krise herbei. Damit das betroffene Land das Vertrauen der Investoren zurückgewinnt, wird es normalerweise vom IWF aufgefordert, seine Zinssätze anzuheben – mit dem verheerenden Ergebnis, dass die lokale Rezession verstärkt wird. Die jüngsten Crashs der Finanzmärkte stürzten annähernd 40 Prozent der Weltbevölkerung in eine tiefe Rezession![23]

Schuld an der Finanzkrise in Asien sollen nach Ansicht von Wirtschaftswissenschaftlern eine Reihe «struktureller Faktoren» in asiatischen Ländern gewesen sein – schwache Bankensysteme, die Einmischung von Regierungen und ein Mangel an finanzieller Transparenz. Doch Paul Volcker, der ehemalige Vorsitzende des US Federal Reserve Board, weist darauf hin, dass keiner dieser Faktoren neu oder unbekannt war und sich auch nicht plötzlich verstärkt hatte. «Es liegt doch eigentlich auf der Hand», so Volcker, «dass etwas an unseren Analysen und an unserer Reaktion nicht stimmt . . . Das Problem ist nicht regional, sondern international. Und alles deutet darauf hin, dass es systemisch ist.»[24] Nach Manuel Castells sind die globalen Finanznetzwerke der neuen Wirtschaft von Haus aus instabil. Sie erzeugen Zufallsmuster einer Informationsturbulenz, die jedes Unternehmen ebenso wie ganze Länder oder Regionen destabilisieren kann, und zwar unabhängig von ihrer wirtschaftlichen Leistungsfähigkeit.[25]

Es ist interessant, das systemische Verständnis von Leben einmal auf die Analyse dieses Phänomens anzuwenden. Die neue Wirtschaft besteht aus einem globalen Metanetzwerk komplexer technologischer und menschlicher Interaktionen, das vielfache, fern vom Gleichgewicht operierende Rückkopplungsschleifen enthält, welche eine nie enden wollende Vielfalt emergenter Phänomene produzieren. Seine Kreativität, Anpassungsfähigkeit und kognitiven Fähigkeiten erinnern gewiss an lebende Netzwerke. Doch es weist nicht die Stabilität auf, die ebenfalls eine Schlüsseleigenschaft von Leben ist. Die Informationsschaltkreise der globalen Wirtschaft operieren mit einer derartigen Geschwindigkeit und nutzen eine solche Vielzahl von Quellen, dass sie ständig auf einen Schauer von Informationen reagieren, und darum gerät das System als Ganzes außer Kontrolle.

Auch lebende Organismen und Ökosysteme können jederzeit instabil werden, aber sie werden in einem solchen Fall aufgrund der natürlichen Auslese schließlich verschwinden, und nur die Systeme, in die Stabilisierungsprozesse eingebaut sind, werden überleben. In der Welt des Menschen müssen diese Prozesse in die globale Wirtschaft durch menschliches Bewusstsein, Kultur und Politik lanciert werden. Mit anderen Worten: Wir müssen

Regulationsmechanismen entwerfen und einführen, um die neue Wirtschaft zu stabilisieren. Robert Kuttner, Herausgeber der progressiven Zeitschrift *The American Prospect*, hat es auf den Punkt gebracht: «Es steht einfach zu viel auf dem Spiel, als dass man das spekulative Kapital und die Währungsschwankungen über das Schicksal der realen Wirtschaft entscheiden lassen darf.»[26]

Der globale Markt – ein Automat

Auf der Ebene der menschlichen Existenz besteht das vielleicht alarmierendste Merkmal der neuen Wirtschaft darin, dass sie auf ganz grundlegende Weise von Maschinen gestaltet wird. Der so genannte «globale Markt» ist streng genommen überhaupt kein Markt, sondern ein Netzwerk von Maschinen, die nach einem einzigen Wert – Geld verdienen um des Geldverdienens willen – unter Ausschluss aller anderen Märkte programmiert sind. Dazu Manuel Castells:

> Der Prozess der finanziellen Globalisierung könnte darauf hinauslaufen, dass wir im Kern unserer Volkswirtschaften einen Automaten erschaffen, der auf entscheidende Weise unser Leben bestimmt. Der Alptraum der Menschheit, nämlich dass unsere Maschinen die Kontrolle über unsere Welt gewinnen, droht Wirklichkeit zu werden – nicht in der Form, dass Roboter Arbeitsplätze beseitigen oder Regierungscomputer unser Leben polizeilich überwachen, sondern in Form eines elektronischen Systems von Finanztransaktionen.[27]

Die Logik dieses Automaten ist nicht die der traditionellen Marktregeln, und die Dynamik der Finanzströme, die er in Gang setzt, entzieht sich derzeit der Kontrolle von Regierungen, Konzernen und Finanzinstitutionen, so reich und mächtig sie auch sein mögen. Doch aufgrund der großen Vielseitigkeit und Genauigkeit der neuen Informations- und Kommunikationstechnologien ist eine effektive Regulierung der globalen Wirtschaft technisch machbar. Das entscheidende Problem ist also nicht die Technik, sondern es sind die Politik und die menschlichen Werte.[28] Und diese menschlichen Werte können sich ändern – sie sind keine Naturgesetze. Wir könnten in die gleichen elektronischen Netzwerke der Finanz- und Informationsströme auch andere Werte einbauen.

Eine wichtige Folge der Konzentration auf Profite und Shareholder-Value im neuen globalen Kapitalismus ist die Manie der Unternehmensfusionen und -akquisitionen. Im globalen elektronischen Casino wird jede Aktie, die für einen höheren Profit verkauft werden kann, auch verkauft werden, und das wird die Basis des Standardszenariums für feindliche Übernahmen. Wenn ein Unternehmen ein anderes Unternehmen kaufen will, dann muss es für die Aktien des Unternehmens nur einen höheren Preis bieten. Die Legion von Brokern, deren Job es ist, ständig den Markt nach Investitions- und Profitmöglichkeiten zu durchkämmen, wird dann Kontakt zu den Aktionären aufnehmen und ihnen dringend empfehlen, ihre Aktien zu dem höheren Preis zu verkaufen.

Sobald diese feindlichen Übernahmen möglich waren, nutzten die Eigentümer großer Konzerne sie dazu, Zugang zu neuen Märkten zu gewinnen, von kleinen Unternehmen entwickelte Spezialtechnologien zu kaufen oder einfach nur, um zu wachsen und als Unternehmen Prestige zu erwerben. Die kleinen Unternehmen wiederum hatten Angst davor, geschluckt zu werden, und um sich davor zu schützen, kauften sie noch kleinere Unternehmen, um größer und somit nicht so leicht aufgekauft zu werden. Damit wurde die Fusionsmanie ausgelöst, und sie scheint noch lange nicht zu Ende zu sein. Die meisten Unternehmensfusionen verschaffen offenbar, wie wir gesehen haben, keine Vorteile in Form von größerer Effizienz oder von Gewinnen, sondern führen dramatische und rapide strukturelle Veränderungen herbei, auf die die Menschen absolut nicht vorbereitet sind, und bringen daher ungeheuren Stress und viel Elend mit sich.[29]

Die sozialen Auswirkungen

In seiner Trilogie über das Informationszeitalter wartet Manuel Castells mit einer ausführlichen Analyse der sozialen und kulturellen Auswirkungen des globalen Kapitalismus auf. Er schildert insbesondere, wie die neue «Netzwerkwirtschaft» die sozialen Beziehungen zwischen Kapital und Arbeit tief greifend umwandelt. In der globalen Wirtschaft ist das Geld fast völlig unabhängig von der Produktion und den Dienstleistungen geworden, indem es sich in die virtuelle Realität elektronischer Netzwerke geflüchtet hat. Das Kapital ist in seinem Kern global, während die Arbeit in der Regel lokal ist. Somit existieren Kapital und Arbeit zunehmend in unterschiedlichen Räumen und Zeiten: im virtuellen Raum der Finanzströme beziehungsweise im realen Raum der lokalen und regionalen Orte, an denen die Menschen Arbeit finden – in der Augenblickszeit der elektronischen Kommunikationen beziehungsweise in der biologischen Zeit des Alltagslebens.[30]

Die ökonomische Macht residiert in den globalen Finanznetzwerken, die über das Schicksal der meisten Arbeitsplätze bestimmen, während die Arbeit auf die reale Welt lokal beschränkt bleibt. Somit ist die Arbeit fragmentiert und machtlos geworden. Viele Arbeitnehmer, seien sie gewerkschaftlich organisiert oder nicht, kämpfen heute nicht für höhere Löhne oder bessere Arbeitsbedingungen, weil sie Angst haben, dass ihre Arbeitsplätze ins Ausland verlagert werden.

Während sich immer mehr Unternehmen zu dezentralisierten Netzwerken umstrukturieren – zu Netzwerken aus kleineren Einheiten, die wiederum mit Netzwerken von Lieferanten und Subunternehmern verknüpft sind –, werden die Arbeitnehmer zunehmend mittels individueller Verträge eingestellt, und damit verliert die Arbeit ihre kollektive Identität und Verhandlungsmacht. In der neuen Wirtschaft sind denn auch die traditionellen Gemeinschaften der Arbeiterklasse so gut wie verschwunden.

Castells weist außerdem darauf hin, dass man zwischen zwei

Arten von Arbeit unterscheiden muss. Ungelernte Arbeitskräfte müssen außer der Fähigkeit, Befehle zu verstehen und auszuführen, keinerlei Zugang zu Informationen und Wissen haben. In der neuen Wirtschaft gibt es in einer Vielzahl von Jobs ein ständiges Kommen und Gehen von solchen Arbeitern. Sie können jeden Augenblick ersetzt werden, entweder durch Maschinen oder durch entsprechende Arbeiter in anderen Teilen der Welt, je nach den Fluktuationen in den globalen Finanznetzwerken.

«Autodidaktische Arbeit» hingegen hat die Fähigkeit, Zugang zu höheren Bildungsebenen zu finden, Informationen zu verarbeiten und Wissen zu schaffen. In einer Wirtschaft, in der Informationsverarbeitung, Innovation und die Erzeugung von Wissen die Hauptproduktivitätsquellen sind, werden diese autodidaktischen Arbeitnehmer sehr geschätzt. Die Unternehmen würden gern langfristige, sichere Beziehungen zu ihren Kernarbeitnehmern unterhalten, um sich ihre Loyalität zu sichern und dafür zu sorgen, dass ihr stillschweigendes Wissen innerhalb der Organisation weitergegeben wird.

Als Anreiz, zu bleiben, bietet man autodidaktischen Arbeitnehmern zunehmend Aktienoptionen neben ihren Grundgehältern an, also einen Anteil an dem Wert, den das Unternehmen geschaffen hat. Dies untergräbt die traditionelle Klassensolidarität der Arbeit noch weiter. «Der Kampf zwischen diversen Kapitalisten und verschiedenen Arbeiterklassen», bemerkt Castells, «wird im fundamentaleren Gegensatz zwischen der nackten Logik von Kapitalströmen und den kulturellen Werten der menschlichen Erfahrung subsumiert.»[31]

Die neue Wirtschaft hat gewiss eine globale Elite aus Finanzspekulanten, Unternehmern und Managern in den Hightech-Industrien reich gemacht. In der obersten Schicht gibt es eine noch nie da gewesene Anhäufung von Reichtum, und der globale Kapitalismus kommt auch einigen Volkswirtschaften, besonders in asiatischen Ländern, zugute. Insgesamt jedoch sind seine sozialen und wirtschaftlichen Auswirkungen verheerend.

Aufgrund der Fragmentierung und Individualisierung der

Arbeit und des allmählichen Abbaus des Sozialstaats unter dem Druck der ökonomischen Globalisierung wird die Entwicklung des globalen Kapitalismus von zunehmender sozialer Ungleichheit und Polarisierung begleitet.[32] Die Kluft zwischen den Reichen und den Armen wird international wie innerhalb einzelner Länder immer größer. Nach dem Human Development Report der Vereinten Nationen hat sich der Unterschied im Pro-Kopf-Einkommen zwischen dem Norden und dem Süden von 5700 Dollar im Jahre 1960 auf 15 000 Dollar im Jahre 1993 fast verdreifacht. 20 Prozent der Reichsten der Weltbevölkerung gehören 85 Prozent des Kapitals, während 20 Prozent der Ärmsten (die 80 Prozent der gesamten Weltbevölkerung ausmachen) nur 1,4 Prozent gehören.[33] Das Vermögen der drei reichsten Menschen der Welt allein übersteigt das vereinte Bruttosozialprodukt aller am wenigsten entwickelten Länder und ihrer 600 Millionen Menschen.[34]

In den USA, dem reichsten und technologisch fortschrittlichsten Land der Welt, stagnierte das mittlere Familieneinkommen in den letzten drei Jahrzehnten, ja, in Kalifornien ging es in den neunziger Jahren, mitten im Hightech-Boom, sogar zurück. Die meisten Familien kommen heutzutage nur über die Runden, wenn zwei ihrer Mitglieder berufstätig sind.[35] Gleichzeitig ist anscheinend die Zunahme der Armut, insbesondere der extremen Armut, ein weltweites Phänomen. Selbst in den USA leben inzwischen 15 Prozent der Bevölkerung (einschließlich 25 Prozent aller Kinder) unterhalb der Armutsgrenze.[36] Eines der auffallendsten Merkmale der so genannten «neuen Armut» ist die Obdachlosigkeit, die in amerikanischen Städten in den achtziger Jahren sprunghaft zunahm und heute auf einem hohen Niveau verharrt.

Der globale Kapitalismus hat die Armut und die soziale Ungleichheit nicht nur durch die Umwandlung der Beziehungen zwischen Kapital und Arbeit verstärkt, sondern auch durch den Prozess des «sozialen Ausschlusses», einer direkten Folge der Netzwerkstruktur der neuen Wirtschaft. Während die Kapital- und Informationsströme weltweit Netzwerke miteinander verknüpfen, schließen sie aus diesen Netzwerken alle Populationen und Territorien aus, die auf der Suche nach finanziellem Gewinn wertlos oder nicht von Interesse sind. Infolge dieses sozialen Ausschlusses werden gewisse Segmente von Gesellschaften, Stadtgebiete, Regionen und sogar ganze Länder ökonomisch irrelevant. Dazu Castells:

> Gebiete, die aus der Sicht des Informationskapitalismus nicht wertvoll und für die herrschenden Mächte nicht von signifikantem politischen Interesse sind, werden von den Reichtums- und Informationsströmen umgangen und letztlich der grundlegenden technologischen Infrastruktur beraubt, die es uns ermöglicht, in der heutigen Welt zu kommunizieren, Innovationen zu schaffen, zu produzieren, zu konsumieren, ja, sogar zu leben.[37]

Der Prozess des sozialen Ausschlusses wird in der Trostlosigkeit amerikanischer Innenstadtghettos exemplarisch sichtbar, aber seine Auswirkungen gehen weit über Individuen, Viertel und soziale Gruppen hinaus. Auf der ganzen Welt ist ein neues Armutssegment der Menschheit entstanden, das zuweilen als Vierte Welt bezeichnet wird. Es umfasst große Gebiete auf dem Globus, wie das Afrika südlich der Sahara und verarmte ländliche Gebiete von Asien und Lateinamerika. Doch die neue Geografie des sozialen Ausschlusses erstreckt sich auf Teile jedes Landes und jeder Stadt auf der Welt.[38]

Die Vierte Welt ist von Millionen obdachloser, verarmter und oft analphabetischer Menschen bevölkert, die bezahlte Arbeiten annehmen und verlieren, wobei viele von ihnen in die Verbrechenswirtschaft abdriften. Sie machen in ihrem Leben vielfache Krisen durch, leiden unter Hunger, Krankheiten, Drogenabhängigkeit und Gefängnisstrafen – der äußersten Form des sozialen Ausschlusses. Sobald ihre Armut in Verelendung umschlägt, geraten sie leicht in eine Abwärtsspirale des Ausgegrenztseins, aus der es fast kein Entkommen mehr gibt. Manuel Castells' detaillierte Analyse dieser verheerenden sozialen Folgen der neuen Wirtschaft erhellt ihre systemische Vernetztheit und läuft auf eine vernichtende Kritik am globalen Kapitalismus hinaus.

Die ökologischen Auswirkungen

Nach der Doktrin der ökonomischen Globalisierung – auch «Neoliberalismus» oder «Washington-Konsens» genannt – werden die Freihandelsabkommen, die die WTO ihren Mitgliedsländern aufgenötigt hat, den globalen Handel verstärken; dies wird zu einer globalen Wirtschaftsexpansion führen, und das globale Wirtschaftswachstum wird die Armut reduzieren, weil seine Segnungen schließlich zu allen «hinabsickern» werden. Oder, wie Politiker und Unternehmensführer gern sagen: Die steigende Flut der neuen Wirtschaft wird allen Booten Auftrieb verleihen.

Castells' Analyse weist jedoch eindeutig nach, dass diese Logik grundlegend falsch ist. Der globale Kapitalismus beseitigt Armut und sozialen Ausschluss nicht – im Gegenteil, er verschärft sie noch. Der Washington-Konsens ist blind für diesen Effekt, weil Betriebswirtschaftler traditionell die Sozialaufgaben der Wirtschaftstätigkeit aus ihren Modellen ausschließen.[39] Genauso haben die meisten konventionellen Wirtschaftswissenschaftler die Umweltkosten der neuen Wirtschaft ignoriert – die Zunahme und Beschleunigung der globalen Umweltzerstörung, die genauso schlimm wie die sozialen Auswirkungen, wenn nicht noch schlimmer ist.

Das zentrale Anliegen der gegenwärtigen Wirtschaftstheorie und -praxis – das Streben nach anhaltendem, undifferenziertem Wirtschaftswachstum – ist eindeutig umweltschädigend, da die unbegrenzte Expansion auf einem begrenzten Planeten nur in die Katastrophe führen kann. Ja, an der Wende dieses Jahrhunderts ist es mehr als klar geworden, dass unsere wirtschaftlichen Aktivitäten der Biosphäre und dem menschlichen Leben auf eine Weise schaden, die bald irreversibel sein wird.[40] In dieser prekären Situation ist es unabdingbar, dass die Menschheit ihren Einfluss auf die natürliche Umwelt systematisch reduziert. Mutig erklärte der damalige Senator Al Gore 1992: «Wir müssen die Rettung der Umwelt zum zentralen Organisationsprinzip für die Zivilisation erheben.»[41]

Doch statt dieser Mahnung Folge zu leisten, hat die neue Wirtschaft leider unser schädliches Einwirken auf die Biosphäre erheblich verstärkt. In *The Case Against the Global Economy* vermittelt Edward Goldsmith, der Gründungsherausgeber der führenden europäischen Umweltzeitschrift *The Ecologist*, einen prägnanten Überblick über die Umweltschäden der ökonomischen Globalisierung.[42] Goldsmith veranschaulicht die Zunahme der Umweltzerstörung bei zunehmendem Wirtschaftswachstum am Beispiel von Südkorea und Taiwan. In den neunziger Jahren erzielten beide Länder erstaunliche Wachstumsraten und wurden von der Weltbank zu wirtschaftlichen Modellen für die Dritte Welt erklärt. Gleichzeitig waren die daraus resultierenden Umweltschäden verheerend.

In Taiwan beispielsweise haben Gifte aus Landwirtschaft und Industrie fast jeden großen Fluss stark verschmutzt. An manchen Stellen ist das Wasser nicht nur aller Fischbestände beraubt und als Trinkwasser ungenießbar, sondern buchstäblich brennbar. Die Schadstoffwerte der Luft sind doppelt so hoch wie in den USA; die Krebsraten haben sich seit 1965 verdoppelt, und das Land hat die höchste Zahl an Hepatitisfällen auf der ganzen Welt. Im Prinzip könnte Taiwan natürlich seinen neuen Reichtum dazu nutzen, seine Umwelt wieder in Ordnung zu bringen. Doch der Wettbewerb in der globalen Wirtschaft ist so extrem, dass Umweltvorschriften eher abgeschafft als verschärft werden, um die Kosten der Industrieproduktion zu senken.

Eine der Lehren des Neoliberalismus lautet, dass arme Länder sich zur Beschaffung von Devisen auf die Produktion von ein paar Spezialgütern für den Export konzentrieren und die meisten anderen Waren importieren sollten. Diese Betonung des Exports führt in immer mehr Ländern zum rapiden Abbau der für die Produktion von Exportgütern benötigten natürlichen

Ressourcen – zur Ableitung von Süßwasser aus lebenswichtigen Reisfeldern in Krabbenfarmen, zur Konzentration auf wasserintensive Feldfrüchte wie Zuckerrohr, was die Austrocknung von Flüssen zur Folge hat, zur Umwandlung von gutem Ackerbauland in Cash-Crop-Plantagen und zur erzwungenen Abwanderung vieler Bauern. Auf der ganzen Welt gibt es zahllose Beispiele dafür, wie die ökonomische Globalisierung die Umweltzerstörung verstärkt.[43]

Die Unterdrückung der lokalen Produktion zu Gunsten von Exporten und Importen, das Hauptanliegen der Freihandelsvorschriften der WTO, vergrößert die Entfernung «zwischen Bauernhof und Tisch» horrend. In den USA legen Lebensmittel im Durchschnitt über tausend Meilen zurück, bevor sie gegessen werden, was die Umwelt enorm belastet. Neue Autobahnen und Flughäfen zerschneiden Naturwälder, neue Häfen vernichten Sumpfgebiete und Küstenhabitate, und das erhöhte Verkehrsaufkommen verschmutzt die Luft noch mehr und verursacht häufig Schäden durch Öl und Chemikalien. Aus Studien in Deutschland geht hervor, dass der Beitrag der nichtlokalen Lebensmittelproduktion an der globalen Erwärmung zwischen sechs- und zwölfmal höher ist als der der lokalen Produktion, und zwar aufgrund erhöhter CO_2-Emissionen.[44]

Die Ökologin und Landwirtschaftsaktivistin Vandana Shiva hat darauf hingewiesen, dass sich die klimatische Instabilität und der Abbau der Ozonschicht unverhältnismäßig stärker auf den Süden auswirken, wo die meisten Regionen von der Landwirtschaft abhängig sind und schon geringe Klimaveränderungen die Lebensgrundlagen auf dem Land völlig vernichten können. Außerdem nutzen viele multinationale Unternehmen die Freihandelsvorschriften dazu, ihre ressourcenintensiven und umweltverschmutzenden Industrien in den Süden auszulagern, und damit verschlimmern sie die Umweltzerstörung noch mehr. Am Ende, so Shiva, «verlagern sich die Ressourcen von den Armen zu den Reichen, und die Umweltverschmutzung verlagert sich von den Reichen zu den Armen.»[45]

Die Zerstörung der natürlichen Umwelt in den Ländern der

Dritten Welt geht Hand in Hand mit der Demontage der traditionellen, großenteils autarken Lebensweise der ländlichen Bevölkerung, da amerikanische Fernsehprogramme und multinationale Werbeagenturen Milliarden Menschen auf der ganzen Welt Hochglanzbilder vom modernen Leben vorgaukeln, ohne zu erwähnen, dass ein Leben des endlosen materiellen Konsums höchst umweltschädlich ist. Edward Goldsmith schätzt, wenn alle Länder der Dritten Welt bis zum Jahr 2060 das Konsumniveau der USA erreichen sollten, wären die jährlichen Umweltschäden aufgrund der entsprechenden Wirtschaftsaktivitäten 220 Mal größer als heute, was geradezu unvorstellbar ist.[46]

Da das Geldverdienen der dominante Wert des globalen Kapitalismus ist, versuchen seine Repräsentanten Umweltvorschriften unter dem Deckmantel des «freien Handels» zu beseitigen, wo immer sie können, denn diese Vorschriften sind für die Erzielung von Gewinnen nur störend. Somit betreibt die neue Wirtschaft die Umweltzerstörung nicht nur dadurch, dass sie den Einfluss ihrer Operationen auf die Ökosysteme der Welt verstärkt, sondern auch, indem sie in immer mehr Ländern nationale Umweltgesetze abschafft. Mit anderen Worten: Die Umweltzerstörung ist nicht nur eine Nebenwirkung, sondern auch ein integraler Bestandteil des globalen Kapitalismus. «So gibt es eindeutig keine Möglichkeit», so Goldsmiths Schlussfolgerung, «unsere Umwelt im Kontext einer globalen Wirtschaft des ‹freien Handels› zu schützen, die sich für ein anhaltendes Wirtschaftswachstum engagiert und damit den schädlichen Einfluss unserer Aktivitäten auf eine bereits angeschlagene Umwelt verstärkt.»[47]

Die Umwandlung der Macht

Die informationstechnologische Revolution hat nicht nur eine neue Wirtschaft hervorgebracht, sondern auch traditionelle Machtverhältnisse entscheidend umgewandelt. Im Informationszeitalter stellt das Netzwerk eine wichtige Organisationsform in allen Gesellschaftsbereichen dar. Dominante soziale Funktionen werden zunehmend um Netzwerke herum organisiert, und die Beteiligung an diesen Netzwerken ist eine wesentliche Quelle von Macht. In dieser «Netzwerkgesellschaft», wie Castells sie nennt, sind die Erzeugung von neuem Wissen, die wirtschaftliche Produktivität, die politische und militärische Macht sowie die Kommunikation durch die Medien durchweg mit globalen Informations- und Reichtumsnetzwerken verknüpft.[48]

Der Aufstieg der Netzwerkgesellschaft geht Hand in Hand mit dem Niedergang des Nationalstaats als souveräner Einheit.[49] Eingebettet in globale Netzwerke von turbulenten Finanzströmen, sind die Regierungen immer weniger in der Lage, ihre nationale Wirtschaftspolitik zu kontrollieren; sie können nicht mehr die Versprechen des traditionellen Sozialstaats einlösen, sie kämpfen einen verlorenen Kampf gegen eine neue globalisierte Verbrechenswirtschaft, und damit werden ihre Autorität und ihre Legitimation zunehmend in Frage gestellt. Außerdem löst sich der Staat aufgrund der Korrumpierung des demokratischen Prozesses auch von innen her auf, da die politischen Akteure – besonders in den USA – immer mehr von Unternehmen und anderen Interessenverbänden abhängig sind, die die Wahlkampagnen der Politiker finanzieren und sich dafür eine Politik erkaufen, die ihre «Interessengemeinschaften» begünstigt.

Das Entstehen einer riesigen globalen Verbrechenswirtschaft und deren zunehmende Verflechtung mit der formellen Wirtschaft und den politischen Institutionen auf allen Ebenen ist eines der beunruhigendsten Merkmale der neuen Netzwerkgesellschaft. In ihrem verzweifelten Bemühen, sich der Ausgrenzung zu entziehen, werden Einzelne und Gruppen, die sozial ausgeschlossen sind, leichte Beute von Verbrechensorganisationen, die sich in vielen Armenvierteln eingenistet haben und eine entscheidende soziale und kulturelle Kraft in den meisten Teilen der Welt geworden sind.[50] Verbrechen sind natürlich nichts Neues. Aber die globale Vernetzung mächtiger Verbrechensorganisationen ist ein neuartiges Phänomen, das sich nachhaltig auf die wirtschaftlichen und politischen Aktivitäten auf der ganzen Welt auswirkt, wie Castells ausführlich belegt.[51]

Während der Drogenhandel den bedeutendsten Anteil an den globalen Verbrechensnetzwerken hat, spielt auch der Waffenhandel eine wichtige Rolle, neben Waren- und Menschenschmuggel, Glücksspiel, Kidnapping, Prostitution, Geld- und Dokumentenfälscherei sowie zahlreichen anderen Aktivitäten. Die Legalisierung von Drogen wäre wahrscheinlich die größte Bedrohung für das organisierte Verbrechen. Doch das internationale Verbrechertum kann sich, wie Castells ironisch bemerkt, «auf die politische Blindheit und die falsche Moral von Gesellschaften verlassen, die mit dem eigentlichen Kern des Problems nicht klar kommen: Die Nachfrage heizt das Angebot an.»[52]

Skrupellose Gewalt, wie sie oft von Auftragskillern ausgeübt wird, ist ein integraler Bestandteil der Verbrechenskultur. Genauso wichtig allerdings sind die Polizeibeamten, Richter und Politiker, die auf der Gehaltsliste der Verbrechensorganisationen stehen und die zuweilen zynisch als «Sicherheitsapparat» des organisierten Verbrechens bezeichnet werden.

Geldwäsche in Höhe von hunderten Milliarden von Dollars ist die Haupttätigkeit der Verbrechenswirtschaft. Das gewaschene Geld gelangt in die offizielle Wirtschaft durch komplexe Finanzpläne und Handelsnetzwerke, und damit wird ein destabilisierendes, aber unsichtbares Element in ein bereits instabiles System eingeführt, so dass es noch schwieriger wird, die nationale Wirtschaftspolitik zu kontrollieren. Finanzkrisen können durch kriminelle Aktivitäten in mehreren Teilen der Welt ausgelöst werden. In Lateinamerika hingegen stellt der *narcotrafico* (Drogenhandel) ein sicheres und dynamisches Segment regionaler und nationaler Wirtschaftsformen dar. Die lateinamerikanische Drogenindustrie ist nachfrage- und exportorientiert und ganz und gar internationalisiert. Im Unterschied zum Großteil des legalen Handels ist sie jedoch völlig in lateinamerikanischer Hand.

Wie die Unternehmensorganisationen in der offiziellen Wirtschaft haben sich die heutigen Verbrechensorganisationen zu Netzwerken umstrukturiert, und zwar intern wie in Beziehung zueinander. Strategische Allianzen werden zwischen kriminellen Organisationen auf der ganzen Welt gebildet, von den kolumbianischen Drogenkartellen bis zur sizilianischen Mafia, der amerikanischen Mafia und den russischen kriminellen Netzwerken. Die neuen Kommunikationstechnologien, insbesondere Handys und Laptopcomputer, werden allgemein für die Kommunikation und die Kontrolle von Transaktionen eingesetzt. Darum sind die Millionäre der russischen Mafia inzwischen in der Lage, ihre Moskauer Geschäfte online von sicheren kalifornischen Villen aus zu führen und die täglichen Operationen zu überwachen.

Nach Castells basiert die organisatorische Stärke des globalen Verbrechens auf der «Kombination von flexiblen Netzwerkbeziehungen zwischen lokalen Revieren, die in Tradition und Identität, in einem günstigen institutionellen Umfeld verwurzelt sind, und der globalen Reichweite, die strategische Allianzen bieten».[53] Castells glaubt, dass die heutigen kriminellen Netzwerke in ihrer Fähigkeit, lokale kulturelle Identität und globales Geschäft miteinander zu verbinden, wahrscheinlich fortschrittlicher sind als multinationale Konzerne.

Wenn der Nationalstaat seine Autorität und Legitimation aufgrund des Drucks der globalen Wirtschaft und der schädlichen Auswirkungen des globalen Verbrechens verliert, was wird dann an seine Stelle treten? Castells merkt an, dass sich die politische Autorität auf regionale und lokale Ebenen verlagert, und folgert daraus spekulativ, dass diese Machtdezentralisierung eine neuartige politische Organisation entstehen lassen könnte: den «Netzwerkstaat».[54] In einem sozialen Netzwerk können die einzelnen Knoten unterschiedlich groß sein, und daher wird es häufig zu politischen Ungleichheiten und asymmetrischen Machtverhältnissen kommen. Doch alle Mitglieder eines Netzwerkstaates sind voneinander abhängig. Werden politische Entscheidungen getroffen, müssen ihre Auswirkungen auf alle Mitglieder, auch die unbedeutendsten, in Betracht gezogen werden, weil sie zwangsläufig das gesamte Netzwerk betreffen werden.

Die Europäische Union ist vielleicht die eindeutigste Manifestation eines solchen neuen Netzwerkstaats. Die Regionen und Städte haben durch ihre nationalen Regierungen Zugang zum Ministerrat, und außerdem sind sie durch vielfache Partnerschaften über nationale Grenzen hinweg horizontal miteinander vernetzt. «Die Europäische Union löst die existierenden Nationalstaaten nicht ab», erklärt Castells, «sondern ist im Gegenteil ein wesentliches Instrument, um ihr Überleben unter der Bedingung zu garantieren, dass sie Teile ihrer Souveränität abgeben und dafür in der Welt mehr zu sagen haben.»[55]

Eine ähnliche Situation gibt es in der Welt der Konzerne. Heutige Konzerne werden zunehmend als dezentralisierte Netzwerke aus kleineren Einheiten organisiert; sie sind mit Netzwerken von Subunternehmern, Lieferanten und Beratern verknüpft, und Einheiten aus anderen Netzwerken gehen mit ihnen ebenfalls vorübergehende strategische Allianzen und Joint Ventures ein. In diesen Netzwerkstrukturen mit ihrer ständig sich verändernden Geometrie gibt es keine echten Machtzentren. Die Konzernmacht insgesamt allerdings hat in den letzten Jahrzehnten enorm zugenommen. Durch unaufhörliche Fusionen und Akquisitionen werden die Konzerne immer größer.

In den letzten zwanzig Jahren sind multinationale Konzerne äußerst aggressiv vorgegangen, wenn es darum ging, Subventionen aus den Regierungen der Länder herauszuholen, in denen sie operieren, und zugleich zu vermeiden, Steuern zu zahlen. Sie können skrupellos kleine Unternehmen ruinieren, indem sie deren Preise unterbieten; Informationen über potenzielle Gefahren, die in ihren Produkten lauern, halten sie routinemäßig zurück und verzerren sie, und sie sind überaus erfolgreich darin, Regierungen dazu zu bringen, Kontrollbeschränkungen durch Freihandelsabkommen zu beseitigen.[56]

Gleichwohl wäre es falsch zu glauben, einige wenige Megakonzerne würden die Welt kontrollieren. Zunächst einmal hat sich die wahre Wirtschaftsmacht zu den globalen Finanznetzwerken hin verlagert. Jedes Unternehmen hängt von dem ab, was in diesen komplexen Netzwerken passiert, die niemand kontrolliert. Heute gibt es tausende von Unternehmen, die gleichzeitig konkurrieren und kooperieren, und kein Einzelunternehmen kann die Bedingungen diktieren.[57]

Diese Verteilung der Unternehmensmacht ist eine direkte Folge der Eigenschaften sozialer Netzwerke. In einer Hierarchie ist die Ausübung von Macht ein kontrollierter, linearer Prozess. In einem Netzwerk ist sie ein nichtlinearer Prozess mit vielfachen Rückkopplungsschleifen, und die Ergebnisse lassen sich oft nicht vorhersagen. Die Folgen jeder Aktion innerhalb des Netzwerks erfassen die gesamte Struktur, und jede Aktion, die ein bestimmtes Ziel verfolgt, kann sekundäre Folgen haben, die im Widerspruch zu diesem Ziel stehen.

Es ist aufschlussreich, diese Situation mit ökologischen Netzwerken zu vergleichen. Zwar mag es den Anschein haben, dass in einem Ökosystem einige Arten mächtiger als andere sind, doch eigentlich ist der Begriff Macht hier nicht angebracht, weil nichtmenschliche Arten (außer einigen Primaten) Individuen nicht dazu zwingen, gemäß vorgefassten Zielen zu handeln. Gewiss gibt es Dominanz, aber sie wird stets innerhalb eines größeren Zusammenhangs von Kooperation ausgeübt, selbst in Raubtier-Beutetier-Beziehungen.[58]

Die mannigfaltigen Arten in einem Ökosystem bilden keine Hierarchien, wie fälschlicherweise oft behauptet wird, sondern existieren in Netzwerken, die in größeren Netzwerken nisten.[59] Doch es gibt einen entscheidenden Unterschied zwischen den ökologischen Netzwerken in der Natur und den Unternehmensnetzwerken in der menschlichen Gesellschaft. In einem Ökosystem wird kein Lebewesen aus dem Netzwerk ausgeschlossen. Jede Art, selbst das kleinste Bakterium, trägt zur Nachhaltigkeit des Ganzen bei. In der Menschenwelt von Reichtum und Macht dagegen werden große Segmente der Bevölkerung aus den globalen Netzwerken ausgegliedert und als wirtschaftlich irrelevant erachtet. Die Unternehmensmacht wirkt sich auf Individuen und Gruppen, die sozial ausgeschlossen sind, dramatisch anders aus als auf die Mitglieder der Netzwerkgesellschaft.

Die Umwandlung der Kultur

Die Kommunikationsnetzwerke, die die neue Wirtschaft gestalten, vermitteln nicht nur Informationen über Finanztransaktionen und Investitionsmöglichkeiten, sondern umfassen auch Nachrichtennetzwerke, die Künste, Wissenschaften, Unterhaltungsmedien und andere kulturelle Ausdrucksformen. Auch diese Ausdrucksformen werden durch die informationstechnologische Revolution grundlegend umgewandelt.[60]

Die Technik ermöglicht es, die Kommunikation durch das Verbinden von Tönen und Bildern mit geschriebenen und gesprochenen Worten zu einem einzelnen «Hypertext» zusammenzufassen. Da die Kultur von Netzwerken menschlicher Kommunikationen geschaffen und aufrechterhalten wird, muss sie sich mit der Umwandlung ihrer Kommunikationsmodi zwangsläufig verändern.[61] Manuel Castells behauptet sogar, dass «das Aufkommen eines neuen elektronischen Kommunikationssystems, das durch seine globale Reichweite, das Integrieren aller Kommunikationsmedien und seine potenzielle Interaktivität charakterisiert ist, im Begriff ist, unsere Kultur zu verändern, und sie für immer verändern wird».[62]

Wie die übrige Welt der Unternehmen werden die Massenmedien mehr und mehr zu globalen, dezentralisierten Netzwerkstrukturen. Diese Entwicklung wurde schon in den sechziger Jahren von dem visionären Kommunikationstheoretiker Marshall McLuhan vorhergesagt.[63] Mit seinem berühmten Aphorismus «Das Medium ist die Botschaft» definierte McLuhan das Wesen des Fernsehens und wies darauf hin, dass es aufgrund seiner Verführungskraft und seiner einflussreichen Simulation der Wirklichkeit das ideale Medium für Werbung und Propaganda sei.

In den meisten amerikanischen Haushalten erzeugen Radio und Fernsehen ein konstantes audiovisuelles Milieu, das die Zuschauer und Zuhörer mit einem nicht enden wollenden Strom von Werbebotschaften überschüttet. Ja, das gesamte Programm der amerikanischen Fernsehsender wird von ihren Werbespots finanziert und ist um sie herum organisiert, so dass die Übermittlung des wirtschaftlichen Werts des Konsumdenkens die überwältigende Botschaft des Fernsehens wird. Die Berichterstattung von den Olympischen Spielen in Sydney durch den Sender NBC war ein krasses Beispiel für einen fast nahtlosen Übergang von Werbung zu Reportage. Statt über die Olympischen Spiele zu berichten, entschied sich NBC dafür, sie für seine Zuschauer zu «produzieren», indem es die Sendungen in kurze, raffinierte Segmente verpackte, in die Werbespots so eingestreut waren, dass es oft schwierig war, zwischen Werbung und Wettbewerben zu unterscheiden. Die Bilder der teilnehmenden Sportler wurden wiederholt zu «fetzigen» Symbolen umgewandelt und tauchten dann nur ein paar Sekunden später in den Werbespots wieder auf. Am Ende beschränkte sich die tatsächliche Sportberichterstattung auf ein Minimum.[64]

Doch trotz des ständigen Sperrfeuers durch die Werbung und ungeachtet der Milliarden von Dollars, die jedes Jahr dafür ausgegeben werden, zeigen Untersuchungen immer wieder, dass die Werbung in den Medien praktisch keinen spezifischen Einfluss auf das Verhalten der Konsumenten hat.[65] Diese ziemlich verblüffende Entdeckung ist ein weiterer Beweis für die Beobachtung, dass Menschen sich, wie alle lebenden Systeme, nicht steuern, sondern nur stören lassen. Wie wir gesehen haben, gehört die Entscheidung, was man zur Kenntnis nehmen und wie man darauf reagieren will, zum eigentlichen Wesen des Lebendigseins.[66]

Damit soll nicht gesagt sein, dass die Wirkungen der Werbung unerheblich wären. Da die audiovisuellen Medien die Hauptkanäle für die soziale und kulturelle Kommunikation in den modernen Großstadtgesellschaften geworden sind, konstruieren die Menschen ihre symbolischen Bilder, Werte und Verhaltensregeln aus der von diesen Medien angebotenen inhaltlichen Vielfalt. Darum müssen die Unternehmen und ihre Produkte in den Medien präsent sein, um als Marken erkannt zu werden. Aber wie die Menschen auf einen speziellen Werbespot reagieren werden, entzieht sich der Kontrolle der Werbeagenturen.

In den letzten beiden Jahrzehnten haben neue Technologien die Welt der Medien in einem derartigen Ausmaß umgewandelt, dass viele Beobachter inzwischen glauben, dass die Ära der Massenmedien – im traditionellen Sinne von begrenzten Inhalten, die für eine homogene Masse bestimmt sind – bald zu Ende gehen wird.[67] Große Zeitungen werden heute mit einigem Abstand geschrieben, redigiert und gedruckt, wobei verschiedene, für regionale Märkte maßgeschneiderte Ausgaben gleichzeitig erscheinen. Videorekorder sind eine Hauptalternative zu den Fernsehprogrammen geworden, weil sie es ermöglichen, aufgezeichnete Filme und Fernsehsendungen zu jeder gewünschten Zeit anzuschauen. Außerdem haben sich Kabelfernsehsender, Satellitenkanäle und lokale Fernsehsender geradezu explosionsartig vermehrt.

Die Folgen dieser technologischen Neuerungen sind eine außerordentliche Vielfalt von Radio- und Fernsehprogrammen und ein entsprechender dramatischer Rückgang der Zuschauerzahlen der einzelnen Fernsehsender. In den USA verzeichneten die drei größten Fernsehsender 1980 Einschaltquoten von 90 Prozent zur besten Sendezeit, aber nur 50 Prozent im Jahre 2000, und die Quoten gehen weiter zurück. Nach Castells besteht der gegenwärtige Trend bei den Medien eindeutig in einer Abkehr von den Massenkommunikationsmedien der letzten Jahrzehnte, hin zu kundenorientierten Medien für einzelne Publikumssegmente. Sobald die Menschen in der Lage sind, ein Menü von Medienkanälen zu bekommen, das genau auf ihren Geschmack zugeschnitten ist, werden sie auch bereit sein, dafür zu bezahlen, und damit müsste die Werbung aus diesen Kanälen verschwinden, und die Qualität ihrer Programme könnte sich verbessern.[68]

Die rapide Zunahme der Pay-TV-Kanäle in den USA – HBO, Showtime, Fox Sports usw. – bedeutet nicht, dass die Konzerne die Kontrolle über das Fernsehen einbüßen würden. Zwar sind einige dieser Kanäle frei von Werbespots, dennoch werden sie von Konzernen kontrolliert, die versuchen werden, auf jede nur mögliche Weise Werbung zu betreiben. Das Internet ist das jüngste Medium für eine massive Werbung. America Online (AOL), der führende Internet-Provider, ist im Prinzip ein virtuelles Einkaufszentrum, das voller Reklame ist. AOL bietet zwar auch den Zugang zum ganzen Netz an, aber seine 20 Millionen Mitglieder verbringen 84 Prozent ihrer Zeit damit, die hauseigenen Seiten von AOL aufzurufen, und nur 16 Prozent, um im gesamten Internet zu surfen. Und durch die Fusion mit dem Medienriesen Time Warner will AOL seine Domain um ein gewaltiges Arsenal von existierenden Medieninhalten und Vertriebskanälen erweitern, so dass es seine Mitglieder den Hauptwerbetreibenden auf einer Vielfalt von Medienplattformen zur Verfügung stellen kann.[69]

Die heutige Medienwelt wird von ein paar gigantischen Multimediakonglomeraten wie AOL-Time-Warner oder ABC-Disney beherrscht, die riesige Netzwerke aus kleineren Unternehmen mit vielfältigen Vernetzungen und strategischen Allianzen sind. Damit werden die Medien, wie die Welt der Unternehmen insgesamt, noch dezentralisierter und diversifizierter, während der Gesamteinfluss der Konzerne auf das Leben der Menschen weiter zunimmt.

Die Integration aller kulturellen Ausdrucksformen in einen einzigen elektronischen Hypertext ist zwar noch nicht verwirklicht, aber die Auswirkungen einer solchen Entwicklung auf unser Wahrnehmungsvermögen lassen sich bereits anhand der gegenwärtigen Inhalte der Fernsehprogramme und ihrer Internetseiten abschätzen. Die Kultur, die wir mit unseren Kommunikationsnetzwerken erschaffen und erhalten, umfasst nicht nur unsere Werte, Überzeugungen und Verhaltensregeln, sondern gerade auch unsere Wahrnehmung der Wirklichkeit. Der Kognitionswissenschaft zufolge existieren die Menschen in ihrer Sprache. Indem wir unaufhörlich ein linguistisches Netz weben, koordinieren wir unser Verhalten und bringen so gemeinsam unsere Welt hervor.[70]

Wenn dieses linguistische Netz ein Hypertext aus Worten, Klängen, Bildern und anderen kulturellen Ausdrucksformen wird, die elektronisch vermittelt und frei von allen historischen und geografischen Bezügen sind, muss dies zwangsläufig und nachhaltig die Art und Weise beeinflussen, wie wir die Welt sehen. Castells weist darauf hin, dass wir bereits in den heutigen elektronischen Medien ein verbreitetes Verschwimmen der Wirklichkeitsebenen beobachten können.[71] Während die verschiedenen Kommunikationsmodi Codes und Symbole untereinander austauschen, sehen Nachrichtensendungen immer mehr wie Talkshows, Gerichtsprozesse wie Seifenopern und Berichte über bewaffnete Konflikte wie Actionfilme aus. Und damit wird es immer schwieriger, das Virtuelle vom Wirklichen zu unterscheiden.

Da die elektronischen Medien, insbesondere das Fernsehen, die Hauptkanäle geworden sind, über die Ideen und Werte der Öffentlichkeit vermittelt werden, spielt sich die Politik immer mehr im Raum dieser Medien ab.[72] Die Medienpräsenz ist für Politiker genauso wichtig wie für Unternehmen und ihre Produkte. In den meisten Gesellschaften werden heutzutage Politiker, die nicht in den elektronischen Medienkommunikationsnetzwerken auftreten, wahrscheinlich keine öffentliche Unterstützung finden – ja, die Mehrheit der Wähler wird sie einfach nicht kennen.

Mit dem Verschwimmen der Grenzen zwischen Nachrichten und Unterhaltung, Information und Werbung ähnelt die Politik immer mehr dem Theater. Die erfolgreichsten Politiker sind nicht mehr diejenigen, die populäre Programme haben, sondern die im Fernsehen gut rüberkommen und Symbole und kulturelle Codes geschickt zu manipulieren verstehen. Die Stilisierung von Kandidaten zu Markenartikeln – indem ihre Namen und Bilder attraktiv gemacht werden, weil man sie für die Zuschauer nachdrücklich mit verführerischen Symbolen assoziiert – ist in der Politik genauso wichtig geworden wie im Marketing der Unternehmen. Auf einer grundsätzlichen Ebene beruht politische Macht auf der Fähigkeit, Symbole und kulturelle Codes wirkungsvoll einzusetzen, um den politischen Diskurs in den Medien zu artikulieren. Laut Castells bedeutet dies, dass die Machtkämpfe des Informationszeitalters Kulturkämpfe sind.[73]

Die Frage der Nachhaltigkeit

Seit einigen Jahren werden die sozialen und ökologischen Auswirkungen der neuen Wirtschaft ausgiebig von Wissenschaftlern und Gemeinschaftsführern diskutiert. Aus ihren Analysen geht eindeutig hervor, dass der globale Kapitalismus in seiner gegenwärtigen Form offensichtlich schädlich ist und grundlegend umgestaltet werden muss. Eine derartige Umgestaltung wird inzwischen sogar von einigen «aufgeklärten Kapitalisten» befürwortet, die über die höchst instabile Beschaffenheit und das selbstzerstörerische Potenzial des derzeitigen Systems besorgt sind. Der Finanzier George Soros beispielsweise, einer der erfolgreichsten Spieler im globalen Casino, bezeichnet die neoliberale Doktrin der ökonomischen Globalisierung als «Marktfundamentalismus» und glaubt, dieser sei genauso gefährlich wie jeder andere Fundamentalismus.[74]

Darüber hinaus ist die gegenwärtige Form des globalen Kapitalismus nicht nur ökonomisch instabil, sondern auch ökologisch und sozial schädlich und daher langfristig politisch nicht aufrechtzuerhalten. In der Tat nehmen die Ressentiments gegen die ökonomische Globalisierung in allen Teilen der Welt rapide zu. Letztlich könnte das Schicksal des globalen Kapitalismus durchaus darin bestehen, wie Manuel Castells es formuliert, dass «zahlreiche Menschen auf der ganzen Welt ihn sozial, kulturell und politisch als einen Automaten ablehnen, dessen Logik ihre Menschlichkeit entweder ignoriert oder herabsetzt».[75] Wie wir sehen werden, hat diese Ablehnung womöglich schon eingesetzt.[76]

6

Die Biotechnik am Wendepunkt

Wenn wir an moderne Technologien des 21. Jahrhunderts denken, kommt uns nicht nur die Informationstechnologie in den Sinn, sondern auch die Biotechnik. Wie die informationstechnologische Revolution begann auch die «Biotechnikrevolution» mit mehreren entscheidenden Erfindungen in den siebziger Jahren und erreichte ihren vorläufigen Höhepunkt in den neunziger Jahren. Ja, zuweilen gilt die Gentechnik nur als eine spezielle Art von Informationstechnik, da es dabei um die Manipulation von genetischer «Information» geht.

Allerdings weist die diesen beiden Technologien zugrunde liegende begriffliche Systematik fundamentale und sehr interessante Unterschiede auf. Während das Verständnis und der Einsatz von Netzwerken im Mittelpunkt der informationstechnologischen Revolution stehen, basiert die Gentechnik auf einer linearen, mechanistischen Methode von «Bausteinen», und bis vor nicht allzu langer Zeit ignorierte sie die Zellnetzwerke, die von so entscheidender Bedeutung für alle biologischen Funktionen sind.[1] Es ist faszinierend zu beobachten, wie nun, zu Beginn des 21. Jahrhunderts, die jüngsten Fortschritte in der Genetik die Molekularbiologen zwingen, viele ihrer grundlegenden Begriffe in Frage zu stellen. Diese Beobachtung ist das zentrale Thema einer höchst geistreichen Bewertung der Genetik durch die Biologin und Wissenschaftshistorikerin Evelyn Fox Keller, deren Argumenten ich in diesem Kapitel nachgehen werde.[2]

Die Entwicklung der Gentechnik

Die Gentechnik, so die Molekularbiologin Mae-Wan Ho, «umfasst Methoden, mit deren Hilfe Gene aus verschiedenen Organismen isoliert, modifiziert, multipliziert und rekombiniert werden können».[3] Sie ermöglicht es Wissenschaftlern, Gene zwischen Arten zu transferieren, die sich in der Natur nie kreuzen würden – sie nehmen zum Beispiel Gene aus einem Fisch und versetzen sie in eine Erdbeere oder eine Tomate oder pflanzen menschliche Gene in Kühe oder Schafe ein und erschaffen auf diese Weise neue «transgene» Organismen.

Die Wissenschaft der Genetik erlebte einen Höhepunkt mit der Entdeckung der physikalischen Struktur der DNA und mit der «Entschlüsselung des genetischen Codes» in den fünfziger Jahren des 20. Jahrhunderts[4], aber es vergingen noch zwanzig Jahre, bis die Biologen zwei entscheidende Techniken entwickelten, die die Gentechnik ermöglichten. Die erste Technik, die so genannte «DNA-Sequenzanalyse», ermittelt die exakte Abfolge genetischer Elemente (der so genannten Nukleotidenbasen) in irgendeinem Abschnitt der DNA-Doppelhelix. Mit der zweiten Technik, dem «Gen-Spleißen», werden Stücke von DNA mit Hilfe spezieller, aus Mikroorganismen isolierter Enzyme zerschnitten und zusammengefügt.[5]

Dabei muss man wissen, dass Genetiker fremde Gene nicht direkt in eine Zelle einfügen können, und zwar aufgrund natürlicher Barrieren zwischen den Arten und anderer Schutzmechanismen, die fremde DNA zerstören oder deaktivieren. Um diese Hindernisse zu umgehen, spleißen die Wissenschaftler die fremden Gene zuerst in Viren oder virenartige Elemente ein, die gewöhnlich von Bakterien zum Austausch von Genen verwendet werden.[6] Mit Hilfe dieser so genannten «Gentransfervektoren» werden dann die fremden Gene in die ausgewählten Empfängerzellen eingeschmuggelt, wo sich die Vektoren, zusammen mit den mit ihnen gespleißten Genen, in die DNA der Zelle einfügen. Wenn alle Schritte bei dieser hoch komplexen Sequenz wie geplant funktionieren, und das kommt äußerst selten vor, ist das Ergebnis ein neuer transgener Organismus. Mit einer anderen wichtigen Genspleißtechnik werden Kopien von DNA-Sequenzen erzeugt, indem sie in Bakterien eingefügt werden (wieder über Transfervektoren), wo sie sich rasch replizieren.

Die Verwendung von Vektoren zum Einfügen von Genen aus dem Spender- in den Empfängerorganismus ist einer der Hauptgründe dafür, dass das Verfahren der Gentechnik an sich voller Risiken steckt. Um verschiedene natürliche Barrieren zu überwinden, konstruieren die Genetiker eine große Vielzahl aggressiver infektiöser Vektoren, die sich leicht mit bereits existierenden, krankheitserregenden Viren zu neuen bösartigen Arten rekombinieren lassen. In ihrem aufschlussreichen Buch *Genetic Engineering – Dream or Nightmare?* spekuliert Mae-Wan Ho darüber, ob das Auftauchen einer Fülle neuer Viren und Antibiotikaresistenzen im Laufe des letzten Jahrhunderts mit der groß angelegten Kommerzialisierung der Gentechnik im gleichen Zeitraum zusammenhängen könnte.[7]

Seit den Anfängen der Gentechnik sind sich die Wissenschaftler der Gefahren bewusst, unfreiwillig bösartige Viren- oder Bakterienarten zu erschaffen. In den siebziger und achtziger Jahren achteten sie sorgfältig darauf, dass die experimentellen transgenen Organismen, die sie erzeugten, das Labor nicht verließen, weil sie es für problematisch hielten, sie in die Umwelt auszubringen. Ja, 1975 verfasste eine Gruppe von besorgten Genetikern, die im kalifornischen Asilomar zusammenkamen, die Asilomar Declaration, die zu einem Moratorium für die Gentechnik aufrief, bis entsprechende Vorschriften und Richtlinien eingeführt worden seien.[8]

Leider wurde diese vorsichtige und verantwortungsbewusste Einstellung in den neunziger Jahren großenteils aufgegeben, als man in aberwitzigem Tempo die neu entwickelten Gentechnologien kommerzialisierte, um sie in der Medizin und Landwirtschaft anzuwenden. Zunächst wurden kleine Biotech-Firmen im Umkreis von Nobelpreisträgern an großen amerikanischen Universitäten und medizinischen Forschungszentren gegründet, und ein paar Jahre später wurden sie von großen Pharma- und Chemiekonzernen übernommen, die sich schon bald aggressiv für die Biotechnik einsetzten.

In den neunziger Jahren gab es mehrere Sensationsmeldungen von genetisch «geklonten« Tieren, etwa von dem Schaf Dolly am Roslin Institute in Edinburgh sowie von mehreren Mäusen an der University of Hawaii.[9] Inzwischen eroberte die Pflanzenbiotechnik die Landwirtschaft mit unglaublicher Geschwindigkeit. Allein in den beiden Jahren zwischen 1996 und 1998 vergrößerte sich die von transgenen Feldfrüchten bedeckte Gesamtfläche um das Zehnfache, nämlich von rund zwei Millionen auf über zwanzig Millionen Hektar.[10] Dieses massive Ausbringen genetisch modifizierter Organismen (GMOs) in die Umwelt erweiterte die bereits existierenden Probleme der Biotechnik um eine neue Kategorie ökologischer Risiken.[11] Leider werden diese Risiken von Genetikern gern abgetan, deren Wissen oder Ausbildung hinsichtlich der ökologischen Gefahren oft sehr zu wünschen übrig lässt.

Mae-Wan Ho weist darauf hin, dass die Gentechniken mittlerweile zehnmal schneller und stärker sind als vor zwanzig Jahren, und neue Züchtungen von GMOs, die ökologisch robust sein sollen, werden in großem Umfang gezielt ausgebracht. Doch obwohl die potenziellen Gefahren erheblich zugenommen haben, hat es keine weiteren gemeinsamen Aufrufe von Seiten der Genetiker für ein Moratorium mehr gegeben. Im Gegenteil – die Regulierungsbehörden haben wiederholt dem Druck der Konzerne nachgegeben und die ohnehin unzulänglichen Sicherheitsvorschriften gelockert.[12]

Als der globale Kapitalismus seinen rasanten Aufstieg in den neunziger Jahren begann, ergriff seine Mentalität, alle anderen Werte vom Wert des Geldverdienens ablösen zu lassen, auch von der Biotechnik Besitz, und inzwischen scheint sie alle ethischen Bedenken beiseite geschoben zu haben. Vielen führenden Genetikern gehören heute Biotech-Firmen, oder sie sind mit ihnen eng verbunden. Das vorrangige Motiv der Gentechnik ist nicht der Fortschritt der Wissenschaften, die Heilung von

Krankheiten oder die Ernährung der Hungrigen, sondern der Wunsch, finanziellen Gewinn in einer noch nie da gewesenen Höhe zu machen.

Das bislang größte und vielleicht am stärksten von Konkurrenzdenken geprägte Vorhaben der Biotechnik ist das Human Genome Project – der Versuch, die komplette, zehntausende von Genen enthaltene Gensequenz der Spezies Mensch zu ermitteln und zu kartieren. In den neunziger Jahren entwickelte sich dieses Unternehmen zu einem erbitterten Wettlauf zwischen einem staatlich finanzierten Projekt, das seine Entdeckungen der Öffentlichkeit zur Verfügung stellte, und einer privaten Gruppe von Risikokapitalgebern, die ihre Daten geheim hielt, um sie sich patentieren zu lassen und an Biotech-Firmen zu verkaufen. In seiner dramatischen Schlussphase wurde der Wettlauf von einem unscheinbaren Helden entschieden, einem jungen Doktoranden, der im Alleingang das entscheidende Computerprogramm schrieb, mit dessen Hilfe das öffentliche Projekt drei Tage schneller als die Konkurrenz war und damit die private Kontrolle über das wissenschaftliche Verständnis der menschlichen Gene verhinderte.[13]

Das Human Genome Project begann 1990 als Gemeinschaftsprogramm mehrerer Teams von Spitzengenetikern, das von James Watson (der zusammen mit Francis Crick die DNA-Doppelhelix entdeckt hatte) koordiniert und von der US-Regierung mit einem Kapital von drei Milliarden Dollar ausgestattet wurde. Eine grobe vollständige Kartierung erwartete man für das Jahr 2001, aber während diese Untersuchungen im Gange waren, überholte eine konkurrierende Gruppe von Genetikern, Celera Genomics, die mit höherer Rechnerleistung arbeitete und mit Risikokapital ausgestattet war, das staatlich gesponserte Projekt und ließ ihre Daten patentieren, um sich die exklusiven kommerziellen Rechte zur Manipulation menschlicher Gene zu sichern. Das öffentliche Projekt (das sich inzwischen zu einem internationalen Konsortium unter Leitung des Genetikers Francis Collins entwickelt hatte) reagierte darauf mit der täglichen Veröffentlichung seiner Entdeckungen im Internet, um dafür zu sorgen, dass sie öffentliches Eigentum wurden und somit nicht patentiert werden konnten.

Im Dezember 1999 hatte das öffentliche Konsortium zwar 400 000 DNA-Fragmente identifiziert, die meist kleiner als ein durchschnittliches Gen waren, aber man hatte keine Ahnung, wie man diese Teile zuordnen und zusammensetzen sollte – sie seien es «kaum wert, eine Sequenz genannt zu werden», wie der Konkurrent Craig Venter, Biologe und Gründer von Celera Genomics, es zu formulieren beliebte. In diesem Stadium stieß David Haussler, Informatikprofessor an der University of California in Santa Cruz, zum Konsortium. Haussner glaubte, in den gesammelten Daten gebe es genügend Informationen zur Erstellung eines speziellen Computerprogramms, das die Teile richtig zusammensetzen würde.

Doch die Arbeit schleppte sich dahin, und im Mai 2000 erklärte Haussler gegenüber einem seiner Doktoranden, James Kent, die Aussichten, vor Celera fertig zu werden, seien «düster». Wie viele Wissenschaftler war Kent sehr besorgt darüber, dass die künftige Arbeit am menschlichen Genom von Privatunternehmen kontrolliert würde, falls die Sequenzierungsdaten nicht veröffentlicht werden konnten, bevor sie patentiert wurden. Als er hörte, wie langsam das öffentliche Projekt vorankam, sagte er zu seinem Professor, er glaube, ein Assemblerprogramm mit Hilfe einer einfacheren und überlegenen Strategie schreiben zu können.

Vier Wochen später, nachdem er Tag und Nacht gearbeitet und seine Handgelenke immer wieder mit Eis gekühlt hatte, während er wie ein Wilder schrieb, hatte James Kent 10 000 Zeilen Code eingegeben und die erste Montage des menschlichen Genoms abgeschlossen. «Er ist unglaublich», berichtete Haussler der *New York Times*. «Hinter diesem Programm steckt eine ungeheure Menge Arbeit, für die ein Team von fünf oder zehn Programmierern mindestens ein halbes bis ganzes Jahr gebraucht hätte. Jim hat in vier Wochen . . . dieses außerordentlich komplexe Stück Code [allein] geschafft.»[14]

Neben diesem Assemblerprogramm, das den Spitznamen

«Goldener Weg» trug, erstellte Kent ein weiteres Programm, einen Browser, der es Wissenschaftlern ermöglichte, sich die montierte Sequenz des menschlichen Genoms zum ersten Mal und kostenlos anzusehen, ohne Celeras Datenbank zu abonnieren. Der Wettlauf um das menschliche Genom endete offiziell sieben Monate später, als das öffentliche Konsortium und die Celera-Wissenschaftler ihre Ergebnisse in derselben Woche veröffentlichten, Ersteres in *Nature* und Letztere in *Science*.[15]

Die konzeptionelle Revolution in der Genetik

Während der Wettlauf um die erste Kartierung des menschlichen Genoms in vollem Gang war, lösten gerade die Erfolge dieser Kartierungen und anderer DNA-Sequenzierungen eine konzeptionelle Revolution in der Genetik aus, die jede Hoffnung zunichte machen dürfte, dass die Kartierung des menschlichen Genoms in Bälde zu greifbaren praktischen Anwendungen führen wird. Um mit Hilfe des genetischen Wissens die Funktionsweise des Organismus beeinflussen zu können – beispielsweise Krankheiten vorzubeugen oder zu heilen –, müssen wir nicht nur wissen, wo spezifische Gene lokalisiert sind, sondern auch, wie sie funktionieren. Nach der Sequenzierung großer Abschnitte des menschlichen Genoms und nach der Kartierung der vollständigen Genome mehrerer Pflanzen- und Tierarten verlagerten die Genetiker daher natürlich ihre Aufmerksamkeit von der Genstruktur auf die Genfunktion – und dabei ging ihnen auf, wie begrenzt unser Wissen über die Funktionsweise von Genen noch immer ist. Laut Evelyn Fox Keller «haben neuere Entwicklungen in der Molekularbiologie uns eine Vorstellung davon vermittelt, wie tief die Kluft zwischen genetischer Information und biologischer Bedeutung ist».[16]

Mehrere Jahrzehnte nach der Entdeckung der DNA-Doppelhelix und des genetischen Codes glaubten die Molekularbiologen, dass das «Geheimnis des Lebens» in den Sequenzen der genetischen Elemente entlang den DNA-Strängen liege. Wenn wir diese Sequenzen identifizieren und entschlüsseln könnten, so meinten sie, würden wir die genetischen «Programme» verstehen, die alle biologischen Strukturen und Prozesse festlegen. Heutzutage glauben dies nur noch ganz wenige Biologen. Die neu entwickelten ausgeklügelten Techniken der DNA-Sequenzierung und der damit zusammenhängenden Genforschung zeigen immer deutlicher, dass die traditionellen Konzepte des «genetischen Determinismus» – einschließlich eines genetischen Programms und vielleicht sogar des Konzepts des Gens selbst – ernsthaft in Frage stehen und einer radikalen Überarbeitung bedürfen.

Die konzeptionelle Revolution, die derzeit in der Molekularbiologie stattfindet, ist eine nachdrückliche Hinwendung von der Struktur genetischer Sequenzen zur Organisation metabolischer Netzwerke, also von der Genetik zur Epigenetik. Sie ist eine Abwehr vom reduktionistischen Denken hin zum systemischen Denken. James Bailey, Genetiker am Institut für Biotechnik in Zürich, hat dies so formuliert: «Die gegenwärtige Lawine vollständiger Genomsequenzen ... macht heute eine grundlegende Neuorientierung der Biowissenschaften in Richtung Integration und Systemverhalten notwendig.»[17]

Stabilität und Veränderung

Um das ganze Ausmaß dieses konzeptionellen Wandels würdigen zu können, müssen wir uns noch einmal auf die Ursprünge der Genetik in Darwins Evolutionstheorie und Mendels Theorie der Vererbung zurückbesinnen. Als Charles Darwin seine Theorie mit den beiden Begriffen der «Zufallsvariation» (später zufällige Mutation genannt) und der natürlichen Auslese formulierte, wurde bald klar, dass Zufallsvariationen, wie Darwin sie verstand, die Entstehung neuer Merkmale bei der Evolution der Arten nicht erklären konnten. Darwin nahm wie seine Zeitgenossen an, dass die biologischen Merkmale eines Individuums eine «Mischung» der Merkmale von dessen Eltern darstellen, wobei beide Eltern mehr oder weniger gleiche Teile zu dieser Mischung beitragen. Dies bedeutete, dass der Nachwuchs eines Elternteils mit einer sinnvollen Zufallsvariation nur 50 Prozent des neuen Merkmals erben würde und nur 25 Prozent davon an die nächste Generation weitergeben könnte. Damit würde das neue Merkmal sich rasch abschwächen und hätte kaum eine Chance, sich mittels natürlicher Auslese durchzusetzen.

Die Darwinsche Evolutionstheorie führte zwar das radikal neue Verständnis von Ursprung und Umwandlung der Arten ein, das eine der herausragenden Leistungen der modernen Naturwissenschaften wurde, doch sie konnte weder das Weiterbestehen neu entwickelter Merkmale erklären noch die allgemeinere Beobachtung, dass lebende Organismen in jeder Generation stets die gleichen typischen Eigenschaften ihrer Art aufweisen, während sie wachsen und sich entwickeln. Diese bemerkenswerte Stabilität ist sogar bei bestimmten individuellen Merkmalen anzutreffen, wie etwa klar erkennbaren Familienähnlichkeiten, die häufig von Generation zu Generation getreu weitergegeben werden.

Dass seine Theorie die Konstanz ererbter Eigenschaften nicht erklären konnte, erkannte Darwin selbst als eine ernste Schwäche, die er nicht beheben konnte. Ironischerweise wurde die Lösung dieses Problems nur ein paar Jahre nach dem Erscheinen von Darwins Werk *On the Origin of Species* von Gregor Mendel entdeckt, aber mehrere Jahrzehnte bis zu ihrer Wiederentdeckung zu Beginn des 20. Jahrhunderts ignoriert. Aufgrund seiner sorgfältigen Experimente mit Gartenerbsen gelangte Mendel zu der Schlussfolgerung, dass es «Erbeinheiten» – später Gene genannt – gibt, die sich bei der Fortpflanzung nicht vermischen, sondern von Generation zu Generation weitergegeben werden, ohne ihre Identität zu verändern. Nach dieser Entdeckung konnte man davon ausgehen, dass Zufallsmutationen nicht innerhalb von ein paar Generationen verschwinden, sondern bewahrt werden, um durch natürliche Auslese entweder verstärkt oder eliminiert zu werden.

Seit der Entdeckung der tatsächlichen physikalischen Struktur der Gene durch Watson und Crick in den Fünfzigerjahren des 20. Jahrhunderts wurde die genetische Stabilität als getreue Selbstreplikation der DNA-Doppelhelix begriffen, und Mutationen galten dementsprechend als gelegentlich, aber sehr selten vorkommende zufällige Fehler innerhalb dieses Prozesses. Im Laufe der folgenden Jahrzehnte etablierte sich diesem Verständnis entsprechend das Konzept der Gene als klar zu unterscheidenden, stabilen Erbeinheiten.[18]

Doch neuere molekularbiologische Forschungen haben die Vorstellung von der genetischen Stabilität ernsthaft in Frage gestellt – und damit auch das gesamte Bild der Gene als den Urhebern des biologischen Lebens, das im populären wie im wissenschaftlichen Denken so tief verankert ist. Dazu Evelyn Fox Keller:

> Zweifellos ist die genetische Stabilität nach wie vor eine erstaunliche Eigenschaft – und sie ist ganz offensichtlich eine Eigenschaft aller bekannten Organismen. Schwierig wird es, wenn man fragt, wie diese Stabilität aufrechterhalten wird. Und diese Frage hat sich als weit komplexer erwiesen, als wir je haben vermuten können.[19]

Wenn sich die Chromosomen einer Zelle im Prozess der Zellteilung verdoppeln, teilen sich ihre DNA-Moleküle derart, dass sich die beiden Ketten der Doppelhelix trennen, und jede von ihnen dient als Schablone zur Konstruktion einer neuen komplementären Kette. Diese Selbstreplikation vollzieht sich mit erstaunlicher Treue zum Original. Die Wahrscheinlichkeit von Kopierfehlern oder Mutationen beträgt etwa eins zu zehn Milliarden!

Diese extreme Genauigkeit, der Ursprung der genetischen Stabilität, ist nicht bloß eine Folge der physikalischen Struktur der DNA. Ein DNA-Molekül an sich ist nämlich überhaupt nicht in der Lage, sich zu replizieren. Es bedarf spezieller Enzyme, damit jede Stufe des Selbstreplikationsprozesses in Gang kommt.[20] Ein bestimmtes Enzym trägt dazu bei, dass sich die beiden Elternstränge abwickeln, ein anderes verhindert, dass sich die abgewickelten Stränge wieder aufwickeln, und eine ganze Reihe weiterer Enzyme wählt die korrekten genetischen Elemente oder «Basen» für die komplementäre Bindung aus, überprüft die erst kürzlich hinzugefügten Basen auf Genauigkeit, korrigiert Fehlpaarungen und repariert zufällige Beschädigungen der DNA-Struktur. Ohne dieses ausgeklügelte System von Überwachung, Korrekturlesen und Reparatur würden Fehler im Selbstreplikationsprozess dramatisch zunehmen. Statt eine von zehn Milliarden würde nach gegenwärtigen Schätzungen eine von hundert Basen falsch kopiert werden.[21]

Diese neuesten Entdeckungen zeigen eindeutig, dass die genetische Stabilität der Struktur der DNA nicht immanent, sondern eine emergente Eigenschaft ist, die sich aus der komplexen Dynamik des gesamten Zellnetzwerks ergibt. Dazu Keller:

> Offenbar ist die Stabilität der Genstruktur also nicht ein Ausgangspunkt, sondern ein Endprodukt – das Ergebnis eines vielstimmigen dynamischen Prozesses, an dem eine Fülle von in komplexen Stoffwechselnetzwerken organisierten Enzymen beteiligt ist, die für die Stabilität des DNA-Moleküls und die Präzision seiner Replikation sorgen.[22]

Wenn sich eine Zelle repliziert, gibt sie nicht nur die neu replizierte DNA-Doppelhelix weiter, sondern auch ein ganzes Set der nötigen Enzyme sowie Membranen und andere Zellstrukturen – kurz, das gesamte Zellnetzwerk. Und damit läuft der Zellstoffwechsel weiter, ohne jemals seine selbsterzeugenden Netzwerkmuster zu stören.

Bei ihren Versuchen, die komplexe Organisation der Enzymaktivität zu verstehen, die zur genetischen Stabilität führt, mussten die Biologen in jüngster Zeit zu ihrem Erstaunen entdecken, dass die Präzision der DNA-Replikation nicht immer maximiert wird. Anscheinend gibt es Mechanismen, die Kopierfehler *aktiv erzeugen*, indem sie einige Überwachungsprozesse nicht so genau steuern. Außerdem hängt es anscheinend vom Organismus wie von den Umständen, in denen er sich befindet, ab, wann und wo Mutationsraten auf diese Weise erhöht werden.[23] In jedem lebenden Organismus gibt es ein subtiles Gleichgewicht zwischen genetischer Stabilität und «Mutabilität» – der Fähigkeit des Organismus, aktiv Mutationen zu erzeugen.

Die Regulierung der Mutabilität ist eine der faszinierendsten Entdeckungen in der gegenwärtigen Genforschung. Laut Keller ist dies einer der «heißesten Forschungsgegenstände der Molekularbiologie». Mit «den jetzt verfügbaren neuen Analysetechniken», erklärt sie, «ließen sich viele Aspekte der an dieser Regulation beteiligten biochemischen Maschinerie aufklären. Doch mit jedem weiteren Aufklärungsschritt wird das Bild durch die zunehmende Detailfülle immer komplexer.»[24]

Wie auch immer die spezifische Dynamik dieser Regulierung beschaffen sein mag – die genetische Mutabilität jedenfalls hat für unser Verständnis der Evolution ungeheure Folgen. Nach der konventionellen neodarwinistischen Anschauung gilt die DNA als in sich stabiles Molekül, das gelegentlichen Zufallsmutationen unterworfen ist, und die Evolution kommt dementsprechend durch puren Zufall in Gang, gefolgt von der natürlichen Auslese.[25] Die neuen Entdeckungen der Genetik werden die Biologen dazu zwingen, sich die radikal andere Vorstellung zu Eigen zu machen, dass Mutationen vom epigenetischen Netzwerk der Zelle aktiv erzeugt und reguliert werden und dass die Evolution somit ein integraler Bestandteil der Selbstorganisation lebender Organismen ist. Oder, um es mit den Worten des Molekularbiologen James Shapiro zu sagen:

> Diese molekularen Erkenntnisse führen zu neuen Konzepten davon, wie Genome organisiert und reorganisiert sind, was für das Denken über die Evolution eine ganze Reihe von Möglichkeiten eröffnet. Statt dass wir darauf beschränkt sind, uns einen langsamen Prozess vorzustellen, der von zufälliger, (d.h. blinder) genetischer Variation abhängt ..., steht es uns nun frei, an realistische molekulare Möglichkeiten zu denken,

> wie eine rasche Genomrestrukturierung von biologischen Rückkopplungsnetzwerken gelenkt wird.[26]

Diese neue Vorstellung von der Evolution als Teil der Selbstorganisation des Lebens wird auch durch umfangreiche Forschungen auf dem Gebiet der Mikrobiologie bestätigt. Danach sind Mutationen nur einer von drei Wegen der evolutionären Veränderung; die anderen beiden sind der Austausch von Genen zwischen Bakterien sowie der Prozess der Symbiogenese: die Erzeugung neuer Lebensformen durch die Verschmelzung unterschiedlicher Arten. Ja, die Kartierung des menschlichen Genoms in jüngster Zeit beweist, dass viele menschliche Gene aus Bakterien hervorgingen, eine weitere Bestätigung der Theorie der Symbiogenese, wie sie die Mikrobiologin Lynn Margulis vor über dreißig Jahren schon vorgetragen hat.[27] Alles in allem laufen die neueren Fortschritte in der Genetik und der Mikrobiologie auf einen dramatischen konzeptionellen Wandel in der Theorie der Evolution hinaus – von der neodarwinistischen Betonung von «Zufall und Notwendigkeit» zu einer systemischen Anschauung, die in der evolutionären Veränderung eine Manifestation der Selbstorganisation des Lebens erblickt.

Da die systemische Konzeption des Lebens die selbstorganisierende Tätigkeit lebender Organismen auch mit der Kognition gleichsetzt,[28] bedeutet dies, dass die Evolution letztlich als kognitiver Prozess verstanden werden muss. Geradezu prophetisch formulierte die Genetikerin Barbara McClintock 1983 in ihrer Dankesrede zur Verleihung des Nobelpreises:

> In Zukunft wird sich die Aufmerksamkeit zweifellos auf das Genom konzentrieren sowie – dank einer höheren Bewertung seiner Bedeutung als ein hoch empfindliches Organ der Zelle – auf die Überwachung von Genomaktivitäten und die Korrektur häufig vorkommender Fehler, auf das Aufspüren ungewöhnlicher und unerwarteter Ereignisse und auf die Reaktion auf sie.[29]

Jenseits des genetischen Determinismus

Die erste wichtige Erkenntnis, die sich aus den jüngsten Fortschritten der Genforschung ergibt, lautet also: Die Stabilität der Gene, der «Erbeinheiten», ist keine immanente Eigenschaft des DNA-Moleküls, sondern entsteht aus einer komplexen Dynamik von Zellprozessen. Wenden wir uns nun der zentralen Frage der Genetik zu: Was tun Gene eigentlich? Wie bringen sie charakteristische Erbeigenschaften und Verhaltensformen hervor? Nach der Entdeckung der DNA-Doppelhelix und des Mechanismus ihrer Selbstreplikation benötigen die Molekularbiologen ein weiteres Jahrzehnt, um eine Antwort auf diese Frage zu finden. Wieder spielten James Watson und Francis Crick bei diesen Forschungen eine führende Rolle.[30]

Vereinfacht gesagt, werden die den biologischen Formen und Verhaltensweisen zugrunde liegenden Zellprozesse von Enzymen katalysiert, und diese Enzyme werden von Genen spezifiziert. Um ein bestimmtes Enzym zu produzieren, wird die in dem entsprechenden Gen codierte Information (d.h. die Sequenz der Nukleotidenbasen entlang dem DNA-Strang) in einen komplementären RNA-Strang kopiert. Das RNA-Molekül dient als Bote, der die genetische Information zu einem Ribosom transportiert, der Zellstruktur, in der Enzyme und andere Proteine produziert werden. Im Ribosom wird die genetische Sequenz in Anweisungen für die Montage einer Sequenz von Aminosäuren, den Grundbausteinen der Proteine, übersetzt. Der berühmte genetische Code ist die genaue Entsprechung, durch die aufeinander folgende Drillinge von genetischen Basen auf dem RNA-Strang in eine Sequenz von Aminosäuren im Proteinmolekül übersetzt werden.

Nach diesen Entdeckungen schien die Antwort auf die Frage nach der Funktionsweise der Gene verblüffend einfach und elegant zu sein: Gene codieren die Enzyme, die die notwendigen Katalysatoren aller Zellprozesse sind. Somit determinieren Gene biologische Eigenschaften und Verhaltensformen, wobei jedes Gen einem spezifischen Enzym entspricht. Diese Erklärung wurde von Francis Crick als das zentrale Dogma der Molekularbiologie bezeichnet. Sie beschreibt eine lineare Kausalkette von der DNA zur RNA, zu Proteinen (Enzymen) und zu biologischen Eigenschaften. Oder, um es mit der bei Molekularbiologen beliebten griffigen Formulierung auszudrücken: «Die DNA macht die RNA, die RNA macht Protein, und die Proteine machen uns.»[31] Zum zentralen Dogma gehört die Behauptung, dass die lineare Kausalkette einen einseitigen Informationsfluss von den Genen zu den Proteinen definiert, ohne die Möglichkeit eines Feedbacks in der entgegengesetzten Richtung.

Wie wir noch sehen werden, zeigen die jüngsten Fortschritte in der Genetik, dass die vom zentralen Dogma beschriebene lineare Kette viel zu simpel ist, um die aktuellen Prozesse bei der Synthese von Proteinen zu veranschaulichen. Und die Diskrepanz zwischen der theoretischen Systematik und der biologischen Wirklichkeit ist sogar noch größer, wenn die lineare Sequenz auf ihre beiden Endpunkte, DNA und Eigenschaften, verkürzt wird, so dass das zentrale Dogma nun lautet: «Die Gene determinieren das Verhalten.» Diese Anschauung, genetischer Determinismus genannt, ist die konzeptionelle Basis der Gentechnik. Sie wird von der biotechnologischen Industrie entschieden vertreten und ständig in den populären Medien wiederholt: Sobald wir die exakte Sequenz genetischer Basen in der DNA kennen, werden wir verstehen, wie Gene Krebs, menschliche Intelligenz oder gewalttätiges Verhalten verursachen.

Der genetische Determinismus ist das dominante Paradigma in der Molekularbiologie während der letzten vier Jahrzehnte gewesen, in denen er eine ganze Reihe einflussreicher Metaphern hervorgebracht hat. So wird die DNA oft als das genetische «Programm» bzw. als die «Blaupause» des Organismus oder als «Buch des Lebens» und der genetische Code als die universale «Sprache des Lebens» bezeichnet. Mae-Wan Ho weist darauf hin, dass die ausschließliche Konzentration auf die Gene den Biologen fast den Blick auf den Organismus verstellt hat. Sie neigen dazu, den lebenden Organismus einfach als Ansammlung von Genen zu betrachten, die an sich total passiv und Zufallsmutationen und Auslesekräften in der Umwelt unterworfen ist, über die sie keine Kontrolle hat.[32]

Nach dem Molekularbiologen Richard Strohman beruht der Grundirrtum des genetischen Determinismus auf einer Verwechslung der Ebenen. Eine Theorie, die zumindest anfangs beim Verstehen des genetischen Codes – also dabei, wie Gene Information für die Produktion von Proteinen codieren – gute Dienste geleistet hat, wird auf eine Theorie des Lebens übertragen, die in den Genen die Verursacher aller biologischen Phänomene erblickt. «Wir vermischen die Ebenen in der Biologie, und das funktioniert nicht», erklärt Strohman. «Die illegitime Übertragung des genetischen Paradigmas von der relativ einfachen Ebene des genetischen Verschlüsselns und Entschlüsselns auf die komplexe Ebene des Zellverhaltens stellt einen erkenntnistheoretischen Irrweg ersten Ranges dar.»[33]

Probleme mit dem zentralen Dogma

Die Probleme mit dem zentralen Dogma wurden Ende der siebziger Jahre offenkundig, als die Biologen die Genforschung über Bakterien hinaus erweiterten. Bald fanden sie heraus, dass in höheren Organismen die einfache Entsprechung zwischen DNA-Sequenzen und Sequenzen von Aminosäuren in Proteinen nicht mehr existiert und dass man sich von dem eleganten Prinzip «ein Gen – ein Protein» verabschieden muss. Ja, es hat geradezu den Anschein, als ob die Prozesse der Proteinsynthese zunehmend komplex würden, wenn wir uns mit komplexeren Organismen befassen.

In höheren Organismen sind die Gene, die Informationen für die Produktion von Proteinen codieren, eher fragmentiert, als dass sie kontinuierliche Sequenzen bilden würden.[34] Sie bestehen aus codierenden Segmenten, zwischen die lange wiederholte nichtcodierte Sequenzen eingestreut sind, deren Funktion noch immer nicht klar ist. Der Anteil der codierenden DNA schwankt erheblich, und in manchen Organismen beträgt er nur ein bis zwei Prozent. Der Rest wird oft als «Müll-DNA» bezeichnet. Doch da die natürliche Auslese diese nichtcodierenden Segmente während der ganzen Geschichte der Evolution erhalten hat, muss man logischerweise annehmen, dass sie eine wichtige, wenn auch noch immer rätselhafte Rolle spielen.

Die durch die Kartierung des menschlichen Genoms sichtbar gewordene komplexe genetische Landschaft enthält denn auch einige faszinierende Hinweise auf die menschliche Evolution – eine Art genetischer Fossilienchronik, die aus so genannten «springenden Genen» besteht, die in unserer fernen evolutionären Vergangenheit aus ihren Chromosomen wegbrachen, sich unabhängig replizierten und dann ihre Kopien in verschiedene Abschnitte des Hauptgenoms wieder einführten. Ihre Verteilung deutet darauf hin, dass einige dieser nichtcodierenden Sequenzen vielleicht zur Gesamtregulierung der genetischen Aktivität beitragen.[35] Mit anderen Worten: Sie sind überhaupt kein «Müll».

Wenn ein fragmentiertes Gen in einen RNA-Strang kopiert wird, muss die Kopie erst bearbeitet werden, bevor die Herstellung des Proteins beginnen kann. Dabei kommen spezielle Enzyme ins Spiel, die die nichtcodierenden Segmente entfernen und dann die verbleibenden codierenden Segmente zusammenspleißen, damit sie ein «reifes» Transkript bilden. Mit anderen Worten: Die Boten-RNA wird auf dem Weg zur Proteinsynthese bearbeitet.

Wie sich herausgestellt hat, ist dieser Bearbeitungsprozess nicht einzigartig. Die codierenden Sequenzen können nämlich auf mehr als eine Weise zusammengespleißt werden, und jedes «alternative Spleißen» wird ein anderes Protein ergeben. So können aus der gleichen primären genetischen Sequenz viele unterschiedliche Proteine produziert werden, nach gegenwärtigen Schätzungen zuweilen mehrere hundert.[36] Wir müssen uns also von der Vorstellung verabschieden, dass jedes Gen zur Produktion eines spezifischen Enzyms (oder eines anderen Proteins) führt. Welches Enzym produziert wird, lässt sich nicht mehr von der genetischen Sequenz in der DNA ableiten. Dazu Evelyn Fox Keller:

> [Von] der komplexen Regulationsdynamik der gesamten Zellen ... und nicht vom Gen kommt in Wirklichkeit das Signal (oder kommen die Signale), die das spezifische Muster festlegen, nach dem das endgültige Transkript gebildet wird. Eben die Struktur dieser Signalpfade zu entwirren, ist zu einer wesentlichen Aufgabe der heutigen Molekularbiologie geworden.[37]

Eine weitere Überraschung stellt die Entdeckung dar, dass die regulierende Dynamik des Zellnetzwerks nicht nur darüber entscheidet, welches Protein aus einem bestimmten fragmentierten Gen produziert wird, sondern auch, wie dieses Protein funktionieren wird. Seit einiger Zeit weiß man, dass ein Protein ganz unterschiedlich funktionieren kann, je nach seinem Kontext. Inzwischen haben Wissenschaftler entdeckt, dass die komplexe dreidimensionale Struktur eines Proteinmoleküls von einer Vielzahl von Zellmechanismen verändert werden kann und dass diese Veränderungen auch die Funktion des Moleküls verändern.[38] Kurz, die Zelldynamik kann zum Entstehen vieler Proteine aus einem einzigen Gen und von vielen Funktionen aus einem einzigen Protein führen – und das hat mit der linearen Kausalkette des zentralen Dogmas denn doch recht wenig zu tun.

Wenn wir uns von einem einzelnen Gen dem gesamten Genom und entsprechend von der Produktion eines Proteins der Erzeugung des ganzen Organismus zuwenden, stoßen wir auf eine andere Reihe von Problemen mit dem genetischen Determinismus. Wenn sich Zellen beispielsweise im Laufe der Entwicklung eines Embryos teilen, erhält jede neue Zelle genau das gleiche Set von Genen, und doch spezialisieren sich die Zellen auf ganz unterschiedliche Weise, indem sie Muskelzellen werden, Blutzellen, Nervenzellen, und so weiter. Die Entwicklungsbiologen haben vor vielen Jahrzehnten aus dieser Beobachtung geschlossen, dass sich die Zellarten voneinander unterscheiden, und zwar nicht, weil sie verschiedene Gene enthalten, sondern weil verschiedene Gene in ihnen aktiv sind. Mit anderen Worten: Die Struktur des Genoms ist in all diesen Zellen die Gleiche, aber die Muster der Gentätigkeit sind verschieden. Die Frage lautet somit: Was verursacht die Unterschiede in der Gentätigkeit oder «Genexpression», wie der Fachbegriff lautet? Dazu Keller: «Gene wirken nicht einfach: Sie müssen aktiviert (oder inaktiviert) werden.»[39] Sie werden in einer Reaktion auf spezifische Signale ein- und ausgeschaltet.

Ähnlich verhält es sich, wenn wir die Genome unterschiedlicher Arten miteinander vergleichen. Vor kurzem hat die Genforschung überraschende Ähnlichkeiten zwischen den Genomen von Menschen und Schimpansen nachgewiesen, ja sogar zwischen denen von Menschen und Mäusen. Inzwischen glauben die Genetiker denn auch, dass die körperliche Grundstruktur im gesamten Tierreich aus ganz ähnlichen Gensets aufgebaut ist.[40] Und doch entsteht eine große Vielfalt radikal unterschiedlicher Lebewesen. Auch hier beruhen die Unterschiede anscheinend auf den Mustern der Genexpression.

Um das Problem der Genexpression zu lösen, haben die Molekularbiologen François Jacob und Jacques Monod Anfang der sechziger Jahre den Unterschied zwischen «Strukturgenen» und «Regulatorgenen» eingeführt. Die Strukturgene, behaupteten sie, würden die Codes für Proteine liefern, während die Regulatorgene die Raten der DNA-Transkription steuern und damit die Genexpression regulieren würden.[41]

Indem sie annahmen, dass diese Regelmechanismen ihrerseits genetisch bedingt seien, gelang es Jacob und Monod, sich weiterhin an das Paradigma des genetischen Determinismus zu halten, und darauf wiesen sie ausdrücklich hin, indem sie den Prozess der biologischen Entwicklung mit Hilfe der Metapher des «genetischen Programms» beschrieben. Da sich zur selben Zeit die Informatik als aufregende Avantgardedisziplin etablierte, fand die Metapher des genetischen Programms großen

Anklang, und rasch erklärte man die biologische Entwicklung vor allem auf diese Weise.

Die spätere Forschung hat allerdings gezeigt, dass das «Programm» zur Aktivierung der Gene nicht im Genom, sondern im epigenetischen Netzwerk der Zelle angesiedelt ist. So hat man eine Reihe von Zellstrukturen ermittelt, die an der Regulierung der Genexpression beteiligt sind. Dazu gehören strukturelle Proteine, Hormone, Netzwerke von Enzymen und viele andere molekulare Komplexe. Insbesondere spielt anscheinend das so genannte «Chromatin» – eine große Anzahl von Proteinen, die mit den DNA-Strängen in den Chromosomen eng verflochten sind – eine entscheidende Rolle, da es das unmittelbare Umfeld des Genoms konstituiert.[42]

Die neueren Fortschritte in der Genetik machen zunehmend deutlich, dass alle biologischen Prozesse, an denen Gene beteiligt sind – die Präzision der DNA-Replikation, die Mutationsrate, die Transkription von codierenden Sequenzen, die Auswahl der Proteinfunktionen und die Muster der Genexpression –, von dem Zellnetzwerk reguliert werden, in das das Genom eingebettet ist. Dieses Netzwerk ist hoch nichtlinear und enthält vielfache Rückkopplungsschleifen, so dass sich die Muster der Gentätigkeit in Reaktion auf die sich verändernden Umstände ständig verändern.[43]

Die DNA ist zwar ein wesentlicher Teil des epigenetischen Netzwerks, aber sie ist nicht der einzige Verursacher biologischer Formen und Funktionen, wie es das zentrale Dogma vorsieht. Biologische Formen und Verhaltensweisen sind emergente Eigenschaften der nichtlinearen Dynamik des Netzwerks, und wir dürfen davon ausgehen, dass unser Verständnis dieser Emergenzprozesse erheblich vertieft wird, wenn die Komplexitätstheorie auf die neue Disziplin der «Epigenetik» angewendet wird. Tatsächlich verfahren gegenwärtig mehrere Biologen und Mathematiker nach dieser Methode.[44]

Die Komplexitätstheorie kann auch ein faszinierendes Phänomen der biologischen Entwicklung, das vor fast hundert Jahren von dem deutschen Embryologen Hans Driesch entdeckt wurde, in ein neues Licht rücken. Anhand einer Reihe sorgfältiger Experimente mit Seeigeleiern wies Driesch nach, dass man mehrere Zellen in den allerfrühesten Stadien des Embryos zerstören kann – und doch wird daraus noch immer ein vollständiger, reifer Seeigel entstehen.[45] In ähnlicher Weise haben neuere genetische Experimente gezeigt, dass sich der «Knockout» einzelner Gene, selbst wenn diese für wesentlich gehalten wurden, so gut wie gar nicht auf die Funktionsweise des Organismus auswirkt.[46]

Diese überaus bemerkenswerte Stabilität und Robustheit der biologischen Entwicklung bedeutet, dass Embryonen von unterschiedlichen Ausgangspunkten starten können – etwa wenn einzelne Gene oder ganze Zellen zufällig zerstört werden – und dennoch stets die gleiche reife Form erreichen werden, die für ihre Spezies charakteristisch ist. Offenkundig ist dieses Phänomen mit dem genetischen Determinismus nicht vereinbar. Die Frage lautet also, so Keller: «Was hält die Entwicklung auf Kurs?»[47]

Unter Genforschern entwickelt sich ein Konsens darüber, dass die Robustheit der biologischen Entwicklung auf eine funktionale Redundanz in Bezug auf genetische und metabolische Wege verweist. Anscheinend unterhalten die Zellen eine Vielzahl von Wegen zur Produktion wesentlicher Zellstrukturen und zur Unterstützung wesentlicher Stoffwechselprozesse.[48] Diese Redundanz garantiert nicht nur die bemerkenswerte Stabilität der biologischen Entwicklung, sondern auch eine große Flexibilität und Anpassungsfähigkeit bei unerwarteten Umweltveränderungen. Die genetische und metabolische Redundanz kann vielleicht als das Gegenstück zur biologischen Vielfalt in Ökosystemen verstanden werden. Anscheinend entwickelt das Leben eine reiche Vielfalt und Redundanz auf allen Komplexitätsebenen.

Die beobachtete genetische Redundanz steht in entschiedenem Gegensatz zum genetischen Determinismus, insbesondere zu der von dem Biologen Richard Dawkins eingeführten Metapher des «egoistischen Gens».[49] Nach Dawkins verhalten sich

Gene, als wären sie egoistisch, indem sie ständig miteinander konkurrieren, und zwar über die Organismen, die sie produzieren, um mehr Kopien von sich zu hinterlassen. Aus dieser reduktionistischen Perspektive ist die verbreitete Existenz von redundanten Genen im Hinblick auf die Evolution nicht sinnvoll. Aus der systemischen Sicht hingegen erkennen wir, dass sich die natürliche Auslese nicht auf individuelle Gene, sondern auf die Selbstorganisationsmuster des Organismus auswirkt. Dazu Keller: «... die Erhaltung des Lebenszyklus selbst ist ... zum Thema der Evolution geworden.»[50]

Die Existenz vielfacher Wege ist natürlich eine wesentliche Eigenschaft aller Netzwerke – sie kann sogar als das definierende Merkmal eines Netzwerks angesehen werden. Daher überrascht es nicht, dass die nichtlineare Dynamik (die Mathematik der Komplexitätstheorie), die für die Analyse von Netzwerken überaus geeignet ist, bedeutende Erkenntnisse über das Wesen der Robustheit und Stabilität der biologischen Entwicklung zu liefern vermag.

In der Sprache der Komplexitätstheorie ist der Prozess der biologischen Entwicklung ein ständiges Sichentfalten nichtlinearer Systeme, während sich der Embryo aus einer erweiterten Domäne von Zellen bildet.[51] Diese «Zellfläche» hat gewisse dynamische Eigenschaften, die eine Abfolge von Deformationen und Faltungen auslösen, während der Embryo entsteht. Der ganze Prozess lässt sich mathematisch durch eine Bahn im «Phasenraum» darstellen, die sich innerhalb eines «Attraktionsbeckens» zu einem «Attraktor» hin bewegt, der die Funktionsweise des Organismus in seiner stabilen adulten Form bezeichnet.[52]

Eine charakteristische Eigenschaft komplexer nichtlinearer Systeme besteht darin, dass sie eine gewisse «strukturelle Stabilität» aufweisen. Ein Attraktionsbecken kann gestört oder deformiert werden, ohne dass die Grundmerkmale des Systems verändert werden. Im Falle eines sich entwickelnden Embryos bedeutet dies, dass die Anfangsbedingungen des Prozesses einigermaßen verändert werden können, ohne dass die Entwicklung als Ganzes ernsthaft gestört wird. Somit erweist sich die Entwicklungsstabilität, die aus der Perspektive des genetischen Determinismus ziemlich mysteriös erscheint, als Folge einer ganz grundlegenden Eigenschaft komplexer nichtlinearer Systeme.

Was ist ein Gen?

Der erstaunliche Fortschritt, den die Genetiker bei ihren Bemühungen erzielt haben, bestimmte Gene zu identifizieren und zu sequenzieren sowie ganze Genome zu kartieren, macht es zunehmend zur Gewissheit, dass wir über die Gene hinausgehen müssen, wenn wir genetische Phänomene wirklich verstehen wollen. Ja, es kann durchaus sein, dass wir den Begriff des «Gens» überhaupt aufgeben müssen. Wie wir gesehen haben, sind Gene mit Sicherheit nicht die unabhängigen und eindeutigen Verursacher biologischer Phänomene, die der genetische Determinismus in ihnen sah, und selbst ihre Struktur entzieht sich anscheinend einer genauen Definition.

Die Genetiker haben sogar Mühe, sich darauf zu einigen, wie viele Gene das menschliche Genom enthält, weil der Anteil der Gene, die die Codierungen für die Aminosäuresequenzen leisten, geringer als zwei Prozent zu sein scheint. Und da diese nichtcodierenden Sequenzen unterbrochen sind, ist die Antwort auf die Frage, wo ein bestimmtes Gen anfängt und endet, alles andere als einfach. Vor dem Abschluss des Human Genome Project wurde die Gesamtzahl der Gene auf zwischen 30 000 und 120 000 geschätzt. Inzwischen sieht es so aus, als ob die tatsächliche Menge eher im unteren Bereich liegen würde, aber diese Ansicht wird nicht von allen Genetikern geteilt.

Möglicherweise können wir über Gene nichts weiter sagen, als dass sie kontinuierliche oder diskontinuierliche DNA-Segmente sind, deren genaue Strukturen und spezifische Funktionen von der Dynamik des sie umgebenden epigenetischen Netzwerks bestimmt werden und sich ändern können, wenn sich die Umstände verändern. Der Genetiker William Gelbart geht sogar noch weiter, wenn er schreibt:

> Im Unterschied zu Chromosomen sind Gene keine physikalischen Objekte, sondern bloße Begriffe, die seit einigen Jahrzehnten eine ganze Menge historischen Ballast mit sich herumschleppen ... Wir können durchaus schon an dem Punkt angelangt sein, an dem der Gebrauch des Begriffs «Gen» von begrenztem Wert ist und im Grunde ein Hindernis für unser Verständnis des Genoms sein könnte.[53]

In ihrer ausführlichen Darstellung des derzeitigen Standes der Genetik kommt Evelyn Fox Keller zu einer ähnlichen Schlussfolgerung:

> Auch wenn diese Botschaft noch nicht bei der Tagespresse angelangt ist, erkennen immer mehr Forscher, die heute an vorderster Front arbeiten, dass das Primat des Gens als Schlüsselbegriff für die Erklärung biologischer Strukturen und Funktionen mehr für die Biologie des 20. Jahrhunderts charakteristisch war, aber es nicht mehr für das 21. sein wird.[54]

Die Tatsache, dass viele der führenden Forscher auf dem Gebiet der Molekulargenetik sich inzwischen der Notwendigkeit bewusst sind, über die Gene hinauszugehen und sich eine umfassendere epigenetische Sichtweise zu Eigen zu machen, ist wichtig für eine Beurteilung des derzeitigen Stands der Biotechnik. Wie wir sehen werden, gehen die Probleme beim Verständnis der Beziehung zwischen Genen und Krankheiten, beim Einsatz des Klonens in der medizinischen Forschung und bei der Anwendung der Biotechnik in der Landwirtschaft auf das enge Konzept des genetischen Determinismus zurück, und sie werden wahrscheinlich so lange weiter bestehen, bis die Hauptbefürworter der Biotechnik sich auf eine umfassendere systemische Anschauung einlassen.

Gene und Krankheiten

Als die Techniken der DNA-Sequenzierung und des Genspleißens in den siebziger Jahren entwickelt wurden, befassten sich die neuen Biotech-Firmen und ihre Genetiker zunächst mit den medizinischen Anwendungen der Gentechnik. Da man glaubte, die Gene würden die biologischen Funktionen festlegen, nahm man natürlich an, dass biologische Störungen von genetischen Mutationen verursacht würden, und daher sahen die Genetiker ihre Aufgabe darin, genau die Gene zu identifizieren, die bestimmte Krankheiten verursachen. Wenn ihnen das gelänge, meinten sie, könnten sie in der Lage sein, diese «genetischen» Krankheiten zu verhindern oder zu heilen, indem sie die defekten Gene korrigierten oder ersetzten.

Die Biotech-Firmen erblickten in der Entwicklung derartiger Gentherapien ein ungeheures Geschäft, selbst wenn konkrete therapeutische Erfolge noch in ferner Zukunft lagen, und begannen mit Nachdruck für ihre Genforschung in den Medien zu werben. Fette Schlagzeilen in Zeitungen und Titelgeschichten in Zeitschriften berichteten aufgeregt von der Entdeckung neuer «krankheitsverursachender» Gene und den entsprechenden neuen potenziellen Therapien, wobei gewöhnlich ernsthafte wissenschaftliche Vorbehalte ein paar Wochen später erschienen, allerdings als kleine Anmerkungen in der Fülle anderer Meldungen.

Schon bald kamen die Genetiker dahinter, dass die Ermittlung von Genen, die an der Entwicklung von Krankheiten beteiligt sind, und das Verständnis ihrer genauen Funktionsweise himmelweit voneinander entfernt sind – von der Manipulation zum Erzielen eines gewünschten Ergebnisses ganz zu schweigen. Inzwischen wissen wir, dass diese Kluft eine unmittelbare Folge der fehlenden Übereinstimmung zwischen den linearen Kausalketten des genetischen Determinismus und der nichtlinearen epigenetischen Netzwerke der biologischen Wirklichkeit ist.

Aufgrund des griffigen Schlagworts «Gentechnik» nimmt das

Publikum meist an, dass die Manipulation von Genen ein exaktes, bestens bekanntes mechanisches Verfahren ist. Jedenfalls wird es gewöhnlich so in der populären Presse dargestellt. Dazu der Biologe Craig Holdrege:

> Wir hören von Genen, die von Enzymen *zerschnitten* oder *gespleißt* werden, und von neuen DNA-Kombinationen, die *hergestellt* und in die Zellen *eingefügt* werden. Die Zelle integriert die DNA in ihrer *Maschinerie*, die nun die *Information liest*, welche in der neuen DNA *verschlüsselt* ist. Diese *Information* wird dann in der *Herstellung* entsprechender Proteine *ausgedrückt*, die eine bestimmte Funktion im Organismus haben. Und als ob sich das aus derart präzise festgelegten Verfahren ergäbe, nimmt der transgene Organismus neue Eigenschaften an.[55]

Die Wirklichkeit der Gen-«Technik» sieht viel chaotischer aus. Nach dem derzeitigen Stand können die Genetiker nicht steuern, was im Organismus vorgeht. Sie können zwar ein Gen in den Kern einer Zelle mit Hilfe eines spezifischen Gentransfervektors einfügen, aber sie wissen weder, ob die Zelle es in seine DNA integrieren wird, noch, wo das neue Gen lokalisiert ist oder welche Auswirkungen dies auf den Organismus haben wird. Daher betreibt die Gentechnik ein äußerst verschwenderisches Ausprobieren. Die durchschnittliche Erfolgsrate genetischer Experimente beträgt nur etwa ein Prozent, weil die Lebendigkeit des Wirtsorganismus, die über das Ergebnis des Experiments entscheidet, der Ingenieursmentalität, die unseren derzeitigen Biotechnologien zugrunde liegt, weitgehend verschlossen bleibt.[56]

«Die Gentechnik», erläutert der Biologe David Ehrenfeld, «basiert auf der Prämisse, dass wir ein Gen von der Spezies A, in der es etwas Wünschenswertes bewirkt, hernehmen und in die Spezies B versetzen, in der es weiterhin dieses wünschenswerte Ergebnis erzielt. Die meisten Gentechniker wissen, dass dies nicht immer der Fall ist, aber die Biotech-Industrie als Ganze tut so, als ob dies so wäre.»[57] Ehrenfeld weist darauf hin, dass dieser Prämisse drei Hauptprobleme entgegenstehen.

Erstens hängt die Genexpression vom genetischen und zellularen Umfeld (dem ganzen epigenetischen Netzwerk) ab, und sie kann sich ändern, wenn Gene in ein neues Umfeld versetzt werden. «Immer wieder», so Richard Strohman, «entdecken wir, dass Gene, die mit Krankheiten von Mäusen zusammenhängen, keinen derartigen Zusammenhang mit diesen Genen in Menschen aufweisen ... Daher hat es den Anschein, dass die Mutation sich selbst in Schlüsselgenen auswirken wird oder auch nicht, je nach dem genetischen Background, in dem sie sich befindet.»[58]

Zweitens haben Gene gewöhnlich vielfache Auswirkungen, und unerwünschte Auswirkungen, die in einer Spezies unterdrückt werden, können auftreten, wenn das Gen auf eine andere Spezies übertragen wird. Und drittens sind an vielen Eigenschaften zahlreiche Gene beteiligt, vielleicht sogar auf verschiedenen Chromosomen, die gegen eine Manipulation äußerst resistent sind. Insgesamt sind diese drei Probleme der Grund dafür, dass die medizinische Anwendung der Gentechnik bislang noch nicht die gewünschten Ergebnisse erzielt hat. Dazu David Weatherall, der Direktor des Instituts für Molekularmedizin an der Universität Oxford: «Die Übertragung von Genen in ein neues Umfeld und sie dazu zu bringen, ... ihre Funktionen zu erfüllen, mit all den dazu erforderlichen ausgeklügelten Regulationsmechanismen, hat sich bislang für die Molekulargenetiker als eine zu schwierige Aufgabe erwiesen.»[59]

Zunächst hofften die Genetiker, spezifische Krankheiten mit einzelnen Genen in Verbindung bringen zu können, aber dann stellte sich heraus, dass Einzelgenstörungen äußerst selten sind – sie machen weniger als zwei Prozent aller Krankheiten beim Menschen aus. Und selbst in diesen eindeutigen Fällen – zum Beispiel bei der Sichelanämie, der Muskeldystrophie oder der zystischen Fibrose –, in denen eine Mutation eine Funktionsstörung in einem einzigen Protein von entscheidender Bedeutung auslöst, weiß man noch immer sehr wenig über die Verbindungen zwischen dem defekten Gen und dem Beginn und Verlauf der Krankheit. Die Entwicklung der Sichelzellenanämie beispielsweise, die unter Afrikanern und Afroamerikanern weit verbreitet ist, kann bei Individuen, die das gleiche defekte Gen tragen, höchst unterschiedlich verlaufen – vom Tod in der frühen Kindheit bis zu einem praktisch unauffälligen Zustand im mittleren Alter.[60]

Ein weiteres Problem besteht darin, dass die defekten Gene bei diesen Einzelgenkrankheiten oft sehr groß sind. Das Gen zum Beispiel, das für die zystische Fibrose verantwortlich ist – eine unter Nordeuropäern verbreitete Krankheit –, besteht aus etwa 230000 Basenpaaren und codiert für ein Protein aus fast 1500 Aminosäuren. Bei diesem Gen hat man über 400 verschiedene Mutationen beobachtet. Nur eine davon führt zu der Krankheit, und identische Mutationen können andere Symptome bei verschiedenen Personen auslösen. All das macht eine Vorsorgeuntersuchung im Hinblick auf den «Defekt der zystischen Fibrose» überaus problematisch.[61]

Die Schwierigkeiten, denen man bei Einzelgenstörungen begegnet, nehmen zu, wenn die Genetiker verbreitete Krankheiten wie Krebs und Herzerkrankungen untersuchen, an denen Netzwerke zahlreicher Gene beteiligt sind. In diesen Fällen, so Evelyn Fox Keller:

> ... sind die Grenzen unseres gegenwärtigen Verständnisses noch weit auffälliger. Das Ergebnis ist, dass wir inzwischen zwar außerordentlich geübt im Nachweis genetischer Risiken sind, aber die Aussicht auf relevante medizinische Nutzanwendungen – noch vor einem Jahrzehnt erwartete man, dass sie den neuen diagnostischen Techniken rasch auf den Fersen folgen würden – entschwindet in immer fernere Zukunft.[62]

Diese Situation wird sich wahrscheinlich erst dann ändern, wenn die Genetiker über die Gene hinausgehen und sich auf die komplexe Organisation der Zelle als eines Ganzen konzentrieren. Dazu Richard Strohman:

> Im Falle der Erkrankung der Koronararterien hat man festgestellt, dass daran über 100 Gene interaktiv beteiligt sind. Wenn Netzwerke von 100 Genen und ihrer Produkte mit subtilen Umfeldern interagieren, um sich [auf biologische Funktionen] auszuwirken, ist es naiv zu glauben, dass aus einer diagnostischen Analyse irgendeine Form von nichtlinearer Netzwerktheorie ausgeklammert werden könnte.[63]

Einstweilen propagieren indes Biotech-Firmen weiterhin das überholte Dogma des genetischen Determinismus, um ihre Forschung zu rechtfertigen. Mae-Wan Ho weist darauf hin, dass ihre Versuche, genetische «Prädispositionen» für Krankheiten wie Krebs, Diabetes oder Schizophrenie – und schlimmer noch: für Phänomene wie Alkoholismus oder Kriminalität – ausfindig zu machen, die Menschen an den Pranger stellen und vom entscheidenden Einfluss von Umweltbedingungen und gesellschaftlichen Faktoren auf diese Phänomene ablenken.[64]

Das primäre Interesse der Biotech-Firmen gilt natürlich nicht der menschlichen Gesundheit oder dem Fortschritt in der Medizin, sondern dem finanziellen Profit. Eine der effektivsten Möglichkeiten, zu garantieren, dass die Shareholder-Values der Unternehmen hoch bleiben, auch ohne dass die Medizin einen erheblichen Nutzen davon hat, besteht darin, der breiten Öffentlichkeit weiterhin zu suggerieren, dass Gene das Verhalten determinieren.

Biologie und Ethik des Klonens

Der genetische Determinismus prägt auch entscheidend die öffentlichen Diskussionen über das Klonen im Anschluss an die jüngeren dramatischen Erfolge bei der Züchtung neuer Organismen durch genetische Manipulation statt durch sexuelle Fortpflanzung. Das in diesen Fällen angewandte Verfahren unterscheidet sich zwar, wie wir sehen werden, vom Klonen im strengen Wortsinn, wird aber heute in der Presse üblicherweise als «Klonen» bezeichnet.[65]

Als 1997 gemeldet wurde, dass von dem Embryologen Ian Wilmut und seinen Kollegen am Roslin Institute in Schottland auf diese Weise ein Schaf «geklont» worden sei, löste dies nicht nur den sofortigen Beifall der wissenschaftlichen Gemeinde aus, sondern auch tiefe Ängste und öffentliche Debatten. Stand das Klonen von Menschen nun unmittelbar bevor?, fragten sich die Leute. Gab es dafür irgendwelche ethischen Richtlinien? Warum durfte diese Forschung überhaupt betrieben werden, abgeschirmt von jeder öffentlichen Überprüfung?

Der Evolutionsbiologe Richard Lewontin weist in einer sorgfältigen kritischen Analyse der Wissenschaft und der Ethik des Klonens darauf hin, dass die ganze Kontroverse vor dem Hintergrund des genetischen Determinismus gesehen werden müsse.[66] Da die breite Öffentlichkeit keine Ahnung vom Grundirrtum der Doktrin habe, nämlich, dass Gene den Organismus «machen», glaube sie natürlich gern, dass identische Gene identische Menschen erzeugen würden. Mit anderen Worten: Die meisten Leute verwechseln den genetischen Zustand eines Organismus mit der Gesamtheit der biologischen, psychischen und kulturellen Merkmale eines Menschen. An der Entwicklung eines Menschen sind viel mehr Faktoren als nur die Gene beteiligt – sowohl bei der Entstehung der biologischen Form als auch bei der Bildung einer einzigartigen menschlichen Persönlichkeit aufgrund gewisser Lebenserfahrungen. Daher ist die Vorstellung absurd, man könne «Einstein klonen».

Wie wir sehen werden, gleichen eineiige Zwillinge einander viel mehr als ein geklonter Organismus seinem Genspender, und doch entwickeln sich ihre Persönlichkeit und ihr Leben gewöhnlich ganz unterschiedlich, ungeachtet der Bemühungen vieler Eltern, die Ähnlichkeiten zwischen ihnen zur Geltung zu bringen, indem sie sie gleich anziehen, ihnen die gleiche Erziehung und Bildung angedeihen lassen, und so weiter. Alle Ängste, das Klonen würde die einzigartige Identität eines Menschen verletzen, sind daher unbegründet. Dazu Lewontin: «Die Frage ...

lautet nicht, ob die genetische Identität an sich die Individualität zerstört, sondern, ob das falsche Bild, das sich die Öffentlichkeit von der Biologie macht, das Gefühl eines Menschen hinsichtlich seiner Einzigartigkeit und Autonomie verunsichert.»[67] Allerdings muss ich sogleich hinzufügen, dass das Klonen von Menschen aus anderen Gründen, auf die ich noch eingehen werde, moralisch verwerflich und inakzeptabel ist.

Der genetische Determinismus bestärkt auch die Vorstellung, es könnte unter ganz besonderen Umständen gerechtfertigt sein, Menschen zu klonen – zum Beispiel im Falle einer Frau, deren Mann sich nach einem Unfall in einem tödlichen Koma befindet und die unbedingt ein Kind von ihm haben will, oder eines sterilen Mannes, dessen ganze Familie umgebracht wurde und der nicht will, dass sein biologisches Erbe ausgelöscht wird. Diesen hypothetischen Fällen liegt stets die fälschliche Annahme zugrunde, dass das Bewahren der genetischen Identität eines Menschen irgendwie bedeute, dass damit auch sein wahres Wesen bewahrt werde. Lewontin weist darauf hin, dass dieser Glaube interessanterweise die alte Assoziation zwischen menschlichem Blut und sozialen Merkmalen oder der individuellen Persönlichkeit fortführt. Im Laufe der Geschichte hat diese verfehlte Assoziation eine Menge moralischer Pseudoprobleme aufgeworfen und zahllose Tragödien ausgelöst.

Die wahren ethischen Fragen im Hinblick auf das Klonen treten zutage, wenn wir uns den mit den gegenwärtigen Praktiken verbundenen genetischen Manipulationen und den Motiven hinter dieser Forschung zuwenden. Wenn Biologen heute ein Tier zu «klonen» versuchen, entnehmen sie ihm eine Eizelle, entfernen deren Kern und verschmelzen die verbleibende Eizelle mit einem Zellkern (oder einer ganzen Zelle) eines anderen Tieres. Die so entstehende «Hybridzelle», das Gegenstück zu einem befruchteten Ei, reift dann in vitro und wird schließlich – wenn man sicher ist, dass sie sich «normal» entwickelt – in den Uterus eines dritten Tieres eingepflanzt, das als Ersatzmutter den Embryo austrägt.[68] Die wissenschaftliche Leistung von Wilmut und seinen Kollegen bestand in dem Nachweis, dass sich das Hindernis der Zellspezialisierung überwinden lässt. Adulte Zellen eines Tieres sind spezialisiert, und ihre Reproduktion wird normalerweise nur weitere Zellen der gleichen Art ergeben. Die Biologen hatten angenommen, dass diese Spezialisierung irreversibel sei. Die Wissenschaftler am Roslin Institute bewiesen, dass sie sich durch die Interaktionen zwischen dem Genom und dem Zellnetzwerk irgendwie umkehren lässt.

Im Unterschied zu eineiigen Zwillingen ist das «geklonte» Tier in genetischer Hinsicht nicht völlig identisch mit seinem Spender, weil die manipulierte Zelle, aus der es sich entwickelt hat, nicht nur aus dem Kern eines Spenders, der den Großteil des Genoms lieferte, sondern auch aus der entkernten Zelle eines anderen Spenders bestand, die zusätzliche Gene außerhalb ihres Kerns enthielt.[69]

Die wahren ethischen Probleme im Zusammenhang mit dem derzeitigen Klonverfahren beruhen auf den dabei entstehenden Problemen der biologischen Entwicklung. Sie gehen auf die Tatsache zurück, dass die manipulierte Zelle, aus der sich der Embryo entwickelt, eine Hybridzelle aus den Zellkomponenten zweier verschiedener Tiere ist. Ihr Kern stammt aus einem Organismus, die übrige Zelle, die das gesamte epigenetische Netzwerk enthält, hingegen aus einem anderen Organismus. Aufgrund der ungeheuren Komplexität des epigenetischen Netzwerks und seiner Interaktionen mit dem Genom werden die beiden Komponenten nur ganz selten kompatibel sein, und unser Wissen um die Regelfunktionen und Signalprozesse der Zelle ist noch immer zu begrenzt, als dass wir wüssten, wie wir sie kompatibel machen könnten. Daher beruht das gegenwärtig praktizierte Klonverfahren viel eher auf einem Ausprobieren als auf einem Verständnis der zugrunde liegenden biologischen Prozesse. Beim Experiment des Roslin Institute beispielsweise wurden 277 Embryos geschaffen, aber nur ein «geklontes» Schaf überlebte – eine Erfolgsrate von etwa einem Drittel Prozent.

Abgesehen von der Frage, ob so viele Embryonen im Interesse der Wissenschaft verschwendet werden sollten, müssen wir uns auch über die Beschaffenheit der nicht lebensfähigen Wesen, die erzeugt werden, Gedanken machen. Bei der natürlichen Fortpflanzung teilen sich die Zellen in dem sich entwickelnden Embryo dergestalt, dass die Prozesse der Zellteilung und der Chromosomen- und DNA-Replikation perfekt synchron sind. Diese Synchronität ist Teil der Zellregulierung der Gentätigkeit.

Im Falle des «Klonens» dagegen können sich die Chromosomen ohne weiteres nichtsynchron mit der Teilung der Embryonenzellen teilen, und zwar aufgrund von Inkompatibilitäten zwischen den beiden Komponenten der zuerst manipulierten Zelle.[70] Dies führt dazu, dass es entweder zusätzliche Chromosomen gibt oder Chromosomen fehlen, so dass der Embryo anormal sein wird. Er kann dann entweder sterben oder, schlimmer noch, irgendein monströses Wachstum entwickeln. Tiere auf so eine Weise zu benutzen würde ethische Fragen aufwerfen, selbst wenn die Forschung ausschließlich von dem Wunsch motiviert wäre, das medizinische Wissen zu erweitern und der Menschheit zu helfen. In der derzeitigen Situation sind diese Fragen besonders dringlich, weil Tempo und Richtung der Forschung weitgehend von kommerziellen Interessen bestimmt werden.

Die Biotechnikindustrie verfolgt zahlreiche Projekte, bei denen Klontechniken für potenzielle Profite eingesetzt werden, obwohl die Gesundheitsrisiken oft hoch und die Vorteile fraglich sind. Eine Forschungslinie soll Tierembryonen produzieren, deren Zellen und Gewebe für therapeutische Zwecke beim Menschen nützlich sein könnten. Bei einer anderen sollen mutierte Menschengene in Tiere eingepflanzt werden, so dass sie als Modelle für Krankheiten beim Menschen dienen können. So hat man beispielsweise Mäuse gentechnisch verändert, damit sie Krebs bekommen, und sich die entstandenen kranken transgenen Tiere patentieren lassen![71] Kein Wunder, dass die meisten Menschen gegenüber diesen kommerziellen Vorhaben Abscheu empfinden.

Ein weiteres biotechnisches Projekt besteht darin, Vieh genetisch so zu modifizieren, dass seine Milch nützliche Arzneimittel enthält. Wie bei den oben erwähnten Vorhaben müssen auch hier viele Embryonen manipuliert und vernichtet werden, bevor ein paar transgene Tiere produziert werden, und selbst diese sind oft sehr krank. Darüber hinaus ist die Frage der Sicherheit des Endprodukts im Falle der transgenen Milch von größter Wichtigkeit. Da die Gentechnik immer auch mit infektiösen Gentransfervektoren arbeitet, die sich leicht zu neuen krankheitserregenden Viren rekombinieren können, sind die Risiken der transgenen Milch weitaus größer als alle potenziellen Vorteile.[72]

Die ethischen Probleme von Klonexperimenten würden gewaltig zunehmen, wenn es dabei um Menschen ginge. Wie viele menschliche Embryonen wären wir zu opfern bereit? Wie viele Monstrositäten würden wir bei einer solchen Faustschen Forschung tolerieren? Es liegt auf der Hand, dass jeder Versuch, beim derzeitigen Wissensstand Menschen zu klonen, absolut unmoralisch und inakzeptabel wäre. Und auch im Falle der Klonexperimente an Tieren ist es die moralische Pflicht der wissenschaftlichen Gemeinde, strenge ethische Richtlinien zu entwerfen und die Forschung einer öffentlichen Überprüfung zugänglich zu machen.

Die Biotechnik in der Landwirtschaft

Die Anwendung der Gentechnik in der Landwirtschaft hat einen viel weiter verbreiteten Widerstand in der Öffentlichkeit ausgelöst als die auf medizinischem Gebiet. Für diese Opposition, die sich in den letzten Jahren zu einer weltweiten politischen Bewegung ausgewachsen hat, gibt es mehrere Gründe. Die meisten Menschen haben eine ganz einfache, existenzielle Beziehung zur Nahrung und sind natürlich besorgt, wenn sie das Gefühl haben, diese enthalte chemische Zusätze oder sei genetisch manipuliert. Selbst wenn sie die Komplexität der Gentechnik vielleicht nicht verstehen, werden sie misstrauisch, wenn sie von neuen Nahrungstechnologien erfahren, die heimlich von mächtigen Konzernen entwickelt werden, die ihre Produkte ohne Gesundheitswarnungen und andere Hinweise auf dem Etikett oder gar ohne jede Diskussion zu verkaufen versuchen. In den letzten Jahren ist denn auch die eklatante Kluft zwischen der Werbung der Biotech-Industrie und der Wirklichkeit der Lebensmittelbiotechnik allzu offenkundig geworden.

Die Biotech-Werbung gaukelt uns eine schöne neue Welt vor, in der die Natur unter Kontrolle gebracht werde. Ihre Pflanzen würden gentechnisch erzeugte Waren sein, die auf die Bedürfnisse der Verbraucher zurechtgeschnitten seien. Neue Sorten sollen dürrebeständig und resistent gegenüber Insekten und Unkraut sein. Früchte würden nicht faulen und keine Druckstellen bekommen. Die Landwirtschaft werde nicht mehr auf Chemikalien angewiesen sein und daher nicht mehr die Umwelt schädigen. Die Lebensmittel würden besser und sicherer denn je sein, und der Hunger auf der Welt werde verschwinden.

Umweltschützern und Verfechtern der sozialen Gerechtigkeit kommt es sehr bekannt vor, wenn sie derart optimistische, aber völlig naive Prognosen lesen oder hören. Wir erinnern uns doch lebhaft daran, dass die gleichen agrochemischen Konzerne eine ganz ähnliche Sprache benutzten, als sie vor mehreren Jahrzehnten ein als «Grüne Revolution» gepriesenes neues Zeitalter der chemischen Landwirtschaft verkündeten.[73] Seither sind die Schattenseiten der chemischen Landwirtschaft schmerzlich sichtbar geworden.

Heute wissen wir, dass die Grüne Revolution weder den Bauern noch dem Land, noch den Verbrauchern geholfen hat. Der massive Einsatz von chemischen Düngemitteln und Pestiziden hat die ganze Struktur der Landwirtschaft verändert, als die Agroindustrie den Bauern einredete, sie könnten durch den Anbau einer einzigen hoch ertragreichen Sorte auf großen Feldern und durch die Kontrolle von Unkraut und Schädlingen mit Chemikalien ihr Geld verdienen. Diese Praxis der Monokulturen brachte das hohe Risiko mit sich, dass große Flächen von einer einzigen Schädlingsart vernichtet werden konnten, und außerdem hat sie die Gesundheit der in der Landwirtschaft

Tätigen und der in ländlichen Gegenden lebenden Menschen ernsthaft beeinträchtigt.

Mit den neuen Chemikalien wurde die Landwirtschaft mechanisiert und energieintensiv, was wiederum bäuerliche Großbetriebe mit genügend Kapital begünstigte und die meisten traditionellen bäuerlichen Familienbetriebe zwang, ihr Land aufzugeben. Auf der ganzen Welt haben zahlreiche Menschen ländliche Gebiete verlassen und sich als Opfer der Grünen Revolution zu den Massen der städtischen Arbeitslosen gesellt.

Langfristig wirkt sich die exzessive chemische Landwirtschaft katastrophal auf die Gesundheit des Bodens und der Menschen, auf unsere sozialen Beziehungen und auf die gesamte natürliche Umwelt aus, von der unser Wohlbefinden und unser künftiges Überleben abhängen. Als die gleichen Feldfrüchte Jahr um Jahr angebaut und synthetisch gedüngt wurden, wurde das Gleichgewicht der ökologischen Prozesse im Boden gestört – die Menge der organischen Materie ging zurück, und damit ließ die Fähigkeit des Bodens nach, die Feuchtigkeit zurückzuhalten. Die sich daraus ergebenden Veränderungen der Bodenstruktur führten zu einer Vielzahl miteinander zusammenhängender schädlicher Folgen: Verlust der Humusdecke, trockene und unfruchtbare Böden, Wind- und Wassererosion und so weiter.

Das durch Monokulturen und den exzessiven Einsatz von Chemikalien gestörte ökologische Gleichgewicht bewirkte auch eine Zunahme an Schädlingen und Pflanzenkrankheiten, gegen die die Bauern vorgingen, indem sie immer größere Dosen von Pestiziden versprühten – ein Teufelskreis von Abbau und Vernichtung. Die Gefahren für die menschliche Gesundheit nahmen zu, als immer mehr giftige Chemikalien im Boden versickerten, das Grundwasser kontaminierten und in unseren Lebensmitteln wieder auftauchten.

Leider hat es den Anschein, dass die agrochemische Industrie aus der Grünen Revolution nichts gelernt hat. Dazu der Biologe David Ehrenfeld:

> Wie die High-Input-Landwirtschaft wird auch die Gentechnik oft als eine humane Technologie gerechtfertigt, die mehr Menschen mit besseren Lebensmitteln versorge. Dies ist alles andere als die Wahrheit. Von ganz wenigen Ausnahmen abgesehen, geht es bei der Gentechnik doch nur darum, den Verkauf von Chemikalien und biotechnischen Produkten an abhängige Bauern anzukurbeln.[74]

Die schlichte Wahrheit lautet, dass die meisten Neuerungen in der Lebensmittelbiotechnik am Profit statt am Bedarf orientiert sind. So wurden zum Beispiel von Monsanto Sojabohnen gentechnisch so manipuliert, dass sie speziell gegen das konzerneigene Herbizid Roundup resistent wurden, so dass sich dieses Produkt noch besser verkaufen ließ. Monsanto produzierte auch Baumwollsamen, die ein Insektizidgen enthielten, damit die Verkaufszahlen dieser Samen in die Höhe gingen. Technologien wie diese verstärken die Abhängigkeit der Bauern von Produkten, die patentiert und durch «geistige Eigentumsrechte» geschützt sind, wodurch die uralten landwirtschaftlichen Praktiken der Vermehrung, Lagerung und Verteilung von Saatgut illegal werden. Darüber hinaus berechnen die Biotech-Firmen neben dem Saatgutpreis zusätzliche «Technikgebühren» oder zwingen die Bauern, überhöhte Preise für Saatgut-Herbizid-Pakete zu bezahlen.[75]

Aufgrund einer Reihe von massiven Fusionen und wegen der durch die Gentechnologien möglichen straffen Kontrolle ist derzeit eine noch nie da gewesene Konzentration von Eigentum und Macht bei der Lebensmittelproduktion im Gang.[76] Die zehn größten agrochemischen Unternehmen kontrollieren 85 Prozent des globalen Markts – die fünf größten Konzerne kontrollieren praktisch den gesamten Markt für gentechnisch modifiziertes Saatgut (GM). Monsanto hat Anteile der großen Saatgutfirmen in Indien und Brasilien erworben und zusätzlich zahlreiche Biotech-Firmen gekauft, während DuPont die weltgrößte Saatgutfirma, Pioneer Hi-Bred, übernahm. Das Ziel dieser Riesenkonzerne ist ein einziges, weltweites Landwirtschaftssystem, in dem sie alle Stadien der Lebensmittelproduktion kontrollieren und sowohl die Lebensmittellieferungen als auch die Preise manipulieren können. So erklärte ein leitender Mitarbeiter von Monsanto: «Was Sie hier sehen, ist eine Konsolidierung der gesamten Nahrungskette.»[77]

Alle führenden agrochemischen Konzerne planen die Einführung der so genannten «Terminatortechnologie» – von Pflanzen mit genetisch sterilisiertem Saatgut, die die Bauern zwingen würden, jedes Jahr die patentierten Produkte zu kaufen, wodurch sie die lebenswichtige Fähigkeit einbüßen würden, neue Feldfrüchte zu entwickeln. Dies würde sich besonders verheerend auf der Südhalbkugel auswirken, wo 80 Prozent der Feldfrüchte aus normalem Saatgut angebaut werden. Mehr als alles andere verraten diese Pläne die entschieden kommerziellen Motive hinter den GM-Lebensmitteln. Viele Wissenschaftler, die für diese Konzerne arbeiten, mögen zwar ernsthaft glauben, dass ihre Forschung dazu beiträgt, die Welt zu ernähren und die Qualität unserer Lebensmittel zu verbessern, aber sie arbeiten innerhalb einer Kultur von Macht und Kontrolle, die unfähig ist, zuzuhören, die engstirnige, reduktionistische Anschauungen vertritt und in der ethische Bedenken nicht zu den Konzernstrategien zählen.

Die Befürworter der Biotechnik behaupten immer wieder, dass GM-Saatgut für die Ernährung der Weltbevölkerung unerlässlich sei, wobei sie die gleichen Denkfehler begehen wie jahrzehntelang die Verfechter der Grünen Revolution. Die konventionelle Nahrungsmittelproduktion, argumentieren sie, werde mit der Entwicklung der Weltbevölkerung nicht Schritt halten. So verkündete Monsanto 1998 in seiner Werbung: «Wer sich Sorgen wegen des Verhungerns künftiger Generationen macht, wird sie nicht ernähren. Das tut die Lebensmittelbiotechnik.»[78] Die Agroökologen Miguel Altieri und Peter Rosset haben darauf hingewiesen, dass diese Behauptung auf zwei falschen Annahmen basiert: Erstens werde der Hunger in der Welt durch eine globale Nahrungsknappheit verursacht, und zweitens sei die Gentechnik die einzige Möglichkeit, die Nahrungsproduktion zu erhöhen.[79]

Entwicklungshilfebehörden wissen seit langem, dass es keinen direkten Zusammenhang zwischen der Existenz von Hunger und der Dichte oder dem Wachstum der Bevölkerung eines Landes gibt. So herrscht verbreitet Hunger in dicht bevölkerten Ländern wie Bangladesh und Haiti, aber ebenso in dünn besiedelten wie Brasilien und Indonesien. Sogar in den USA gibt es mitten im Überfluss zwischen 20 und 30 Millionen unterernährte Menschen.

In ihrer klassischen Untersuchung *World Hunger: Twelve Myths* haben die Entwicklungshilfespezialistin Frances Moore Lappé und ihre Kollegen am Institute for Food and Development Policy einen ausführlichen Bericht über die Weltnahrungsproduktion vorgelegt, der viele Leser überraschte.[80] Sie wiesen nach, dass die Nahrungsversorgung in der heutigen Welt nicht als knapp, sondern als üppig zu bezeichnen ist. Während der letzten drei Jahrzehnte hat die globale Nahrungsproduktion um 16 Prozent mehr zugenommen als das Weltbevölkerungswachstum. In dieser Zeit haben Berge von überschüssigem Getreide die Preise auf den Weltmärkten stark gedrückt. Die Zuwächse bei der Nahrungsversorgung haben in den letzten fünfzig Jahren in allen Regionen außer in Afrika immer vor dem Bevölkerungswachstum gelegen. Einer Studie von 1997 zufolge leben in der Dritten Welt 78 Prozent aller unterernährten Kinder unter fünf Jahren in Ländern mit Nahrungsüberschüssen. In vielen dieser Länder, in denen der Hunger grassiert, gibt es einen Exportüberschuss an landwirtschaftlichen Gütern.

Diese Statistiken zeigen eindeutig, dass das Argument, die Biotechnik werde benötigt, um die Welt zu ernähren, durch und durch verlogen ist. Die wahren Ursachen des Hungers in der Welt stehen in keinem Zusammenhang mit der Nahrungsproduktion. Es sind Armut, Ungleichheit und fehlender Zugang zu Nahrungsmitteln und Land.[81] Menschen hungern, weil die Mittel zur Produktion und Verteilung von Nahrung von den Reichen und Mächtigen kontrolliert werden. Somit ist der Hunger auf der Welt kein technisches, sondern ein politisches Problem. Wenn Manager der Agroindustrie behaupten, es werde so lange existieren, bis ihre neuesten Biotechniken übernommen würden, dann ignorieren sie, so Miguel Altieri, die sozialen und politischen Gegebenheiten. «Wenn die wahren Ursachen nicht angesprochen werden», erklärt er, «wird weiterhin Hunger herrschen, ganz gleich, welche Technologien eingesetzt werden.»[82]

Dabei könnte die Biotechnik durchaus einen Stellenwert in der künftigen Landwirtschaft haben, wenn sie in Verbindung mit entsprechenden sozialen und politischen Maßnahmen wohl überlegt eingesetzt würde und wenn sie dazu beitrüge, bessere Nahrung ohne schädliche Nebenwirkungen zu produzieren. Leider erfüllen die Gentechniken, die derzeit entwickelt und vermarktet werden, diese Bedingungen überhaupt nicht.

Neuere Experimente zeigen, dass GM-Saatgut die Erträge nicht signifikant erhöht.[83] Außerdem weist vieles darauf hin, dass der verbreitete Einsatz von GM-Feldfrüchten das Problem des Hungers nicht nur nicht lösen, sondern es im Gegenteil weiter bestehen lassen und sogar verschärfen wird. Wenn transgenes Saatgut weiterhin ausschließlich von privaten Unternehmen entwickelt und angeboten wird, werden arme Bauern es sich nicht leisten können, und wenn die Biotech-Industrie damit fortfährt, ihre Produkte mit Patenten zu schützen, die Bauern daran hindern, Saatgut zu lagern und damit zu handeln, werden die Armen noch abhängiger und noch mehr an den Rand gedrängt. In einem neueren Bericht der Wohltätigkeitsorganisation Christian Aid heißt es: «GM-Feldfrüchte ... schaffen die klassischen Voraussetzungen für Hunger und Hungersnöte. Der in zu wenigen Händen konzentrierte Besitz der Ressourcen – wie dies in einer auf patentierten Markenprodukten basierenden Landwirtschaft der Fall ist – und eine Nahrungsversorgung, die auf zu wenigen, aber weithin angebauten Feldfruchtsorten basiert, sind geradezu kontraproduktiv für die Ernährungssicherheit.»[84]

Eine ökologische Alternative

Wenn die Chemie und die Gentechnik unserer Agroindustrie den Hunger auf der Welt nicht lindern, sondern weiterhin den Boden ruinieren, die soziale Ungerechtigkeit aufrechterhalten und das ökologische Gleichgewicht in unserer natürlichen Umwelt gefährden werden, wie ist dann diesen Problemen zu begegnen? Zum Glück gibt es eine gut belegte und weithin bewährte Lösung – ebenso altehrwürdig wie neu –, die inzwischen die Welt der Landwirtschaft in einer stillen Revolution verändert. Es ist eine ökologische Alternative, die unterschiedliche Bezeichnungen trägt: «biodynamischer Anbau», «nachhaltige Landwirtschaft» oder «Agroökologie».[85]

Wenn die Bauern ihre Feldfrüchte «organisch» oder «biodynamisch» anbauen, wenden sie Techniken an, die eher auf ökologischem Wissen als auf Chemie basieren, um die Erträge zu steigern, Schädlinge unter Kontrolle zu halten und den Boden fruchtbar zu machen. Sie bauen eine Vielfalt von Feldfrüchten an, nach dem Prinzip des Fruchtwechsels, so dass Insekten, die von einer Sorte angezogen werden, bei der nächsten verschwinden. Sie wissen, dass es unklug ist, Schädlinge völlig auszurotten, weil das auch ihre natürlichen Verfolger eliminieren würde, die ein gesundes Ökosystem im Gleichgewicht halten. Statt mit Kunstdünger reichern diese Bauern ihre Felder mit Gülle und untergepflügten Pflanzenresten an, und damit geben sie dem Boden organische Materie zurück, die so wieder in den biologischen Kreislauf gelangt.

Der biodynamische Anbau ist nachhaltig, weil er die ökologischen Prinzipien verkörpert, die von der Evolution seit Jahrmilliarden getestet werden.[86] Biobauern wissen, dass ein fruchtbarer Boden ein lebendiger Boden ist, der in jedem Kubikzentimeter Milliarden lebender Organismen enthält – ein komplexes Ökosystem also, in dem die Substanzen, die für das Leben wichtig sind, sich in Zyklen von den Pflanzen zu Tieren, Dünger, Bodenbakterien und wieder zu den Pflanzen zurück bewegen. Die Sonnenenergie ist der natürliche Brennstoff, der diese ökologischen Zyklen antreibt, und um das ganze System in Gang und im Gleichgewicht zu halten, bedarf es lebender Organismen in allen Größen. Bodenbakterien sorgen für verschiedene chemische Umwandlungen wie den Prozess der Stickstoffbindung, der atmosphärischen Stickstoff für Pflanzen erschließt. Tief wurzelnde Unkräuter bringen Mineralien an die Bodenoberfläche, wo Feldfrüchte sie nutzen können. Regenwürmer graben den Boden um und lockern seine Struktur – und all diese Aktivitäten hängen wechselseitig voneinander ab und liefern im Verbund die Nahrung, die das Leben auf der Erde erhält.

Der biodynamische Anbau schützt und erhält die großen ökologischen Zyklen, indem er ihre biologischen Prozesse in die Prozesse der Nahrungsproduktion integriert. Wenn der Boden organisch kultiviert wird, nimmt sein Kohlenstoffgehalt zu, und damit trägt der biodynamische Anbau zur Reduzierung der globalen Erwärmung bei. Der Physiker Amory Lovins schätzt sogar, dass die Erhöhung des Kohlenstoffgehalts in den ausgelaugten Böden der Welt um vernünftige Raten etwa genauso viel Kohlenstoff absorbieren würde, wie die gesamte Emission durch uns Menschen ausmacht.[87]

Tiere werden auf Biobauernhöfen gehalten, um die Ökosysteme über der Erde und im Boden zu unterstützen, und das Ganze ist arbeitsintensiv und gemeinschaftsorientiert. Solche Bauernhöfe sind im Allgemeinen klein und haben einen Besitzer. Ihre Produkte werden eher auf Bauernmärkten als in Supermärkten verkauft, was wiederum die Entfernung «zwischen Bauernhof und Tisch» verkürzt und damit Energie und Verpackungsmaterial spart und die Nahrung frisch hält.[88]

Die gegenwärtige Renaissance des biodynamischen Anbaus ist ein weltweites Phänomen. Heute produzieren Bauern in über 130 Ländern biologische Nahrung auf kommerzieller Basis. Die Gesamtfläche für einen nachhaltigen Anbau wird auf über 7 Millionen Hektar geschätzt, der Marktwert von biologischer Nahrung auf etwa 22 Milliarden Dollar pro Jahr.[89]

Auf einer internationalen Konferenz über nachhaltige Landwirtschaft im italienischen Bellagio haben Wissenschaftler berichtet, dass eine Reihe groß angelegter experimenteller Projekte auf der ganzen Welt, bei denen agroökologische Techniken – Fruchtwechsel, «Intercropping» (der Anbau weiterer Pflanzen), der Einsatz von Mulchen und Kompost, Terrassenanbau, Wasseranbau usw. – spektakuläre Ergebnisse erbracht hätten, und zwar großenteils in ressourcenschwachen Gebieten, die man für ungeeignet zur Erzielung von Nahrungsüberschüssen gehalten hatte.[90] Zum Beispiel führten agroökologische Projekte, an denen etwa 730000 bäuerliche Haushalte in ganz Afrika beteiligt waren, zu Ertragszuwächsen zwischen 50 und 100 Prozent, während die Produktionskosten zurückgingen und damit die Einkünfte der Haushalte dramatisch zunahmen – zuweilen um das Zehnfache. Immer wieder zeigte sich, dass die biodynamische Landwirtschaft nicht nur die Produktion erhöht und eine große Vielfalt ökologischer Vorteile bietet, sondern auch den Bauern zugute kommt. So erklärte ein sambischer Bauer: «Die Agrowaldwirtschaft hat meine Würde wiederhergestellt. Meine Familie muss nicht mehr hungern, und ich kann jetzt sogar meinen Nachbarn helfen.»[91]

Der Einsatz von bodendeckenden Pflanzen zur Verstärkung der Bodenaktivität und der Wasserspeicherung ermöglichte es 400000 Bauern im südlichen Brasilien, die Erträge von Mais und Sojabohnen um über 60 Prozent zu erhöhen. In der Andenregion führte eine Zunahme der Fruchtvielfalt zu einer zwanzigfachen oder noch höheren Ertragssteigerung. In Bangladesh wurden durch ein integriertes Reis-Fisch-Programm die Reiserträge um 8 Prozent und die Einkünfte der Bauern um 50 Prozent erhöht. In Sri Lanka verbesserte ein integriertes Schädlingsbekämpfungs- und Anbaumanagement die Reiserträge um 11 bis 44 Prozent, während die Nettoeinkünfte um 38 bis 178 Prozent stiegen.

Der Bellagio-Report betont, dass die darin dokumentierten innovativen Praktiken ganze Gemeinden einbezogen und sich auf bestehende lokale Kenntnisse und Ressourcen ebenso wie auf wissenschaftliche Einsichten stützten. Ergebnis: «Die neuen Methoden fanden rasch Anklang unter den Bauern, ein Beweis für das Potenzial der von Bauern betriebenen Verbreitung von Technologien, selbst wenn diese komplex sind, vorausgesetzt, die Nutzer engagieren sich aktiv dafür, sie zu verstehen und zu übernehmen, statt nur darauf trainiert zu werden, sie anzuwenden.»[92]

Die Risiken der Gentechnik in der Landwirtschaft

Inzwischen ist hinreichend belegt, dass die biodynamische Landwirtschaft eine vernünftige ökologische Alternative zu den chemischen und genetischen Technologien der industriellen Landwirtschaft darstellt. Miguel Altieri gelangt zu der Schlussfolgerung, dass der biodynamische Anbau «die landwirtschaftliche Produktivität auf ökonomisch machbare, umweltfreundliche und sozialverträgliche Weise erhöht».[93] Leider trifft dies nicht auf die derzeitige Anwendung der Gentechnik in der Landwirtschaft zu.

Die Risiken der gegenwärtigen Biotechnologien in der Landwirtschaft sind eine direkte Folge davon, dass wir die Funktionsweise der Gene noch zu wenig verstehen. Erst in jüngerer Zeit ist uns klar geworden, dass alle biologischen Prozesse im Zusammenhang mit Genen von den Zellnetzwerken reguliert werden, in die die Genome eingebettet sind, und dass die Muster der Gentätigkeit sich in Reaktion auf Veränderungen im Zellumfeld ständig verändern. Die Biologen sind gerade erst dabei, ihre Aufmerksamkeit von den genetischen Strukturen auf die Stoffwechselnetzwerke zu verlagern, und noch immer wissen sie sehr wenig über die komplexe Dynamik dieser Netzwerke.

Uns ist zwar bekannt, dass alle Pflanzen in komplexe Ökosysteme – über der Erde wie im Boden – eingebettet sind, in denen sich anorganische und organische Materie in kontinuierlichen Zyklen bewegt. Doch auch über diese ökologischen Zyklen und Netzwerke wissen wir sehr wenig – zum Teil auch deshalb, weil viele Jahrzehnte lang der herrschende genetische Determinismus zu einer einseitigen Ausrichtung der biologischen Forschung führte, wobei das meiste Geld in die Molekularbiologie und nur geringe Mittel in die Ökologie investiert wurden.

Da die Zellen und die regulierenden Netzwerke in Pflanzen relativ einfacher als die von Tieren sind, ist es für die Genetiker viel leichter, fremde Gene in Pflanzen einzufügen. Dabei gibt es allerdings ein Problem: Sobald sich nämlich das fremde Gen in der DNA der Pflanze befindet und die sich ergebende transgene Feldfrucht angebaut ist, wird diese Teil eines ganzen Ökosystems. Die für Biotech-Firmen arbeitenden Wissenschaftler wissen sehr wenig über die anschließenden biologischen Prozesse und noch weniger über die ökologischen Folgen ihres Handelns.

Beispielsweise wird die Pflanzenbiotechnik vor allem zur Entwicklung so genannter «herbizidtoleranter» Feldfrüchte eingesetzt, um den Verkauf bestimmter Herbizide in die Höhe zu treiben. Vieles spricht dafür, dass die transgenen Pflanzen sich mit den wilden Verwandten in ihrer Umgebung kreuzbestäuben und damit herbizidresistentes «Superunkraut» erzeugen. Es gibt Hinweise darauf, dass derartige Genflüsse zwischen transgenen Feldfrüchten und ihren wilden Verwandten bereits stattfinden.[94] Ein weiteres ernstes Problem ist das Risiko einer Kreuzbestäubung zwischen transgenen Feldfrüchten und biodynamisch angebauten Feldfrüchten auf benachbarten Feldern, so dass die für die Biobauern wichtige Zertifizierung ihrer Produkte als Erzeugnisse aus biodynamischem Anbau gefährdet ist.

Um ihre Praktiken zu verteidigen, behaupten die Befürworter der Biotechnik oft, dass die Gentechnik nichts anderes sei als die konventionelle Zucht – sie setzte die uralte Tradition des Mischens von Genen fort, um höherwertige Pflanzen und Tiere zu erhalten. Manchmal erklären sie sogar, unsere modernen Biotechniken würden das jüngste Stadium im Evolutionsabenteuer der Natur darstellen. Doch das ist alles andere als die Wahrheit. Zunächst einmal ist das Tempo der Genveränderung durch die Biotechnik um mehrere Größenordnungen höher als das der Natur. Kein normaler Pflanzenzüchter wäre in der Lage, die Genome der Hälfte der weltweiten Sojabohnenproduktion in nur drei Jahren zu verändern. Die genetische Modifikation von Feldfrüchten wird mit unglaublicher Eile betrieben, und transgene Pflanzen werden massiv angebaut, ohne dass die kurz- und langfristigen Auswirkungen auf die Ökosysteme und die menschliche Gesundheit im Voraus richtig untersucht werden. Diese ungetesteten und potenziell gefährlichen GM-Pflanzen verbreiten sich inzwischen auf der ganzen Welt und beschwören irreversible Risiken herauf.

Ein zweiter Unterschied zwischen der Gentechnik und der konventionellen Zucht besteht darin, dass konventionelle Züchter Gene zwischen Sorten transferieren, die sich auf natürliche Weise kreuzen, während es die Gentechnik den Biologen ermöglicht, ein völlig neues und exotisches Gen in das Genom einer Pflanze einzuführen – ein Gen von einer anderen Pflanze oder einem Tier, mit der oder dem die Pflanze sich auf natürliche Weise nie kreuzen kann. Die Wissenschaftler überspringen die natürlichen Artenbarrieren mit Hilfe aggressiver «Gentransfervektoren», die oft aus krankheitsverursachenden Viren gewonnen wurden, die sich mit existierenden Viren zu neuen Krankheitserregern rekombinieren können.[95] So erklärte ein Biochemiker vor kurzem auf einer Konferenz: «Die Gentechnik ähnelt eher einer Virusinfektion als der traditionellen Zucht.»[96]

Der globale Kampf um Marktanteile diktiert nicht nur das Tempo von Produktion und Entwicklung transgener Feldfrüchte, sondern auch die Richtung der Grundlagenforschung. Dies ist vielleicht der beunruhigendste Unterschied zwischen der Gentechnik und allen bisherigen Genmischungen durch Evolution und natürliche Zucht. Dazu die inzwischen verstorbene Biophysikerin Donella Meadows: «Die Natur selektiert nach der Fähigkeit, in der Umwelt zu gedeihen und sich fortzupflanzen. Die Bauern haben 10 000 Jahre lang nach dem Prinzip selektiert, was die Menschen ernährt. Nun lautet das Kriterium: das, was sich patentieren und verkaufen lässt.»[97]

Da eines der Hauptziele der Pflanzenbiotechnik bislang darin besteht, den Verkauf von Chemikalien zu steigern, ähneln viele ihrer ökologischen Gefahren denen, die durch die chemische

Landwirtschaft herbeigeführt werden.[98] Der Trend, große internationale Märkte für ein einzelnes Produkt zu schaffen, erzeugt riesige Monokulturen, die die biologische Vielfalt reduzieren und damit die Nahrungssicherheit verringern und die Anfälligkeit für Pflanzenkrankheiten, Schädlinge und Unkraut erhöhen. Diese Probleme sind besonders akut in Entwicklungsländern, wo traditionelle Systeme von unterschiedlichen Feldfrüchten und Nahrungsmitteln durch Monokulturen ersetzt werden, die zahllose Arten zum Aussterben verurteilen und neue Gesundheitsprobleme für die ländliche Bevölkerung heraufbeschwören.[99]

Die Geschichte des gentechnisch produzierten «Goldreises» ist ein eindringliches Beispiel. Vor etlichen Jahren erzeugte ein kleines Team idealistischer Gentechniker ohne Unterstützung seitens der Industrie einen gelben Reis mit einem hohen Anteil an Betakarotin, das im menschlichen Körper in Vitamin A umgewandelt wird. Der Reis wurde als Heilmittel bei Blindheit propagiert, da ein Vitamin-A-Mangel eine Beeinträchtigung des Sehvermögens verursacht und zu Blindheit führen kann. Laut UN-Erhebungen sind derzeit von einem Vitamin-A-Mangel über zwei Millionen Kinder betroffen.

Die Nachricht von diesem «Wunderheilmittel» wurde von der Presse zwar begeistert aufgenommen, aber nach einer genaueren Untersuchung hat sich herausgestellt, dass das Projekt wahrscheinlich weniger den gefährdeten Kindern helfen als vielmehr die Fehler der Grünen Revolution wiederholen wird, indem es neue Gefahren für Ökosysteme und die menschliche Gesundheit heraufbeschwört.[100] Weil der Anbau von Vitamin-A-Reis die Biovielfalt reduziert, wird er alternative Vitamin-A-Quellen verdrängen, die in traditionellen landwirtschaftlichen Systemen zur Verfügung stehen. Die Agroökologin Vandana Shiva weist darauf hin, dass zum Beispiel Bäuerinnen in Bengalen zahlreiche Sorten von grünen Blattgemüsen verwenden, die eine ausgezeichnete Quelle von Betakarotin darstellen. Die höchsten Raten von Vitamin-A-Mangel treten bei den Armen auf, die generell unter Unterernährung leiden und viel mehr von der Entwicklung einer nachhaltigen Landwirtschaft auf Gemeinschaftsbasis profitieren würden als von GM-Produkten, die sie sich nicht leisten können.

In Asien werden Vitamin-A-haltige Blattgemüse und Früchte oft ohne Bewässerung produziert, während der Anbau von Reis wasserintensiv ist und die Erschließung von Grundwasser oder die Errichtung großer Dämme erfordert, was wiederum zu entsprechenden Umweltproblemen führt. Darüber hinaus wissen wir, wie im Falle anderer GM-Feldfrüchte, noch immer sehr wenig über die ökologischen Auswirkungen von Vitamin-A-Reis auf Bodenorganismen und andere vom Reis abhängige Arten in der Nahrungskette. «Ihn als Mittel gegen Blindheit zu propagieren, während man sichere, billigere, bereits vorhandene Alternativen ignoriert, die uns unsere reiche Agrobiovielfalt anbietet», so Shiva, «ist eine geradezu blinde Methode zur Verhinderung von Blindheit.»[101]

Die meisten ökologischen Risiken, die mit herbizidresistenten Feldfrüchten, etwa Monsantos «Roundup-Ready-Sojabohnen», verbunden sind, entstehen durch den zunehmenden Einsatz des Herbizids dieses Konzerns. Da die Resistenz gegen dieses spezielle Herbizid der einzige – und massiv beworbene – Vorteil der Feldfrucht ist, sehen sich die Bauern natürlich veranlasst, riesige Mengen des Unkrautvernichtungsmittels zu verwenden. Es ist hinreichend belegt, dass ein derart massiver Einsatz einer einzigen Chemikalie die Herbizidresistenz in Unkrautpopulationen erheblich verstärkt, was wiederum einen Teufelskreis auslöst – die Chemikalie wird immer mehr intensiv versprüht.

Der zunehmende Einsatz giftiger Chemikalien in der Landwirtschaft ist besonders schädlich für die Konsumenten des Produkts. Wenn Pflanzen wiederholt mit einem Unkrautvernichtungsmittel besprüht werden, entstehen chemische Rückstände, die dann in unserer Nahrung auftauchen. Außerdem können Pflanzen, die in Anwesenheit riesiger Mengen von Herbiziden angebaut werden, unter Stress leiden und werden dann typischerweise mit einer Über- oder Unterproduktion bestimmter Substanzen reagieren. Man weiß zum Beispiel, dass herbizidresistente Mitglieder der Bohnenfamilie größere Mengen von Pflanzenöstrogenen produzieren, die ernste Fehlfunktionen im menschlichen Fortpflanzungsapparat, speziell bei Jungen, verursachen können.[102]

Auf fast 80 Prozent der Anbauflächen mit GM-Feldfrüchten werden heute herbizidresistente Sorten angebaut. Die übrigen 20 Prozent bestehen aus so genannten «insektenresistenten» Feldfrüchten. Dies sind Pflanzen, die gentechnisch so manipuliert sind, dass sie in jeder ihrer Zellen während ihrer ganzen Lebenszyklen Pestizide produzieren. Das bekannteste Beispiel ist ein natürlich vorkommendes Insektizid, ein Bakterium namens *Bacillus thuringiensis* (Bt), dessen Toxin produzierende Gene in Baumwolle, Mais, Kartoffeln, Äpfel und mehrere andere Pflanzen eingespleißt werden.

Die so entstehenden transgenen Feldfrüchte sind gegen einige Insektenarten immun. Doch da die meisten Feldfrüchte einer Vielzahl von Schädlingen ausgesetzt sind, müssen noch immer Insektizide verwendet werden. So hat eine neuere US-Studie ermittelt, dass es auf 7 von 12 Anbauflächen beim Einsatz von Pestiziden keinen signifikanten Unterschied zwischen Bt-Feldfrüchten und Nicht-Bt-Feldfrüchten gab. Auf einer Anbaufläche war der Einsatz von Pestiziden bei Bt-Baumwolle sogar höher als bei Nicht-Bt-Baumwolle.[103]

Die ökologischen Gefahren von Bt-Feldfrüchten sind eine Folge der grundsätzlichen Unterschiede zwischen natürlich vorkommenden Bt-Bakterien und genetisch modifizierten Bt-Feldfrüchten. Seit über fünfzig Jahren verwenden Biobauern das Bt-Bakterium als natürliches Pestizid, um Blätter fressende Raupen, Käfer und Falter in Schach zu halten. Sie setzen es wohl überlegt ein, indem sie ihre Feldfrüchte nur gelegentlich damit bestäuben, damit die Insekten keine Resistenz dagegen entwickeln können. Aber wenn das Bakterium ständig in Feldfrüchten produziert wird, die auf hunderttausenden von Hektar Land angebaut werden, sind deren Schädlinge auch ständig dem Gift ausgesetzt und werden somit unvermeidlich resistent dagegen.

Folglich wird das Bt-Bakterium rasch nutzlos werden, und

zwar sowohl in GM-Feldfrüchten wie als natürliches Pestizid. Dann wird die Pflanzenbiotechnik eines der bedeutendsten biologischen Instrumente für ein integriertes Schädlingsmanagement vernichtet haben. Zwar sehen inzwischen selbst Wissenschaftler in der Biotech-Industrie ein, dass das Bt-Bakterium innerhalb von zehn Jahren nutzlos sein wird, aber die Biotech-Firmen kalkulieren offenbar zynischerweise, dass ihre Patente auf die Bt-Technologie bis dahin ausgelaufen sind und sie dazu übergegangen sein werden, andere Arten von Insektizide produzierenden Pflanzen zu erzeugen.

Ein weiterer Unterschied zwischen natürlichen Bt-Bakterien und Bt-produzierenden Feldfrüchten besteht darin, dass letztere offenbar einer ganzen Reihe von Insekten schaden, und zwar einschließlich vieler Arten, die für das Ökosystem als Ganzes nützlich sind. 1999 erregte eine in der Zeitschrift *Nature* veröffentlichte Studie über Raupen des Monarchfalters, die durch Pollen von Bt-Mais getötet wurden, weltweites öffentliches Aufsehen.[104] Seither hat man herausgefunden, dass Bt-Toxine aus GM-Feldfrüchten sich auch auf Marienkäfer, Bienen und andere nützliche Insekten auswirken.

Die Bt-Toxine in GM-Pflanzen sind auch für die Bodenökosysteme schädlich. Da die Bauern nach der Ernte Pflanzenüberreste im Boden unterpflügen, reichern sich die Gifte im Boden an, wo sie den Myriaden von Mikroorganismen, aus denen sich ein gesundes Bodenökosystem zusammensetzt, ernsten Schaden zufügen.[105]

Neben den schädlichen Auswirkungen von Bt-Feldfrüchten auf Ökosysteme über dem und im Boden bereiten vor allem ihre direkten Gefahren für die menschliche Gesundheit Sorge. Gegenwärtig wissen wir noch sehr wenig über die potenziellen Auswirkungen dieser Toxine auf die Mikroorganismen, die für unser Verdauungssystem überaus wichtig sind. Doch da man bereits zahlreiche Effekte bei Bodenmikroben beobachtet hat, sollte uns die verbreitete Anwesenheit von Bt-Toxinen in Mais, Kartoffeln und anderen Nahrungsfeldfrüchten beunruhigen.

Die Umweltrisiken derzeitiger Pflanzenbiotechniken sind für

jeden Agroökologen evident, auch wenn die genauen Auswirkungen von GM-Feldfrüchten auf landwirtschaftliche Ökosysteme noch immer kaum bekannt sind. Außer diesen erwarteten Risiken werden zahlreiche unerwartete Nebenwirkungen in genetisch modifizierten Pflanzen- und Tierarten beobachtet.[106]

Monsanto muss inzwischen mit einer zunehmenden Zahl von Klagen seitens der Bauern rechnen, die mit diesen unerwarteten Nebeneffekten konfrontiert wurden. So wurden beispielsweise die Kapseln der GM-Baumwolle von Monsanto deformiert und fielen auf tausenden von Hektaren im Mississippidelta ab; das Sommerrapssaatgut von Monsanto musste vom kanadischen Markt genommen werden, weil es mit einem gefährlichen Gen kontaminiert war. Auch die so genannte «Flavr-Savr-Tomate» von Calgene, ein GM-Produkt mit längerer Haltbarkeit, war ein kommerzieller Flop und verschwand bald wieder. Transgene Kartoffeln, die für den menschlichen Verzehr bestimmt waren, verursachten eine Reihe schwerer Gesundheitsprobleme, als sie an Ratten verfüttert wurden – Tumore, Leberatrophie und Hirnschrumpfung.[107]

Im Tierreich, wo die Zellkomplexität viel höher ist, sind die Nebenwirkungen in genetisch modifizierten Arten viel schlimmer. Der «Superlachs» beispielsweise, der gentechnisch manipuliert worden war, damit er so schnell wie möglich wuchs, bekam am Ende zwei monströse Köpfe und starb, weil er nicht in der Lage war, richtig zu atmen oder sich zu ernähren. Und bei einem «Superschwein» mit einem Menschengen für ein Wachstumshormon stellte sich heraus, dass es zu Geschwüren neigte sowie blind und impotent war.

Die fürchterlichste und mittlerweile bekannteste Geschichte ist wahrscheinlich die des genetisch veränderten Hormons mit der Bezeichnung «rekombinantes Rinderwachstumshormon», mit dem die Milchproduktion von Kühen angeregt werden sollte – ungeachtet der Tatsache, dass amerikanische Milchbauern in den letzten fünfzig Jahren ungleich mehr Milch produziert haben, als die Menschen verbrauchen können. Die Auswirkungen dieser gentechnischen Dummheit auf die Gesundheit der Kühe sind verheerend. Die Tiere bekommen Blähungen, Durchfall, Erkrankungen der Knie und Füße, Zysten an den Eierstöcken und vieles mehr. Außerdem kann ihre Milch eine Substanz enthalten, die Brust- und Magenkrebs beim Menschen auslösen kann.

Weil diese GM-Kühe mehr Protein in ihrer Nahrung benötigen, wurde ihr Futter in manchen Ländern mit Tiermehl angereichert. Diese völlig unnatürliche Praxis, die aus vegetarischen Kühen Kannibalen macht, wird mit BSE («Rinderwahnsinn») in Verbindung gebracht und erhöht das Risiko ihres menschlichen Pendants, der Creutzfeld-Jakob-Krankheit. Dies ist der extremste Fall einer durchgeknallten Biotechnik. Dazu der Biologe David Ehrenfeld: «Es gibt kaum einen Grund, das Risiko dieser schrecklichen Krankheit zu erhöhen, nur um einer Biotechnik willen, die wir nicht brauchen. Wenn Kühe keine Hormone bekommen und sich darauf konzentrieren, Gras zu fressen, wird es uns allen viel besser gehen.»[108]

Während genetisch modifizierte Lebensmittel unsere Märkte zu überschwemmen beginnen, werden ihre Gesundheitsrisiken durch die Tatsache verschärft, dass sich die Biotech-Industrie, unterstützt von staatlichen Regulierungsbehörden, weigert, sie korrekt zu kennzeichnen, so dass die Verbraucher nicht zwischen GM- und Nicht-GM-Lebensmitteln unterscheiden können. In den USA hat die Biotech-Industrie die Gesundheitsbehörde FDA dazu überredet, GM-Lebensmittel als «substanziell äquivalent» mit traditionellen Lebensmitteln zu behandeln. Das erlaubt es den Lebensmittelproduzenten, die normale Überprüfung der FDA und der Umweltschutzbehörde (EPA) zu umgehen, und stellt es auch ins Ermessen der Firmen, ihre Produkte als genetisch modifiziert auszuweisen. Damit wird die Öffentlichkeit über die rapide Verbreitung von transgenen Lebensmitteln im Ungewissen gelassen, und die Wissenschaft hat viel größere Mühe, schädliche Auswirkungen aufzuspüren. Mittlerweile ist der Kauf von «Bioprodukten» die einzige Möglichkeit, GM-Lebensmittel zu meiden.

Die Veröffentlichung vertraulicher Dokumente anlässlich einer Gruppenklage hat enthüllt, dass sogar Wissenschaftler in der FDA nicht mit dem Konzept der «substanziellen Äquivalenz» einverstanden sind.[109] Außerdem weist die Position der Biotech-Industrie einen immanenten Widerspruch auf. Einerseits behauptet die Industrie, ihre Produkte seien den traditionellen Feldfrüchten substanziell gleichwertig und müssten daher weder getestet noch entsprechend etikettiert werden – andererseits besteht sie darauf, dass sie ganz neu seien und darum patentiert werden könnten. Vandana Shiva hat es auf den Punkt gebracht: «Der Mythos der ‹substanziellen Äquivalenz› wird geschaffen, um den Bürgern das Recht auf Sicherheit vorzuenthalten und den Wissenschaftlern das Recht, eine vernünftige und ehrliche Wissenschaft zu betreiben.»[110]

Das Leben als ultimative Ware

Um sich alle Aspekte der Biotechnik patentieren zu lassen, sie auszubeuten und zu monopolisieren, kaufen die agrochemischen Topkonzerne Saatgut- und Biotech-Firmen auf und benennen sich selbst in «lebenswissenschaftliche Unternehmen» um.[111] Rasch verschwinden die traditionellen Grenzen zwischen der pharmazeutischen, der agrochemischen und der biotechnischen Industrie, wenn die Konzerne zu gigantischen Konglomeraten unter dem Banner der Lebenswissenschaften fusionieren. So vereinten sich Ciba-Geigy und Sandoz zu Novartis, Hoechst und Rhône-Poulenc zu Aventis, und Monsanto besitzt und kontrolliert inzwischen mehrere große Saatgutfirmen.

All diesen so genannten «lebenswissenschaftlichen Unternehmen» gemeinsam ist ein enges Verständnis von Leben, das auf der irrigen Annahme beruht, die Natur lasse sich der menschlichen Kontrolle unterwerfen. Diese engstirnige Anschauung ignoriert die selbsterzeugende und selbstorganisierende Dynamik, die das wahre Wesen des Lebens ausmacht, und definiert stattdessen lebende Organismen zu Maschinen um, die sich von außen managen und als Industrieressourcen patentieren und vermarkten lassen. Damit wird das Leben selbst zur ultimativen Ware.

Vandana Shiva erinnert uns daran, dass die lateinische Wurzel des Wortes «Ressource» *resurgere* lautet («sich wieder erheben»). Nach der alten Bedeutung des Begriffs ist eine natürliche Ressource wie das ganze Leben somit selbsterneuernd. Dieses tief greifende Verständnis von Leben wird von den neuen «lebenswissenschaftlichen Unternehmen» verleugnet, wenn sie die Selbsterneuerung des Lebens verhindern, um natürliche Ressourcen in profitable Rohstoffe für die Industrie umzuwandeln, nämlich durch eine Kombination von genetischen Veränderungen (einschließlich der so genannten «Terminatortechnologien»[112]) und Patenten, die altehrwürdigen landwirtschaftlichen Praktiken, die die Zyklen des Lebens respektieren, Gewalt antun.

Da ein Patent traditionellerweise als das ausschließliche Recht zur Nutzung und Vermarktung einer Erfindung verstanden wird, erscheint es merkwürdig, dass Biotech-Firmen heutzutage lebende Organismen, von Bakterien bis zu menschlichen Zellen, patentieren können. Diese «Errungenschaft» war nur durch eine Reihe erstaunlicher wissenschaftlicher und juristischer Tricks möglich, wie die Geschichte des Patentrechts zeigt.[113] Das Patentieren von Lebensformen wurde in den sechziger Jahren üblich, als Pflanzenzüchter die Eigentumsrechte an neuen Blumensorten erhielten, die durch das Einwirken und den Erfindungsreichtum des Menschen entstanden waren. Die internationale Gemeinschaft der Juristen brauchte keine zwanzig Jahre, um von diesem scheinbar harmlosen Patentieren von Blumen zur Monopolisierung des Lebens zu gelangen.

Der erste Schritt war die Patentierung speziell gezüchteter Nahrungspflanzen, und kurz darauf erklärten die Gesetzgeber und Regulierungsbehörden, es gebe keine theoretische Grundlage, auf der die Ausweitung des industriellen Patentierens von Pflanzen auf Tiere und Mikroorganismen verhindert werden könnte. So verkündete denn das Oberste Bundesgericht der

USA 1980 die historische Entscheidung, dass genetisch modifizierte Mikroorganismen patentiert werden könnten.

Bei diesen juristischen Argumentationen ignorierte man praktisch die Tatsache, dass sich die ursprünglichen Pflanzenpatente für *verbesserte* Blumensorten nicht auf das Ausgangsmaterial bezogen, das als «gemeinsames Menschheitserbe» galt.[114] Die inzwischen den Biotech-Firmen gewährten Patente decken dagegen nicht nur die Methoden ab, durch die DNA-Sequenzen isoliert, identifiziert und transferiert werden, sondern auch das zugrunde liegende genetische Material selbst. Bestehende nationale Gesetze und internationale Abkommen, die eigens das Patentieren von wichtigen natürlichen Ressourcen wie Nahrungsmitteln und pflanzlichen Medikamenten verbieten, werden inzwischen geändert – und zwar im Sinne der Konzerne, für die das Leben nichts weiter als eine profitable Ware ist.

In den letzten Jahren hat die Patentierung von Lebensformen eine neue Form von «Biopiraterie» entstehen lassen. Gen-Jäger durchforsten Länder im Süden nach wertvollen genetischen Ressourcen wie Saatgut spezieller Feldfrüchte oder Heilpflanzen, oft mit Hilfe von Eingeborenengemeinschaften, die vertrauensvoll die Materialien zusammen mit ihrem Wissen preisgeben. Diese Ressourcen werden dann in Biotech-Labors im Norden gebracht, wo sie isoliert, genetisch identifiziert und patentiert werden.[115]

Diese Ausbeutungspraktiken werden von der engen WTO-Definition der «intellektuellen Eigentumsrechte» (IPRs) legalisiert, die Wissen nur dann als patentfähig anerkennt, wenn es im Rahmen der westlichen Wissenschaft zum Ausdruck gebracht wird. Dazu Vandana Shiva: «Dies schließt alle Arten von Wissen, Ideen und Erfindungen aus, die es in den intellektuellen Gemeinschaftsbereichen gibt – in Dörfern unter Bauern, in Wäldern unter Stammesvölkern und selbst an Universitäten unter Wissenschaftlern.» Somit wird die Ausbeutung des Lebens sogar über lebende Organismen hinaus auf das Wissen und die kollektiven Erfindungen von Eingeborenengemeinschaften ausgedehnt. «Weil sie auf andere Arten und Kulturen weder Rücksicht nehmen noch sie respektieren», so Shiva, «sind IPRs eine moralische, ökologische und kulturelle Schande.»[116]

Die Zeiten ändern sich

In den letzten Jahren sind die durch die Gentechnik verursachten Gesundheitsprobleme ebenso wie ihre tieferen sozialen, ökologischen und ethischen Probleme nur zu offenkundig geworden, und inzwischen gibt es eine rasch wachsende globale Bewegung, die diese Form der Technik ablehnt.[117] Zahlreiche Gesundheits- und Umweltorganisationen haben zu einem Moratorium der kommerziellen Freigabe genmanipulierter Organismen aufgerufen und diese von einer umfassenden öffentlichen Untersuchung der legitimen und sicheren Anwendungsformen der Gentechnik abhängig gemacht.[118] Es dürfe auch keine Patente auf lebende Organismen oder ihre Teile geben, und unser Umgang mit der Biotechnik solle auf dem Prinzip der Vorsicht basieren, wie es in den internationalen Abkommen seit dem Umweltgipfel in Rio de Janeiro von 1992 festgehalten ist. Das so genannte 15. Prinzip der Erklärung von Rio besagt: «Wo ernsthafte oder irreversible Schäden drohen, soll das Fehlen einer vollen wissenschaftlichen Gewissheit nicht als Begründung dafür benutzt werden, kosteneffektive Maßnahmen zur Verhinderung einer Schädigung der Umwelt zu verschieben.»

Während die Gentechnik mit einem wachsenden globalen Widerstand rechnen muss, wird ihre wissenschaftliche Basis ernsthaft von der konzeptionellen Revolution unterhöhlt, die heute in der Molekularbiologie stattfindet. Darum ergehen Aufrufe zu einem radikal neuen Umgang mit der Biotechnik nicht nur von Ökologen, Angehörigen der Gesundheitsberufe und besorgten Bürgern, sondern zunehmend auch von führenden Genetikern, worauf ich in diesem Kapitel immer wieder hingewiesen habe.

Der konzeptionelle Wandel in der Molekularbiologie ist eine Hinwendung zum systemischen Verständnis von Leben, dem

Leitmotiv dieses Buches. Dabei verlagert sich die Betonung von der Struktur genetischer Sequenzen hin zur Organisation genetischer und epigenetischer Netzwerke, von genetischen Programmen zu emergenten Eigenschaften. Mit den faszinierenden Entdeckungen des Human Genome Project hat die Diskussion um den gegenwärtigen Paradigmenwechsel in der Biologie nun sogar die populärwissenschaftliche Presse erreicht. Meiner Meinung nach ist es bezeichnend, dass eine wissenschaftliche Sonderbeilage der *New York Times* über die Ergebnisse des Human Genome Project das Genom zum ersten Mal als ein komplexes funktionales Netzwerk abbildete (siehe unten).

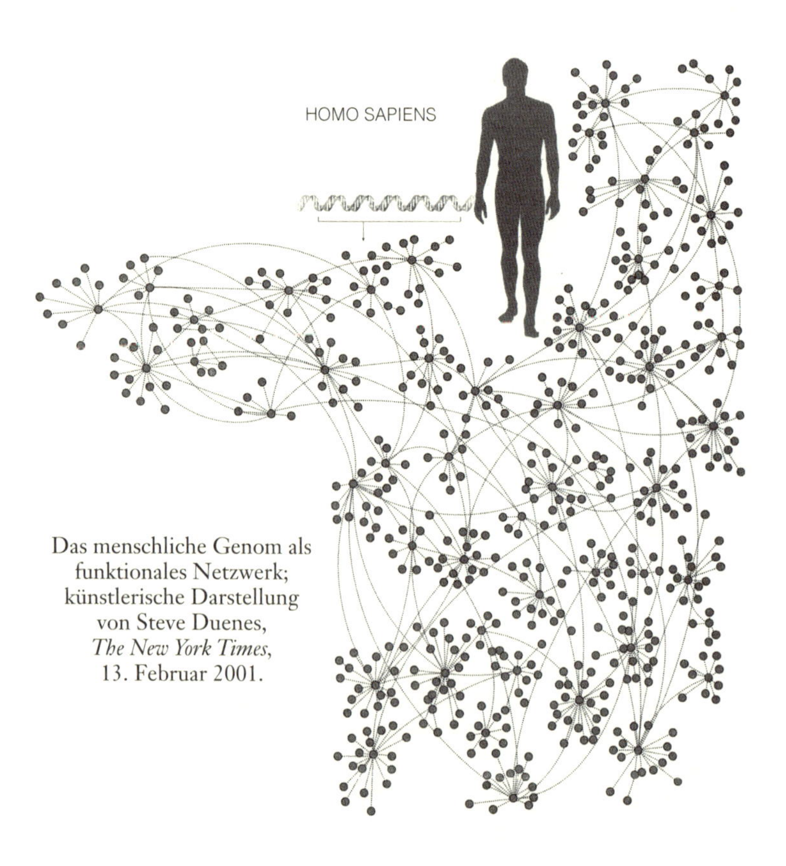

Das menschliche Genom als funktionales Netzwerk; künstlerische Darstellung von Steve Duenes, *The New York Times*, 13. Februar 2001.

Sobald sich unsere Naturwissenschaftler, Techniker und die politischen und wirtschaftlichen Führungspersönlichkeiten die systemische Vorstellung vom Leben zu Eigen gemacht haben, können wir uns eine radikal andere Form von Biotechnik vorstellen. Am Anfang würde der Wunsch stehen, von der Natur zu lernen, statt sie zu kontrollieren – die Natur würde als Mentor statt bloß als Quelle von Rohstoffen dienen. Statt das Netz des Lebens als Ware zu behandeln, würden wir es als den Kontext unserer Existenz respektieren.

Diese neuartige Biotechnik würde lebende Organismen nicht genetisch modifizieren, sondern die Gentechnik vielmehr dazu benutzen, die subtilen «Designs» der Natur zu verstehen und als Modelle für neue Humantechnologien anzusehen. Wir würden das ökologische Wissen in das Design von Materialien und technologischen Prozessen integrieren, indem wir von Pflanzen, Tieren und Mikroorganismen die Herstellung von Fasern, Kunststoffen und Chemikalien erlernen, die nichttoxisch, biologisch komplett abbaubar sind und sich ständig recyceln lassen.

Das wären *Bio*techniken in einem neuen Sinn, weil die materiellen Strukturen des Lebens auf Proteinen basieren, die wir nur mit Hilfe der von lebenden Organismen gelieferten Enzyme produzieren könnten. Die Entwicklung solcher neuer Biotechniken wird eine ungeheure intellektuelle Herausforderung sein, weil wir noch immer nicht begreifen können, wie die Natur im Laufe von Jahrmilliarden «Technologien» entwickelt hat, die unseren menschlichen Schöpfungen weit überlegen sind. Wie zum Beispiel produzieren Muscheln einen Klebstoff, der in Wasser an allem haftet? Wie spinnen Spinnen einen Seidenfaden, der fünfmal stärker als Stahl ist? Wie entwickeln Meerohrschnecken eine Schale, die doppelt so hart ist wie unsere Hightech-Keramik? Wie können diese Lebewesen ihre «Wundermaterialien» in Wasser, bei Zimmertemperatur, lautlos und ohne toxische Nebenprodukte herstellen?

Wenn man die Antworten auf diese Fragen findet und sie zur Entwicklung von Technologien nutzt, die sich von der Natur inspirieren lassen, könnte man in den kommenden Jahrzehnten zu faszinierenden Forschungsprogrammen für Wissenschaftler und Ingenieure gelangen. Und diese Programme sind bereits eingeleitet worden. Sie gehören zu einem aufregenden neuen Gebiet von Technik und Design, das man «Biomimikry» und allgemeiner «Ökodesign» nennt und das in letzter Zeit einen Optimismus hinsichtlich der Chancen ausgelöst hat, dass sich die Menschheit auf eine nachhaltige Zukunft zubewegt.[119]

In ihrem Buch *Biomimicry* nimmt uns die Wissenschaftsautorin Janine Benyus auf eine faszinierende Reise in zahlreiche Laboratorien und Feldforschungsstationen mit, wo interdisziplinäre Teams von Wissenschaftlern und Ingenieuren die detaillierte Chemie und die molekularen Strukturen der komplexesten Materialien der Natur analysieren, um sie als Modelle für neue Biotechniken zu verwenden.[120] Sie entdecken, dass viele unserer großen technologischen Probleme in der Natur bereits auf elegante, effiziente und ökologisch nachhaltige Weise gelöst sind, und sie versuchen, diese Lösungen an den menschlichen Gebrauch anzupassen.

So haben etwa Wissenschaftler an der University of Washington die molekulare Struktur und den Aufbauprozess der glatten Innenauskleidung von Meerohrschneckenschalen untersucht, die zarte farbige Wirbelmuster aufweist und so hart wie Nägel ist. Es gelang ihnen, den Aufbauprozess bei Umgebungstemperaturen nachzuahmen und ein hartes, transparentes Material zu erschaffen, das eine ideale Beschichtung für die Windschutzscheiben ultraleichter Elektroautos abgeben könnte. Deutsche Forscher haben die unebene, selbstreinigende Mikrooberfläche des Lotosblatts imitiert und eine Farbe erzeugt, die den gleichen Zweck an Gebäuden erfüllt. Meeresbiologen und Biochemiker haben jahrelang die einzigartige Chemie untersucht, derer sich Miesmuscheln bedienen, um einen Klebstoff abzusondern, der unter Wasser haftet. Inzwischen prüfen sie die potenziellen medizinischen Anwendungen, die es Chirurgen ermöglichen würden, Verbindungen zwischen Bändern und Geweben in einem flüssigen Milieu herzustellen. Und in mehreren Labors untersuchen Physiker gemeinsam mit Biochemikern die komplexen

Strukturen und Prozesse der Photosynthese, in der Hoffnung, sie schließlich in neuartigen Solarzellen nachahmen zu können.

Während diese aufregenden Entwicklungen stattfinden, halten allerdings viele Genetiker, in Biotech-Firmen ebenso wie in der akademischen Welt, immer noch an der zentralen Behauptung des genetischen Determinismus fest, dass die Gene das Verhalten determinieren. Man muss sich fragen, ob diese Wissenschaftler wirklich glauben, dass unser Verhalten von unseren Genen bestimmt wird, und wenn nicht, warum sie diese Fassade aufrechterhalten.

Diskussionen mit Molekularbiologen über diese Frage haben mir gezeigt, dass es mehrere Gründe dafür gibt, dass Wissenschaftler meinen, am Dogma des genetischen Determinismus festhalten zu müssen, obwohl immer mehr für das Gegenteil spricht. Die Industrie stellt Wissenschaftler oft für spezifische, eng begrenzte Projekte ein, an denen sie unter strenger Aufsicht arbeiten, wobei sie sich über die allgemeineren Implikationen ihrer Forschung nicht äußern dürfen und deshalb auch so genannte Vertraulichkeitsklauseln unterschreiben müssen. Insbesondere in Biotech-Firmen gibt es einen enormen Druck, sich an die offizielle Doktrin des genetischen Determinismus zu halten.

In der akademischen Welt herrscht zwar ein anderer Druck, der aber leider fast genauso stark ist. Wegen der ungeheuren Kosten der Genforschung gehen biologische Fachbereiche zunehmend Partnerschaften mit Biotech-Firmen ein, die erhebliche Mittel zuschießen und damit Beschaffenheit und Richtung der Forschung beeinflussen. Dazu Richard Strohman: «Zwischen akademischen Biologen und Forschern in der freien Wirtschaft gibt es längst keinen Unterschied mehr, und inzwischen werden spezielle Preise für Formen der Zusammenarbeit dieser beiden Sektoren verliehen, zwischen denen früher ein Interessenkonflikt herrschte.»[121]

Die Biologen haben sich daran gewöhnt, ihre Stipendienanträge im Sinne des genetischen Determinismus zu formulieren, weil sie wissen, dass sie dafür auch Mittel bekommen. Sie versprechen ihren Geldgebern, dass sich bestimmte Resultate aus dem künftigen Wissen um die genetische Struktur ableiten lassen, obwohl ihnen klar ist, dass der wissenschaftliche Fortschritt stets unerwartet und unvorhersagbar ist. Sie machen sich diese Doppelmoral während ihres Studiums zu Eigen und halten daran im Laufe ihrer akademischen Karriere fest.

Außer diesem offenkundigen Druck gibt es eher subtile kognitive und psychische Barrieren, die Biologen daran hindern, die systemische Anschauung von Leben zu übernehmen. Der Reduktionismus stellt noch immer das dominante Paradigma dar, und daher sind sie oft nicht vertraut mit Konzepten wie Selbstorganisation, Netzwerken oder emergenten Eigenschaften. Außerdem kann die Genforschung im Rahmen des reduktionistischen Paradigmas ungeheuer aufregend sein. Das Kartieren von Genomen beispielsweise ist eine erstaunliche Leistung, die noch vor einer Generation für Wissenschaftler undenkbar gewesen wäre. Daher ist es nur zu verständlich, dass viele Genetiker sich von ihrer Erregung mitreißen lassen und ihre finanziell gut ausgestattete Forschung fortsetzen wollen, ohne sich Gedanken über die allgemeineren Implikationen zu machen.

Schließlich dürfen wir auch nicht vergessen, dass die Wissenschaft ein ausgesprochen kollektives Unternehmen ist. Wissenschaftler haben ein starkes Bedürfnis, intellektuellen Gemeinschaften anzugehören, und werden sich nicht so ohne weiteres gegen sie äußern. Selbst unkündbare Wissenschaftler, die eine großartige Karriere gemacht und prestigeträchtige Preise gewonnen haben, äußern sich nur widerstrebend kritisch über ihren Berufsstand.

Doch trotz all dieser Barrieren zeigt die weltweite Opposition gegen das Patentieren, Vermarkten und Freisetzen genetisch modifizierter Organismen, verbunden mit den seit einiger Zeit sichtbar gewordenen Grenzen der begrifflichen Grundlagen der Gentechnik, dass das Gebäude des genetischen Determinismus ins Wanken geraten ist. Es ist wohl so, um noch einmal Evelyn Fox Keller zu zitieren, «dass das Primat des Gens als Schlüsselbegriff für die Erklärung biologischer Strukturen und Funktionen mehr für die Biologie des 20. Jahrhunderts charakteristisch war, aber es nicht mehr für das 21. sein wird».[122] Eines jedenfalls ist klar – die Biotechnik ist an einem wissenschaftlichen, philosophischen und politischen Wendepunkt angelangt.

7
Mut zur Umkehr

Schon zu Beginn dieses neuen Jahrhunderts wird zunehmend klar, dass der neoliberale «Washington-Konsens» sowie die politischen und wirtschaftlichen Bestimmungen der Gruppe der Sieben und ihrer Finanzinstitute – der Weltbank, des IWF und der WTO – durchweg verfehlt sind. Die immer wieder in diesem Buch zitierten Analysen von Wissenschaftlern und Gemeinschaftsführern zeigen, dass die «neue Wirtschaft» eine Vielzahl miteinander vernetzter schädlicher Folgen hat: zunehmende soziale Ungleichheit und sozialer Ausschluss, einen Niedergang der Demokratie, die raschere und umfassendere Zerstörung der natürlichen Umwelt sowie wachsende Armut und Entfremdung. Der neue globale Kapitalismus hat auch eine globale Verbrechenswirtschaft hervorgebracht, die sich nachhaltig auf die nationale und internationale Wirtschaft und Politik auswirkt; er bedroht und zerstört lokale Gemeinschaften auf der ganzen Welt und verletzt mit einer schlecht durchdachten Biotechnik die Unantastbarkeit des Lebens, indem er versucht, Vielfalt in Monokultur, Ökologie in Technik und das Leben selbst in eine Ware umzuwandeln.

Der Zustand der Erde

Ungeachtet neuer Umweltbestimmungen, einer zunehmenden Verfügbarkeit umweltfreundlicher Produkte und vieler anderer ermutigender Entwicklungen, für die sich die Umweltbewegung einsetzt, ist keine Wende beim massiven Abholzen von Wäldern und bei der größten Auslöschung von Arten seit Jahrmillionen erkennbar.[1] Indem wir unsere natürlichen Ressourcen abbauen und die biologische Vielfalt unseres Planeten reduzieren, schädigen wir ausgerechnet das Gewebe des Lebens, von dem unser Wohlergehen abhängt, einschließlich der unschätzbaren «Ökosystem-Dienstleistungen», die uns die Natur umsonst gewährt: Abfallverwertung, Klimaregulierung, Regeneration der Atmosphäre, und so weiter.[2] Diese lebenswichtigen Prozesse sind emergente Eigenschaften nichtlinearer lebender Systeme, die wir gerade erst zu verstehen beginnen, und sie sind heute von unserem linearen Streben nach Wirtschaftswachstum und materiellem Konsum ernsthaft gefährdet.

Diese Gefahren werden durch den globalen Klimawandel verschärft, den unsere Industriesysteme verursachen. Die kausale Verbindung zwischen der globalen Erwärmung und der Aktivität des Menschen ist nicht mehr hypothetisch. Ende 2000 veröffentlichte die auf UN-Ebene eingerichtete Zwischenstaatliche Kommission für Klimaveränderungen (IPCC) ihre bislang entschiedenste Konsenserklärung, derzufolge die Freisetzung von Kohlendioxid und anderer Treibhausgase durch den Menschen «erheblich zu der im Laufe der letzten fünfzig Jahre beobachteten Erwärmung beitrug».[3] Bis zum Ende dieses Jahrhunderts, so die Vorhersage der IPCC, könnten die Temperaturen um fast 6 Grad Celsius ansteigen. Diese Zunahme würde die Temperaturveränderung zwischen der letzten Eiszeit und heute noch übertreffen. Eine Folge davon wäre, dass praktisch jedes natürliche System auf der Erde und jedes menschliche Wirtschaftssystem durch den steigenden Meeresspiegel, verheerende Stürme und länger anhaltende Dürren gefährdet würden.[4]

Zwar hat es in jüngster Zeit einen gewissen Rückgang bei den Kohlenstoffemissionen gegeben, doch damit hat sich die Geschwindigkeit der globalen Klimaveränderung keineswegs verringert. Im Gegenteil, neuere Belege sprechen dafür, dass sie sich vergrößert. Das ergibt sich aus zwei getrennten und gleichermaßen beunruhigenden Beobachtungen: dem rapiden Abschmelzen der Gletscher und des Eises im Nördlichen Eismeer sowie der Gefährdung der Korallenriffe.

Das außergewöhnlich rasche Abschmelzen der Gletscher auf der ganzen Welt ist eines der unheilvollsten Anzeichen der Erwärmung, die durch das anhaltende rücksichtslose Verbrennen fossiler Brennstoffe verursacht wird. Und im Juli 2000 bot sich Wissenschaftlern, die den Nordpol an Bord des russischen Eisbrechers «Jamal» erreichten, ein merkwürdiger und unheimlicher Anblick: eine knapp zwei Kilometer breite Fläche offenen Wassers anstelle des dicken Eises, das seit Urzeiten das Nördliche Eismeer bedeckte.[5]

Falls diese massive Eisschmelze anhält, wird sie dramatische globale Auswirkungen haben. Das arktische Eis ist ein wichtiges Element in der Dynamik des Golfstroms, wie Wissenschaftler vor kurzem feststellten. Würde dieser aus dem nordatlantischen Strömungssystem verschwinden, hätte dies eine drastische Veränderung des europäischen Klimas ebenso wie des Klimas in anderen Teilen der Welt zur Folge.[6]

Außerdem würde die verringerte Eisdecke weniger Sonnenlicht reflektieren und damit die Erwärmung der Erde weiter beschleunigen – ein Teufelskreis. Im schlimmsten Fall könnte, so die Wissenschaftler der IPCC, der in Hemingways berühmter Kurzgeschichte verewigte Schnee auf dem Kilimandscharo innerhalb von fünfzehn Jahren verschwinden, ebenso wie der Schnee in den Alpen.

Weniger sichtbar als das Schmelzen der Gletscher in den Hochgebirgen, aber nicht weniger signifikant sind die alarmierenden Hinweise auf die zunehmende globale Erwärmung aus den tropischen Ozeanen. In vielen Teilen der Tropen befinden sich in seichten Gewässern riesige Korallenriffe, die im Laufe langer geologischer Perioden von winzigen Polypen angelegt wurden. Diese massivsten Strukturen, die je von lebenden Organismen auf der Erde erschaffen wurden, bilden die Existenzgrundlage für zahllose Pflanzen, Tiere und Mikroorganismen. Neben den tropischen Regenwäldern sind die tropischen Korallenriffe die komplexesten Ökosysteme der Erde, wahre Wunder der biologischen Vielfalt.[7]

Seit etlichen Jahren stehen die Korallenriffe auf der ganzen

Welt, in der Karibik, im Indischen Ozean und am australischen Great Barrier Reef, unter lebensbedrohlichem Umweltstress, und das liegt teilweise an den steigenden Temperaturen. Korallenpolypen reagieren empfindlich auf Temperaturveränderungen – sie werden weiß und sterben ab, wenn die Meerestemperatur auch nur geringfügig ansteigt. 1998 haben Meeresbiologen geschätzt, dass über ein Viertel der Korallenriffe der Erde krank sind oder sterben, und zwei Jahre später berichteten Wissenschaftler, dass die Hälfte der riesigen Korallenriffe um den indonesischen Archipel von den Auswirkungen der Meeresverschmutzung, des Abholzens der Wälder und der ansteigenden Temperaturen zerstört worden seien.[8] Dieses weltweite Dezimieren der Korallenriffe ist einer der eindeutigsten und beunruhigendsten Hinweise darauf, dass sich unser Planet erwärmt.

Während Wissenschaftler von unübersehbaren Anzeichen für eine globale Erwärmung in der Arktis und in den Tropen berichten, häufen sich «Naturkatastrophen» mit verheerenden Auswirkungen, die zum Teil durch die vom Menschen herbeigeführte globale Klimaveränderung und andere ökologisch verheerende Praktiken verursacht werden. Allein 1998 gab es drei solcher Katastrophen in verschiedenen Teilen der Welt, die alle tausende von Menschenleben forderten und Schäden in Milliardenhöhe anrichteten.[9]

Der Hurrikan Mitch, der verheerendste Atlantiksturm seit 200 Jahren, brachte 10000 Menschen den Tod und verwüstete große Gebiete von Mittelamerika, die dadurch in ihrer Entwicklung um Jahrzehnte zurückgeworfen wurden. Die Auswirkungen dieses Sturms verstärkten sich durch das Zusammenspiel von Klimaveränderung, Entwaldung aufgrund des Bevölkerungsdrucks und Bodenerosion. In China war das katastrophale Hochwasser des Jangtse, bei dem es über 4000 Tote gab und 25 Millionen Hektar Ackerland überschwemmt wurden, großenteils eine Folge der Entwaldung, die dazu führte, dass das Wasser von den vielen nackten, steilen Hängen schneller abfloss. Und im selben Jahr litt Bangladesh unter der verheerendsten Überschwemmung des Jahrhunderts, die 1400 Menschen tötete und zwei Drittel des Landes mehrere Monate lang unter Wasser setzte. Die Flut wurde verschlimmert durch Regen, der auf stark abgeholzte Gebiete fiel, sowie durch Abflüsse aus umfangreichen Entwicklungsprojekten stromaufwärts, die die Flüsse der Region verstopften.

Aufgrund der globalen Erwärmung steigt der Meeresspiegel ständig an: im letzten Jahrhundert etwa um 20 Zentimeter, und wenn der gegenwärtige Trend anhält, wird er bis 2100 um weitere 50 Zentimeter ansteigen. Meteorologen sagen voraus, dass dies die großen Flussdeltas der Welt – des Ganges, des Amazonas und des Mississippi – gefährden würde und dass ein steigender Wasserspiegel sogar das New Yorker U-Bahn-Netz unter Wasser setzen könnte.[10]

Die (oft wörtlich zu verstehende) zunehmende Flut von Naturkatastrophen im Laufe des letzten Jahrzehnts ist ein eindeutiger Hinweis darauf, dass die von menschlichen Maßnahmen verursachte klimatische Instabilität wächst, während wir zugleich die gesunden Ökosysteme zerstören, die uns Schutz vor Naturkatastrophen bieten. Dazu Janet Abramovitz vom Worldwatch Institute:

> Viele Ökosysteme werden bis zu dem Punkt überlastet, an dem sie nicht mehr elastisch sind und natürlichen Störungen standhalten können, und dies schafft die Voraussetzungen für «unnatürliche Naturkatastrophen», die aufgrund menschlicher Maßnahmen häufiger auftreten oder schwerwiegender sind. Indem wir Wälder vernichten, Flüsse stauen, Feuchtgebiete auffüllen und das Klima destabilisieren, zerreißen wir die Maschen eines komplexen ökologischen Sicherheitsnetzes.[11]

Die sorgfältige Analyse der den Naturkatastrophen in neuerer Zeit zugrunde liegenden Dynamik zeigt auch, dass bei all diesen Katastrophen ökologische und soziale Stressphänomene eng miteinander verknüpft sind.[12] Armut, Ressourcenknappheit und Bevölkerungszuwachs vereinen sich zu einem Teufelskreis von

Schädigung und Zusammenbruch in den Ökosystemen wie in den lokalen Gemeinschaften.

Diese Analysen verweisen vor allem darauf, dass die Ursachen der meisten gegenwärtigen Probleme für Umwelt und Gesellschaft tief in unseren Wirtschaftssystemen verankert sind. Wie ich bereits betont habe, ist die derzeitige Form des globalen Kapitalismus in ökologischer wie sozialer Hinsicht schädlich und daher auf lange Sicht politisch nicht aufrechtzuerhalten.[13] Strengere Umweltvorschriften, bessere Wirtschaftspraktiken und effizientere Technologien sind unabdingbar, aber sie reichen nicht aus. Wir brauchen einen tiefer reichenden systemischen Wandel.

Ein solcher Wandel ist bereits im Gang. Wissenschaftler, Gemeinschaftsführer und basisdemokratische Aktivisten auf der ganzen Welt gehen effiziente Koalitionen ein und fordern nicht nur zur «Wende» auf, sondern schlagen auch konkrete Möglichkeiten dazu vor.

Globalisierung nach Plan

Jede realistische Diskussion über eine Wende muss bei der Erkenntnis ansetzen, dass die Globalisierung zwar ein emergentes Phänomen ist, dass aber die gegenwärtige Form der ökonomischen Globalisierung bewusst geplant ist und umgestaltet werden kann. Wie wir gesehen haben, ist die heutige globale Wirtschaft um Netzwerke von Finanzströmen herum strukturiert, in denen das Kapital in Echtzeit arbeitet und sich auf der unablässigen Suche nach Investitionsmöglichkeiten rasch von einer Option zur anderen bewegt.[14] Der so genannte «globale Markt» ist eigentlich ein Netzwerk von Maschinen – eine Automatik, die ihre Logik allen daran beteiligten Menschen aufzwingt. Doch damit diese Automatik reibungslos funktioniert, muss sie von menschlichen Akteuren und Institutionen programmiert werden. Die Programme, die die «neue Wirtschaft» entstehen lassen, weisen zwei wesentliche Komponenten auf: Werte und

Operationsregeln. Die globalen Finanznetzwerke verarbeiten Signale, die jedem Vermögen in jeder Volkswirtschaft einen spezifischen Finanzwert zuweisen. Dieser Verarbeitungsprozess ist alles andere als unkompliziert. Er umfasst wirtschaftliche Berechnungen, die auf höheren mathematischen Modellen basieren, Informationen und Meinungen, die von Marktbewertungsfirmen, Finanzgurus, führenden Zentralbanken und anderen einflussreichen «Analysten» ausgegeben werden, und last but not least Informationsturbulenzen, die weitgehend unkontrolliert sind.[15]

Mit anderen Worten: Der handelsfähige Finanzwert jedes Vermögens (der ständigen Anpassungen unterworfen ist) ist eine emergente Eigenschaft der hoch nichtlinearen Dynamik der Automatik. Doch alle Bewertungen beruhen auf dem Grundprinzip des zügellosen Kapitalismus: dass das Geldverdienen stets einen höheren Wert haben soll als Demokratie, Menschenrechte, Umweltschutz oder irgendwelche anderen Werte. Mut zur Umkehr heißt zuerst und vor allem, Abschied von diesem Grundprinzip zu nehmen.

Neben dem komplexen Prozess der Festsetzung handelsfähiger Werte enthalten die Programme der globalen Finanznetzwerke Operationsregeln, an die sich die Märkte auf der ganzen Welt halten müssen. Dies sind die so genannten Regeln des «freien Handels», die die Welthandelsorganisation (WTO) ihren Mitgliedstaaten auferlegt. Um maximale Gewinnmargen im globalen Casino zu ermöglichen, muss das Kapital frei durch seine Finanznetzwerke fließen dürfen, so dass es jederzeit überall auf der Welt investiert werden kann. Die Freihandelsvorschriften der WTO sollen zusammen mit einer zunehmenden Deregulierung von Unternehmensaktivitäten die freie Bewegung des Kapitals garantieren. Die Hindernisse für einen unbeschränkten Handel, die durch dieses neue gesetzliche System beseitigt oder verringert werden, sind gewöhnlich Umweltvorschriften, Gesetze zur öffentlichen Gesundheitsfürsorge, Gesetze zur Sicherheit von Nahrungsmitteln, Rechte von Arbeitnehmern und Gesetze, die den Staaten die Kontrolle über Investitionen auf ihrem Gebiet und das Eigentum an ihrer lokalen Kultur einräumen.[16]

Die sich daraus ergebende Integration geht über rein wirtschaftliche Aspekte hinaus – sie erfasst auch den Bereich der Kultur. Länder auf der ganzen Welt mit ganz unterschiedlichen kulturellen Traditionen werden zunehmend homogenisiert durch die unablässige Ausbreitung der gleichen Restaurant- und Hotelketten, Hochhausarchitektur, Supermärkte und Einkaufszentren. Das Ergebnis ist, wie Vandana Shiva treffend formuliert hat, eine zunehmende «Monokultur des Geistes».

Die wirtschaftlichen Regeln des globalen Kapitalismus werden von drei globalen Finanzinstitutionen durchgesetzt und intensiv gefördert: der Weltbank, dem IWF und der WTO. Man nennt sie kollektiv die Bretton-Woods-Institutionen, weil sie 1944 bei einer UN-Konferenz in Bretton Woods im US-Staat New Hampshire eingerichtet wurden, um den institutionellen Rahmen für eine kohärente weltweite Nachkriegswirtschaft zu schaffen.

Ursprünglich sollte die Weltbank den Wiederaufbau in Europa nach dem Zweiten Weltkrieg finanzieren und der Internationale Währungsfonds die Stabilität des internationalen Finanzsystems gewährleisten. Doch beide Institutionen verlegten sich schon bald darauf, ein beschränktes Modell der wirtschaftlichen Entwicklung in der Dritten Welt zu fördern und durchzusetzen, oft mit katastrophalen Folgen für Gesellschaft und Umwelt.[17] Die vorgebliche Rolle der WTO besteht darin, den Handel zu regulieren, Handelskriege zu verhindern und die Interessen armer Länder zu schützen. In Wirklichkeit setzt die WTO global die gleiche Agenda durch, die die Weltbank und der IWF den meisten Industrieländern aufgenötigt haben. Statt die Gesundheit, die Sicherheit, den Lebensunterhalt und die Kultur der Menschen zu schützen, höhlen die Freihandelsvorschriften der WTO diese grundlegenden Menschenrechte aus, um Macht und Reichtum einer kleinen Unternehmerelite zu konsolidieren.

Die Freihandelsvorschriften sind das Ergebnis langjähriger Verhandlungen hinter geschlossenen Türen, an denen Industriehandelsgruppen und Konzerne beteiligt, von denen aber Nichtregierungsorganisationen (NGOs) ausgeschlossen waren, die für die Umwelt, soziale Gerechtigkeit, Menschenrechte und Demokratie eintreten. Kein Wunder, dass die weltweite Anti-WTO-Bewegung inzwischen eine größere Transparenz bei der Einführung von Marktvorschriften und eine unabhängige Überprüfung der sich aus diesen ergebenden Folgen für Gesellschaft und Umwelt fordert. Ja, eine mächtige Koalition von hunderten von NGOs schlägt eine ganze Reihe neuer handelspolitischer Maßnahmen vor, die das globale Finanzspiel nachhaltig verändern würden.

Gemeinschaftsführer und basisdemokratische Bewegungen auf der ganzen Welt, Sozialwissenschaftler und sogar einige der erfolgreichsten Finanzspekulanten sind sich mittlerweile darin einig, dass der globale Kapitalismus reguliert und eingeschränkt werden muss und dass seine Finanzströme nach anderen Werten organisiert werden sollten.[18] Auf der Konferenz des Weltwirtschaftsforums in Davos, des exklusiven Clubs von Vertretern des Big Business, räumten im Jahre 2001 einige der führenden Global Players zum ersten Mal ein, dass die Globalisierung nur dann eine Zukunft habe, wenn sie so gestaltet werde, dass sie alle einschließt, ökologisch nachhaltig ist und die Menschenrechte und -werte respektiert.[19]

Es ist ein gewaltiger Unterschied, ob man «politisch korrekte» Statements abgibt oder das Verhalten der Unternehmen tatsächlich verändert. Allerdings wäre es schon ein entscheidender erster Schritt, würde man sich hinsichtlich der Grundwerte einigen, die wir brauchen, um die Globalisierung umzugestalten. Was sind das für Grundwerte? Oder um es mit Václav Havels Worten zu sagen: Welches sind die ethischen Dimensionen der Globalisierung?[20]

Die Ethik bezieht sich auf Normen des menschlichen Verhaltens, die sich aus einem Gefühl der Zugehörigkeit ergeben. Wenn wir einer Gemeinschaft angehören, verhalten wir uns entsprechend.[21] Bezogen auf die Globalisierung, gibt es zwei relevante Gemeinschaften, denen wir alle angehören: die Menschheit und die globale Biosphäre. Wir sind Angehörige des *oikos*, des «Erdhaushalts» – so die wörtliche Bedeutung der griechischen Wurzel des Wortes «Ökologie» –, und als solche sollten wir uns so verhalten wie die anderen Mitglieder des Haushalts: die Pflanzen, Tiere und Mikroorganismen, die das riesige Netzwerk von Beziehungen bilden, das wir das «Netz des Lebens» nennen.

Dieses globale lebende Netzwerk hat sich in den letzten drei Milliarden Jahren entfaltet, entwickelt und verzweigt, ohne je zu zerreißen. Das herausragendste Merkmal des Erdhaushalts ist seine immanente Fähigkeit, Leben zu erhalten. Als Angehörige der globalen Gemeinschaft der Lebewesen sollten wir uns eigentlich so verhalten, dass wir diese immanente Fähigkeit nicht stören. Dies ist die grundlegende Bedeutung von ökologischer Nachhaltigkeit. In einer nachhaltigen Gemeinschaft wird nicht etwa das Wachstum oder die Entwicklung der Wirtschaft aufrechterhalten, sondern das gesamte Netz des Lebens, von dem unser langfristiges Überleben abhängt. Mit anderen Worten: Eine nachhaltige Gemeinschaft ist so beschaffen, dass ihre Lebensweisen sowie ihre unternehmerischen, ökonomischen, physikalischen Strukturen und Technologien die der Natur immanente Fähigkeit, Leben zu erhalten, nicht stören.

Als Angehörige der menschlichen Gemeinschaft sollten wir in unserem Verhalten Respekt vor der Würde des Menschen und vor den grundlegenden Menschenrechten an den Tag legen. Da das menschliche Leben eine biologische, eine kognitive und eine soziale Dimension aufweist, sollten die Menschenrechte in all diesen drei Dimensionen respektiert werden. So schließt die biologische Dimension das Recht auf eine gesunde Umwelt und auf sichere und gesunde Nahrung ein. Zum Respektieren der Unversehrtheit des Lebens gehört darüber hinaus auch die Ablehnung der Patentierung von Lebensformen. Zu den Menschenrechten in der kognitiven Dimension zählen das Recht auf Zugang zu Bildung und Wissen ebenso wie die Meinungs- und Redefreiheit. In der sozialen Dimension schließlich ist das erste Menschenrecht – wie es die Allgemeine Erklärung der Menschenrechte seitens der Vereinten Nationen formuliert – «das Recht auf Leben, Freiheit und Sicherheit der Person». Die soziale Dimension weist eine große Vielfalt anderer Menschenrechte auf – von sozialer Gerechtigkeit bis zum Recht auf friedliche Versammlung, kulturelle Integrität und Selbstbestimmung.

Wenn wir den Respekt vor diesen Menschenrechten mit der Ethik der ökologischen Nachhaltigkeit verbinden wollen, müssen wir uns darüber im Klaren sein, dass Nachhaltigkeit – in Ökosystemen ebenso wie in der menschlichen Gesellschaft – keine individuelle Eigenschaft, sondern eine Eigenschaft eines ganzen Beziehungsnetzes ist: einer Gemeinschaft. Eine nachhaltige menschliche Gemeinschaft interagiert mit anderen – menschlichen und nichtmenschlichen – lebenden Systemen so, dass diese Systeme gemäß ihrer Natur leben und sich entwickeln können. Im Bereich des Menschen ist Nachhaltigkeit daher völlig vereinbar mit dem Respekt vor kultureller Integrität, kultureller Vielfalt und dem Grundrecht von Gemeinschaften auf Selbstbestimmung und Selbstorganisation.

Die Seattle-Koalition

Die Werte der Menschenwürde und der ökologischen Nachhaltigkeit stellen somit die ethische Grundlage für die Umgestaltung der Globalisierung dar. Um die Jahrhundertwende hat sich eine eindrucksvolle globale Koalition von NGOs mit ausdrücklichem Bezug auf diese Werte gebildet. Die Anzahl der Nichtregierungsorganisationen hat in den letzten Jahrzehnten dramatisch zugenommen – von mehreren hundert in den sechziger Jahren bis auf über 20000 am Ende des Jahrhunderts.[22] In den neunziger Jahren entstand innerhalb dieser internationalen NGOs eine computergeschulte Elite. Sie begann sich sehr geschickt der neuen Kommunikationstechnologien zu bedienen, insbesondere des Internets, um sich miteinander zu vernetzen, Informationen auszutauschen und ihre Mitglieder zu mobilisieren.

Diese Netzwerkaktivität wurde besonders intensiv während der Vorbereitung gemeinsamer Protestaktionen gegen die Konferenz der WTO in Seattle im November 1999. Über viele Monate hinweg verknüpften sich hunderte von NGOs elektronisch, um ihre Pläne zu koordinieren und eine Flut von Pamphleten, Positionspapieren, Presseerklärungen und Büchern herauszugeben, in denen sie ihre Opposition gegenüber der Politik und dem undemokratischen Regime der WTO verdeutlichten.[23] Diese Literatur wurde zwar von der WTO praktisch ignoriert, wirkte sich aber erheblich auf die öffentliche Meinung aus. Die Aufklärungskampagne der NGOs kulminierte vor der WTO-Konferenz in einer zweitägigen Podiumsdiskussion in Seattle, das vom International Forum on Globalization organisiert wurde und an dem über 2500 Menschen aus der ganzen Welt teilnahmen.[24]

Am 30. November 1999 beteiligten sich rund 50000 Menschen, die über 700 Organisationen angehörten, an einer hervorragend koordinierten, engagierten und fast völlig gewaltlosen Demonstration, die die politische Landschaft der Globalisierung für immer veränderte. Hier der Kommentar des Umweltaktivisten und Autors Paul Hawken, der daran teilgenommen hat:

> Es gab keinen charismatischen Führer. Kein Religionsvertreter beteiligte sich an einer direkten Aktion. Kein Filmstar trat auf. Es gab keine Alpha-Gruppe. Die Ruckus Society, das Rainforest Action Network, Global Exchange und hundert weitere Gruppen waren da, in erster Linie durch Handys, E-Mails und das Direct Action Network koordiniert ... Sie waren organisiert, gebildet und entschlossen. Sie waren Menschenrechtsaktivisten, Arbeitsaktivisten, Eingeborene, gläubige Menschen, Stahlarbeiter und Bauern. Sie waren Waldaktivisten, Umweltaktivisten, Sozialarbeiter, Schüler und Lehrer. Und sie wollten, dass die Welthandelsorganisation ihnen zuhörte. Sie sprachen im Namen einer Welt, die durch die Globalisierung nicht besser wird.[25]

Die Polizei von Seattle marschierte in großer Stärke auf, um die Demonstranten vom Kongresszentrum fern zu halten, wo die Konferenz stattfand, aber sie war auf die Straßenaktionen eines massiven, gut organisierten Netzwerks nicht vorbereitet, das fest entschlossen war, die WTO zu blockieren. Es kam zu einem Chaos; hunderte von Delegierten saßen in den Straßen fest oder kamen nicht aus ihren Hotels heraus, und die Eröffnungsfeier musste abgesagt werden.

Im Laufe des Tages nahm die Frustration der Delegierten und Politiker noch zu. Am späten Nachmittag erklärten der Bürgermeister und der Polizeichef den zivilen Notstand, und am zweiten Tag verlor die Polizei anscheinend jede Beherrschung, indem sie nicht nur über Demonstranten, sondern auch über unbeteiligte Zuschauer, Pendler und Einheimische brutal herfiel. Dazu der englische Umweltminister Michael Meacher: «Wir hatten nicht damit gerechnet, dass es der Polizei von Seattle ganz allein gelingen würde, aus einer friedlichen Demonstration einen Aufstand zu machen.»[26]

Unter den 50000 Demonstranten gab es vielleicht 100 Anarchisten, die nur gekommen waren, um Schaufenster einzuschlagen und Privateigentum zu zerstören. Sie hätten leicht verhaftet werden können, aber das versäumte die Polizei von Seattle, und die Medien konzentrierten sich übermäßig auf die zerstörerischen Aktionen dieser winzigen Gruppe – einem halben Prozent – statt auf die konstruktive Botschaft der überwältigenden Mehrheit der gewaltlosen Demonstranten.

Am Ende wurde die WTO-Konferenz nicht nur aufgrund dieser massiven Demonstrationen abgebrochen, sondern auch – und vielleicht sogar noch mehr – wegen der Art und Weise, wie die Vertreter der großen Industriestaaten innerhalb der WTO die Delegierten aus dem Süden schikanierten.[27] Nachdem die WTO-Führer dutzende von Vorschlägen seitens der Entwicklungsländer ignoriert hatten, schlossen sie die Vertreter dieser Länder von wichtigen Sitzungen aus und drängten sie dann dazu, eine geheim ausgehandelte Vereinbarung zu unterzeichnen. Wütend weigerten sich viele Delegierte von Entwicklungsländern, dies zu tun, und damit schlossen sie sich der massiven Opposition gegen das undemokratische Regime der WTO an, die außerhalb des Kongresszentrums demonstrierte.

Angesichts einer drohenden Ablehnung durch die Entwicklungsländer in der Schlusssitzung zogen es die Vertreter der Industrienationen vor, die Konferenz von Seattle platzen zu lassen, ohne auch nur zu versuchen, eine Schlusserklärung abzugeben. Somit wurde Seattle, wo die WTO ihre Geschlossenheit feiern wollte, zu einem Symbol des weltweiten Widerstands.

Nach Seattle fanden kleinere, aber gleichermaßen effektive Demonstrationen gegen andere internationale Konferenzen in Washington, Prag und Quebec statt. Aber Seattle stellte den Wendepunkt bei der Bildung einer globalen Koalition von NGOs dar. Ende 2000 hatten sich über 700 Organisationen aus 79 Ländern zur Internationalen Seattle-Koalition zusammengeschlossen, wie sie sich inzwischen nennt, und eine «WTO-Umkehrkampagne» gestartet.[28] Natürlich gibt es die unterschiedlichsten Interessen in diesen NGOs, die von Arbeiterorganisationen bis zu Bürgerrechtsbewegungen, Organisationen für Frauenrechte, Religionsgemeinschaften, Umweltbewegungen und Organisationen von Eingeborenen und Ureinwohnern reichen. Dennoch sind sie sich hinsichtlich der Kernwerte Menschenwürde und ökologische Nachhaltigkeit bemerkenswert einig.

Im Januar 2001 hielt die Seattle-Koalition das erste Weltsozialforum im brasilianischen Pôrto Alegre ab. Als Gegenveranstaltung zum Weltwirtschaftsforum in Davos gedacht, wurde es bewusst zur selben Zeit abgehalten, jedoch auf der Südhalbkugel. Der Gegensatz zwischen beiden Veranstaltungen war beachtlich. In der Schweiz versammelte sich eine kleine Elite meist weißer und meist männlicher Unternehmer in exklusiver Atmosphäre, von den Demonstranten hermetisch abgeschirmt durch ein riesiges Kontingent des Schweizer Heeres. In Brasilien kamen 12 000 Frauen und Männer aller Rassen offen in großen Auditorien zusammen, warmherzig begrüßt von der Stadt Pôrto Alegre und dem Staat Rio Grande do Sul.

Zum ersten Mal hatte die Seattle-Koalition ihre Mitglieder nicht zu einer Demonstration versammelt, sondern um den nächsten Schritt zu tun und über alternative Szenarien zu diskutieren, getreu dem offiziellen Motto des Forums: «Eine andere Welt ist möglich.» Das englische Wochenmagazin *Guardian Weekly* schrieb: «Man spürte geradezu greifbar, wie hier eine globale Bewegung entstand, mit einer bemerkenswerten Vielfalt der Generationen, politischen Traditionen, praktischen Erfahrungen und kulturellen Backgrounds.»[29]

Eine globale Zivilgesellschaft

Die Seattle-Koalition steht exemplarisch für eine neuartige politische Bewegung, die für unser Informationszeitalter typisch ist. Dank der geschickten Nutzung der Interaktivität, Unmittelbarkeit und globalen Reichweite des Internets sind die NGOs in der Koalition in der Lage, sich miteinander zu vernetzen, Informationen miteinander zu teilen und ihre Mitglieder in einem noch nie da gewesenen Tempo zu mobilisieren. Folglich entwickeln sich die neuen globalen NGOs zu effizienten politischen Akteuren, die von traditionellen nationalen oder internationalen Institutionen unabhängig sind.

Wie wir gesehen haben, entsteht die Netzwerkgesellschaft parallel zum Niedergang von Souveränität, Autorität und Legitimität des Nationalstaats.[30] Gleichzeitig entwickeln die Mainstream-Religionen nicht eine dem Globalisierungszeitalter angemessene Ethik, während die Legitimität der traditionellen patriarchalischen Familie durch tief greifende Neudefinitionen von Geschlechterbeziehungen, Familie und Sexualität in Frage gestellt wird. Damit brechen die Hauptinstitutionen der traditionellen bürgerlichen Gesellschaft zusammen.

Die bürgerliche Gesellschaft wird traditionellerweise durch eine Reihe von Organisationen und Institutionen – Kirchen, politische Parteien, Gewerkschaften, Kooperativen und verschiedene ehrenamtliche Verbände – definiert, die eine Schnittstelle zwischen dem Staat und seinen Bürgern bilden. Die Institutionen der bürgerlichen Gesellschaft vertreten die Interessen der Menschen und konstituieren die politischen Kanäle, die sie mit dem Staat verbinden. Dem Soziologen Manuel Castells zufolge geht der soziale Wandel in der Netzwerkgesellschaft nicht von den traditionellen Institutionen der bürgerlichen Gesellschaft aus, sondern entwickelt sich aus Identitäten, die auf der Ablehnung der dominanten Werte der Gesellschaft basieren – Patriarchat, die Beherrschung und Kontrolle der Natur, unbegrenztes Wirtschaftswachstum, materieller Konsum, und so weiter.[31] Der Widerstand gegen diese Werte entstand in den mächtigen gesellschaftlichen Bewegungen, die die Industrieländer in den sechziger Jahren des 20. Jahrhunderts durcheinander wirbelten.[32] Schließlich ging aus diesen Bewegungen eine alternative Vision hervor, die auf dem Respekt vor der Würde des Menschen, der Ethik der Nachhaltigkeit und einer ökologischen Weltsicht beruht. Diese neue Vision bildet den Kern der weltweiten Koalition der basisdemokratischen Bewegungen.

Während die traditionellen Institutionen der bürgerlichen Gesellschaft ihre Macht verlieren, entsteht allmählich eine neuartige zivile Gesellschaft, die sich um die Umgestaltung der Globalisierung organisiert. Sie definiert sich nicht als Gegenspieler des Staates, sondern ist ihrem Spielraum und ihrer Organisation nach global. Verkörpert wird sie durch mächtige internationale NGOs – wie Oxfam, Greenpeace, das Third World Network und das Rainforest Action Network – ebenso wie durch Koalitionen von hunderten kleiner Organisationen, die alle soziale Akteure in einem neuen politischen Umfeld geworden sind.

Den Politikwissenschaftlern Craig Warkentin und Karen Mingst zufolge zeichnet sich die neue Zivilgesellschaft dadurch aus, dass sie ihren Interessenschwerpunkt von formalen Institutionen zu sozialen und politischen Beziehungen zwischen ihren Akteuren verlagert hat.[33] Diese Beziehungen sind um zwei unterschiedliche Arten von Netzwerken herum angesiedelt.

Einerseits sind die NGOs auf lokale basisdemokratische Organisationen angewiesen (d.h. auf lebende menschliche Netzwerke), andererseits nutzen sie geschickt die neuen globalen Kommunikationstechnologien (d.h. elektronische Netzwerke). Das Internet ist ihr stärkstes politisches Werkzeug geworden. Mit Hilfe dieser Einzigartigen Verbindung zwischen menschlichen und elektronischen Netzwerken gestaltet die globale Zivilgesellschaft die politische Landschaft um. Um dieses Phänomen zu veranschaulichen, schildern Warkentin und Mingst die von der Seattle-Koalition vor kurzem erfolgreich durchgeführte Anti-MAI-Kampagne.

Das von der Organisation für wirtschaftliche Zusammenarbeit und Entwicklung (OECD) ausgearbeitete Multilateral Agreement on Investment (MAI) sollte als legales Instrument «hochmoderne» Standards zum Schutz ausländischer Investitionen, insbesondere in Entwicklungsländern, schaffen. Seine Vorschriften würden Regierungen in ihren Möglichkeiten einschränken, die Aktivitäten ausländischer Investoren zu regulieren, indem zum Beispiel die Restriktionen hinsichtlich des Immobilienbesitzes durch Ausländer begrenzt würden – sogar hinsichtlich des Besitzes strategischer Industrien. Mit anderen Worten: Die Souveränität von Staaten wäre gegenüber den Rechten von Großkonzernen zweitrangig.

Die Verhandlungen begannen 1995 und wurden von der OECD fast zwei Jahre lang unter Ausschluss der Öffentlichkeit geführt. Aber 1997 wurde ein früher Entwurf des Dokuments Public Citizen zugespielt, einer von dem amerikanischen Verbraucherschützer Ralph Nader gegründeten öffentlichen Interessengruppe, die ihn sofort im Internet publizierte. Sobald dieses Arbeitspapier öffentlich zur Verfügung stand (zwei Jahre vor Seattle), brachten über 600 Organisationen in 70 Ländern ihren Widerstand gegen das Abkommen vehement zum Ausdruck. Insbesondere Oxfam kritisierte den Mangel an Transparenz während des Verhandlungsprozesses, den Ausschluss von Entwicklungsländern von den Verhandlungen (obwohl sie doch am meisten von MAI betroffen wären) und das Fehlen unabhängiger Gutachten über die Folgen der Vereinbarung für Gesellschaft und Umwelt.

Anschließend verbreiteten die an der Kampagne beteiligten NGOs die folgenden MAI-Entwürfe auf ihren Websites, zusammen mit eigenen Analysen, Informationen und Aufrufen zu Aktionen wie Briefkampagnen und Demonstrationen. Die zahlreichen Websites, auf denen diese Informationen erschienen, waren überdies miteinander vernetzt.

Schließlich sah sich die OECD gezwungen, ihre eigene «offizielle» MAI-Website einzurichten, ein großenteils vergeblicher Versuch, die leidenschaftliche Anti-MAI-Kampagne im Internet zu kontern.

Die an den Verhandlungen beteiligten Delegierten sollten die Vereinbarung ursprünglich im Mai 1997 abschließen. Doch angesichts des gut organisierten weltweiten Widerstands sprach sich die OECD für einen halbjährigen «Bewertungszeitraum» aus und verschob das Abschlussdatum um ein Jahr. Als die Verhandlungen im Oktober 1997 wieder aufgenommen wurden, waren die Chancen auf einen erfolgreichen Abschluss drastisch gesunken, und zwei Monate später verkündete die OECD die unbefristete Aussetzung der MAI-Gespräche. Die französische Delegation, die als eine der Ersten ihre Unterstützung zurückzog, erkannte ausdrücklich die entscheidende Rolle an, die die neue Zivilgesellschaft bei dem ganzen Verfahren gespielt hatte: «Das MAI ... stellt [einen bedeutenden] Schritt in internationalen ... Verhandlungen dar. Zum ersten Mal erleben wir das Aufkommen einer ‹globalen Zivilgesellschaft›, die von Nichtregierungsorganisationen repräsentiert wird, welche oft in mehreren Ländern aktiv sind und über Grenzen hinweg kommunizieren. Dies ist zweifellos eine unumkehrbare Veränderung.»[34]

Warkentin und Mingst betonen in ihrer Analyse, dass eine der Hauptleistungen der NGOs darin bestand, die Auseinandersetzungen um MAI zu artikulieren. Während der Vertrag von den OECD-Delegierten unter finanziellen und wirtschaftlichen Gesichtspunkten erörtert wurde, bedienten sich die NGOs einer Sprache, die die zugrunde liegenden Werte hervorhob. Dabei nahmen sie eine allgemeine systemische Perspektive ein, während sie gleichzeitig einen direkteren, ehrlichen und emotional aufgeladenen Diskurs einführten.[35] Dies ist typisch für die neue Zivilgesellschaft, die sich nicht nur globaler Kommunikationsnetzwerke bedient, sondern auch in lokalen Gemeinschaften verwurzelt ist, die ihre Identität von gemeinsamen Werten ableiten.

Diese Analyse stimmt mit Manuel Castells' Behauptung überein, die politische Macht in der Netzwerkgesellschaft beruhe auf der Fähigkeit, Symbole und kulturelle Codes wirkungsvoll für die Artikulierung des politischen Diskurses einzusetzen.[36] Genau das ist die Stärke der NGOs in der globalen Zivilgesellschaft. Sie sind in der Lage, entscheidende Fragen in einer Sprache zu formulieren, die für die Menschen nachvollziehbar ist und sie mit ihnen emotional verbindet im Sinne «einer mehr an den Menschen orientierten Politik sowie demokratischer und partizipatorischer politischer Prozesse».[37] Dazu Castells:

> [Die neue Politik] wird eine kulturelle Politik sein, die ... sich vorwiegend im Raum der Medien abspielt und mit Symbolen kämpft, doch mit Werten und Fragen verknüpft ist, die der Lebenserfahrung der Menschen entspringen.[38]

Um den politischen Diskurs im Rahmen einer systemischen und ökologischen Perspektive zu führen, stützt sich die globale zivile Gesellschaft auf ein Netzwerk von Wissenschaftlern, Forschungsinstituten, Expertenkommissionen und Bildungszentren, die großenteils außerhalb unserer führenden akademischen Institutionen, wirtschaftlichen Organisationen und staatlichen Behörden operieren. Sie alle verbindet, dass sie ihre Forschung und Lehre erklärtermaßen im Rahmen eines Systems gemeinsamer Kernwerte betreiben.

Heute gibt es auf der ganzen Welt dutzende dieser Forschungs- und Lehrinstitute. Zu den bekanntesten zählen in den USA das Worldwatch Institute, das Rocky Mountain Institute, das Institute for Policy Studies, das International Forum on Globalization, Global Trade Watch, die Foundation on Economic Trends, das Institute for Food and Development Policy, das Land Institute und das Center for Ecoliteracy; in England das Schumacher College; in Deutschland das Wuppertal Institut für Klima, Energie, Umwelt; die Zero Emissions Research and Initiatives in Japan, Afrika und Lateinamerika sowie die Research Foundation for Science, Technology, and Ecology in Indien. All diese Institutionen haben ihre eigenen Websites und sind miteinander sowie mit den eher aktivistischen NGOs vernetzt, denen sie die notwendigen intellektuellen Ressourcen liefern.

Die meisten dieser Forschungsinstitute sind Gemeinschaften von Wissenschaftlern und Aktivisten, die sich für eine Vielzahl von Projekten und Kampagnen engagieren – Wahlreformen, Frauenfragen, das Kyoto-Protokoll, die globale Erwärmung, Biotechnik, erneuerbare Energien, Arzneimittelpatente der pharmazeutischen Industrie, und so weiter. Es gibt drei Problemfelder, auf die sich offenbar die größten und aktivsten basisdemokratischen Koalitionen konzentrieren. Das erste ist die Umgestaltung der herrschenden Regelungen und Institutionen der Globalisierung, das zweite ist der Widerstand gegen genetisch modifizierte Nahrungsmittel (GM) und die Förderung einer nachhaltigen Landwirtschaft, und das dritte ist das Ökodesign – ein konzertierter Versuch, unsere Gebäude, Städte, Technologien und Industrien so umzugestalten, dass sie ökologisch nachhaltig sind.

Diese drei Problemfelder sind konzeptionell miteinander verknüpft. Das Verbot der Patentierung von Lebensformen, die Ablehnung von GM-Nahrungsmitteln und die Förderung der nachhaltigen Landwirtschaft sind wichtige Teile bei der Umformulierung der Regelungen der Globalisierung – wesentliche Strategien auf dem Weg zur ökologischen Nachhaltigkeit und daher eng mit dem allgemeineren Gebiet des Ökodesigns verknüpft. Aufgrund dieser konzeptionellen Verknüpfungen gibt es viele koordinierte Aktionen unter den NGOs, die sich auf verschiedene Teile der drei Problemfelder konzentrieren oder sie in ihre Projekte einbeziehen.

Die Umgestaltung der Globalisierung

Noch vor der Podiumsdiskussion in Seattle im November 1999 hatten die führenden NGOs in der Seattle-Koalition eine «Alternatives Task Force» unter der Führung des International Forum on Globalization (IFG) gebildet, um die Kernideen in Bezug auf Alternativen zur gegenwärtigen Form der ökonomischen Globalisierung zusammenzuführen. Neben dem IFG gehörten dieser Task Force das Institute for Policy Studies (USA), Global Trade Watch (USA), das Council of Canadians (Kanada), Focus on the Global South (Thailand und die Philippinen), das Third World Network (Malaysia) und die Research Foundation for Science, Technology, and Ecology (Indien) an.

Nach über zwei Jahren erstellte die Task Force den Entwurf eines Interimsreports – «Alternativen zur ökonomischen Globalisierung» –, der ständig um Kommentare und Vorschläge von Wissenschaftlern und Aktivisten auf der ganzen Welt erweitert wurde, insbesondere nach dem Weltsozialforum in Pôrto Alegre. Die Task Force plant die Herausgabe des Interimsreports für den Herbst 2001 und will ihn dann im Laufe von zwei Jahren durch Dialoge und Workshops mit basisdemokratischen Aktivisten auf der ganzen Welt verbessern. Der endgültige Report soll 2003 erscheinen.[39]

Die IFG-Synthese von Alternativen zur ökonomischen Globalisierung stellt den Werten und Organisationsprinzipien, die dem neoliberalen Washington-Konsens zugrunde liegen, eine Reihe von Alternativprinzipien und -werten gegenüber: die Abkehr von Regierungen, die den Konzernen dienen, und die Hinwendung zu Regierungen, die den Menschen und Gemeinschaften dienen; die Erstellung neuer Regeln und Strukturen, die das Lokale begünstigen und dem Prinzip der Subsidiarität folgen («Wann immer die Macht auf der lokalen Ebene angesiedelt sein kann, sollte sie auch dort angesiedelt werden»); den Respekt vor kultureller Integrität und Vielfalt; eine starke Betonung der Nahrungssicherung (lokale Eigenständigkeit bei der Nahrungsproduktion) und Nahrungssicherheit (das Recht auf gesunde und sichere Nahrung); sowie zentrale Arbeitsrechte, soziale Rechte und andere Menschenrechte.

Der Report der Alternatives Task Force stellt klar, dass die Seattle-Koalition nicht gegen globalen Handel und globales Investment ist, vorausgesetzt, sie tragen zur Errichtung gesunder, respektierter und nachhaltiger Gemeinschaften bei. Allerdings betont der Report, dass die neueren Praktiken des globalen Kapitalismus zeigen, dass wir eine Reihe von Regeln brauchen, die ausdrücklich feststellen, dass gewisse Güter und Dienstleistungen nicht zu Waren umfunktioniert, gehandelt, patentiert oder Handelsvereinbarungen unterworfen werden sollten.

Zusätzlich zu bereits existierenden derartigen Regeln, die gefährdete Arten und für die Umwelt oder die öffentliche Gesundheit und Sicherheit schädliche Güter – Giftabfälle, Nukleartechnologie, Waffen usw. – betreffen, würden die neuen Regeln auch Güter berücksichtigen, die «globales Allgemeingut» sind, das heißt Güter, die Teil der grundlegenden Bausteine des Lebens oder des gemeinsamen Erbes der Menschheit sind. Zu diesem globalen Allgemeingut zählen Dinge wie große Mengen von Süßwasser, die nicht gehandelt, sondern denen geschenkt werden sollten, die sie brauchen; Saatgut, Pflanzen und Tiere, mit denen in traditionellen landwirtschaftlichen Gemeinschaften Handel getrieben wird, die aber nicht für den Profit patentiert werden sollten; und DNA-Sequenzen, die weder patentiert noch gehandelt werden sollten.

Die Autoren des Reports sind sich darüber im Klaren, dass diese Probleme vielleicht den schwierigsten, aber auch den wichtigsten Teil der Globalisierungsdebatte ausmachen. In erster Linie wollen sie sich gegen den Trend eines globalen Handelssystems stemmen, in dem alles verkauft wird, sogar unser biologisches Erbe oder der Zugang zu Saatgut, Nahrung, Luft und Wasser – Elementen des Lebens, die einst als heilig galten.

Außer den Diskussionen über alternative Werte und Organisationsprinzipien enthält die IFG-Synthese konkrete Vorschläge für eine Umstrukturierung der Bretton-Woods-Institutionen. Es sind radikale Vorschläge. Die meisten NGOs in der Seattle-

Koalition sind der Meinung, dass die Reform der WTO, der Weltbank und des IWF keine realistische Strategie sei, weil deren Strukturen, Mandate, Absichten und operative Prozesse mit den zentralen Werten der Menschenwürde und der ökologischen Nachhaltigkeit unvereinbar seien. Stattdessen schlagen die NGOs einen vierteiligen Umstrukturierungsprozess vor: den Abbau der Bretton-Woods-Institutionen, die Vereinigung der globalen Herrschaft unter einem reformierten System der Vereinten Nationen, die Stärkung bestimmter bestehender UN-Organisationen und die Errichtung mehrerer neuer Organisationen innerhalb der UNO, die die von den abgebauten Bretton-Woods-Institutionen hinterlassene Lücke füllen würden.

Der Report weist darauf hin, dass wir derzeit zwei auffallend unterschiedliche Institutionen der globalen Herrschaft haben: die Bretton-Woods-Triade und die Vereinten Nationen. Die Bretton-Woods-Institutionen sind zwar effizienter bei der Durchsetzung klar definierter Agendas, aber diese Agendas sind weitgehend destruktiv und werden der Menschheit auf undemokratische Weise aufgenötigt. Die Vereinten Nationen hingegen sind zwar weniger effizient, aber ihr Mandat ist viel umfassender, ihre Entscheidungsfindungsprozesse sind offener und demokratischer, und ihre Agendas räumen der Gesellschaft und der Umwelt eher Priorität ein. Die NGOs erklären, die Begrenzung der Machtbefugnisse und Mandate des IWF, der Weltbank und der WTO würden für eine reformierte UNO den Spielraum schaffen, ihre angestrebten Funktionen auszuüben.

Die Seattle-Koalition schlägt vor, alle Pläne für eine neue Runde von WTO-Verhandlungen oder für jede Erweiterung des WTO-Mandats oder ihrer Mitgliederzahl entschieden abzulehnen. Vielmehr sollte die Macht der WTO entweder beseitigt oder radikal reduziert werden, damit sie einfach nur noch eine unter vielen internationalen Organisationen in einer pluralistischen Welt mit vielfachen Sicherheitssystemen wäre. So lautet denn auch der Slogan der von Global Trade Watch gestarteten Kampagne: «WTO – verschlankt sie, oder versenkt sie.»

Was die Weltbank und den IWF angeht, glaubt die Seattle-

Koalition, diese Institutionen seien in erster Linie dafür verantwortlich, dass den Ländern der Dritten Welt eine nicht zu begleichende Auslandsverschuldung und ein falsches Entwicklungskonzept aufgenötigt worden seien, das katastrophale soziale und ökologische Folgen habe. Der Report bedient sich einer Formulierung, die man im Hinblick auf veraltete Kernkraftwerke verwendet, wenn er vorschlägt, es sei Zeit, die Weltbank und den IWF «stillzulegen».

Damit die ursprünglichen Mandate der Bretton-Woods-Institutionen umgesetzt werden können, schlägt der Report vor, die Mandate und Ressourcen der bestehenden UN-Organisationen wie der Weltgesundheitsorganisation, der Internationalen Arbeitsorganisation und des Umweltprogramms zu verstärken. Die Autoren des Reports glauben, handelsbezogene Gesundheits-, Arbeits- und Umweltstandards sollten nicht der Zuständigkeit der WTO, sondern der UN-Behörden unterstellt werden und Priorität gegenüber einer Ausweitung des Handels genießen. Nach Ansicht der Seattle-Koalition sind die öffentliche Gesundheitsfürsorge, die Arbeiterrechte und der Umweltschutz eigenständige Zwecke, während der internationale Handel und das internationale Investment nur Mittel seien.

Außerdem schlägt der Report die Errichtung einiger neuer globaler Institutionen unter der Autorität und Aufsicht der Vereinten Nationen vor: ein Internationales Insolvenzgericht (IIC) zur Überwachung des Schuldennachlasses, das in Aktion träte, wenn die Weltbank und die regionalen Entwicklungsbanken stillgelegt würden; eine Internationale Finanzorganisation (IFO), die den IWF ablösen und mit UN-Mitgliedsländern zusammenarbeiten würde, um einen Ausgleich und Stabilität in internationalen Finanzbeziehungen zu erreichen und aufrechtzuerhalten; und eine Organisation für Unternehmensrechenschaft (OCA) unter dem Mandat und der Leitung der Vereinten Nationen. Die OCA hätte die primäre Funktion, die Regierungen und die Öffentlichkeit mit umfassenden und verlässlichen Informationen zu versorgen über Unternehmenspraktiken, wenn es um Verhandlungen über relevante bi- und multilaterale

Abkommen geht, und ebenso über Investoren- und Verbraucherboykotte.

All diese Vorschläge zielen vor allem darauf ab, die Macht globaler Institutionen abzubauen, zu Gunsten eines pluralistischen Systems regionaler und internationaler Organisationen, von denen jede von anderen Organisationen, Abkommen und regionalen Gruppierungen kontrolliert würde. Offensichtlich ist ein solches weniger strukturiertes und fließenderes System der globalen Herrschaft besser geeignet für die heutige Welt, in der Unternehmen immer mehr als dezentralisierte Netzwerke organisiert sind und die politische Autorität auf regionale und lokale Ebenen verlagert wird, während sich die Nationalstaaten in «Netzwerkstaaten» umwandeln.[40]

Abschließend weist der Report darauf hin, dass seine Vorschläge noch vor wenigen Jahren als ziemlich unrealistisch erschienen wären, sich die politische Landschaft seit Seattle aber dramatisch verändert habe. Die Bretton-Woods-Institutionen stecken in einer tiefen Legitimationskrise, und darum könnte durchaus eine Allianz von südlichen Ländern (den so genannten «G-7-Nationen»), sympathisierenden Politikern aus dem Norden und der neuen globalen Zivilgesellschaft entstehen, die genügend Macht hat, um weit reichende institutionelle Reformen durchzuführen und die Globalisierung umzugestalten.

Die Ernährungsrevolution

Im Unterschied zu den Protesten gegen die ökonomische Globalisierung setzte der Widerstand gegen gentechnisch modifizierte Nahrungsmittel nicht mit einer öffentlichen Aufklärungskampagne ein. Er begann in den frühen neunziger Jahren mit Demonstrationen traditioneller Bauern in Indien, denen Verbraucherboykotte in Europa folgten, verbunden mit einer spektakulären Renaissance des biologischen Landbaus. Dazu der Umweltgesundheitsaktivist und Autor John Robbins:

> Überall auf der Welt forderten die Menschen ihre Regierungen auf, das Wohlergehen der Menschen und die Umwelt zu schützen, statt den Unternehmensprofiten den Vorrang vor der öffentlichen Gesundheitsfürsorge einzuräumen. Überall wollten die Menschen eine Gesellschaft haben, die die Erde wiederherstellt und erhält, statt sie zu zerstören.[41] Den Boykotten und Demonstrationen gegen verschiedene biotechnische und agrochemische Unternehmen folgte bald die ausgiebige Dokumentation der Industriepraktiken durch die führenden NGOs in den Ökologie- und Umweltgesundheitsbewegungen.[42]

In seinem mit vielen Belegen versehenen Buch *The Food Revolution* schildert John Robbins anschaulich das Aufbegehren der europäischen Konsumenten gegen GM-Nahrungsmittel, das rasch die übrige Welt erfasste.[43] 1998 wurden gentechnisch manipulierte Feldfrüchte von zornigen Bürgern und Bauern in England, Irland, Frankreich, Deutschland, den Niederlanden und Griechenland ebenso wie in den USA, in Indien, Brasilien, Australien und Neuseeland vernichtet. Gleichzeitig organisierten Bürgerinitiativen auf der ganzen Welt Unterschriftenaktionen. In Österreich beispielsweise unterschrieben über eine Million Bürger – 20 Prozent der Wahlberechtigten! – eine Petition zum Verbot von GM-Nahrungsmitteln. In den USA wurde ein Antrag auf eine Etikettierungspflicht von transgenen Lebensmitteln von einer halben Million Menschen unterzeichnet und dem Kongress vorgelegt, und überall auf der Welt forderten zahllose Organisationen, unter anderem auch die British Medical Association, ein Moratorium für alle Feldfrüchte, die genetisch modifizierte Organismen (GMOs) enthielten.

Staatliche Behörden reagierten schon bald auf diese entschiedenen öffentlichen Meinungsäußerungen. Der Gouverneur des brasilianischen Haupterzeugerstaates von Sojabohnen, Rio Grande do Sul, wo das Weltsozialforum stattgefunden hatte, erklärte den gesamten Staat zur GMO-freien Zone. Die Regierungen von Frankreich, Italien, Griechenland und Dänemark verkündeten, sie würden die Zustimmung zu neuen GM-Feldfrüchten in der Europäischen Union boykottieren. Die Europäische Kommission schrieb die Auszeichnung von GM-Lebensmitteln gesetzlich vor, und dies taten auch die Regierungen von Japan, Südkorea, Australien und Mexiko. Im Januar 2000 unterzeichneten 130 Länder das bahnbrechende Cartagena-Protokoll über biologische Sicherheit in Montreal, das den Staaten das Recht einräumt, die Einfuhr aller genetisch modifizierten Lebensformen zu verweigern, ungeachtet des vehementen Widerstands der USA.

Die Reaktion der Wirtschaft auf das massive Aufbegehren der Bürger gegen die Nahrungsbiotechnik war nicht weniger entschieden. Nahrungsmittelerzeuger, Restaurants und Getränkeunternehmen auf der ganzen Welt beeilten sich, zu versichern, sie würden GMOs aus ihren Produkten entfernen. 1999 verpflichteten sich die sieben größten Lebensmittelketten in sechs europäischen Ländern öffentlich dazu, ihre Waren «GMO-frei» zu halten, und diesem Engagement schlossen sich binnen weniger Tage die großen Lebensmittelkonzerne Unilever (einer der aggressivsten Befürworter von GM-Nahrungsmitteln), Nestlé und Cadbury-Schweppes an.

Zur gleichen Zeit verkündeten die beiden größten Brauereien Japans, Kirin und Sapporo, sie würden in ihrem Bier keinen genetisch modifizierten Mais verwenden. Anschließend teilten die Fast-Food-Ketten McDonald's und Burger King ihren Lieferanten mit, sie würden keine genetisch veränderten Kartoffeln mehr kaufen. GM-Kartoffeln wurden auch von großen Herstellern von Kartoffelchips aus der Produktion herausgenommen, während Frito-Lay seinen Maisbauern untersagte, weiterhin GM-Mais zu liefern.

Während sich die Nahrungsmittelindustrie zunehmend von GM-Nahrungsmitteln abwandte und die Anbauflächen von transgenen Feldfrüchten zu schrumpfen begannen, so dass sich das explosive Wachstum der späten neunziger Jahre umkehrte, warnten die Analysten nun natürlich Investoren vor den finanziellen Risiken der Nahrungsbiotechnik. 1999 erklärte die

Deutsche Bank kategorisch: «GMOs sind tot», und empfahl ihren Kunden den Verkauf ihrer Anteile an Biotech-Firmen.[44] Ein Jahr später gelangte das *Wall Street Journal* zur gleichen Schlussfolgerung:

> Angesichts der Kontroverse um genetisch modifizierte Nahrungsmittel, die den gesamten Globus erfasst und sich auf die Aktien von Unternehmen mit landwirtschaftlich-biotechnischen Geschäftsfeldern negativ auswirkt, kann man sich diese Unternehmen selbst langfristig nur schwer als gute Anlage vorstellen.[45]

Diese neueren Entwicklungen zeigen eindeutig, dass die heutigen weltweiten basisdemokratischen Bewegungen die Macht und die Fähigkeit besitzen, nicht nur das internationale politische Klima, sondern auch das Spiel auf dem globalen Markt zu verändern, indem sie seine Finanzströme gemäß anderen Werten umleiten.

Ökobewusstsein und Ökodesign

Ökologische Nachhaltigkeit ist eine wesentliche Komponente der Kernwerte, die die Basis für die Umgestaltung der Globalisierung bilden. Dementsprechend konzentrieren sich viele NGOs, Forschungsinstitute und Bildungszentren der neuen globalen Zivilgesellschaft ausdrücklich auf die Nachhaltigkeit. Die Schaffung nachhaltiger Gemeinschaften ist die große Herausforderung unserer Zeit.

Der Begriff der Nachhaltigkeit wurde in den frühen achtziger Jahren von Lester Brown eingeführt, dem Gründer des Worldwatch Institute, der eine Gesellschaft als nachhaltig definierte, wenn sie in der Lage sei, ihre Bedürfnisse zu befriedigen, ohne die Chancen künftiger Generationen zu mindern.[46] Mehrere Jahre später verwendete der Bericht der World Commission on Environment and Development (der «Brundtland-Report») die gleiche Definition für den Begriff der «nachhaltigen Entwicklung»:

> Die Menschheit ist in der Lage, eine nachhaltige Entwicklung herbeizuführen – also die Bedürfnisse der Gegenwart zu befriedigen, ohne künftige Generationen in ihrer Fähigkeit zu beeinträchtigen, ihre eigenen Bedürfnisse zu befriedigen.[47]

Diese Definitionen von Nachhaltigkeit enthalten eine wichtige moralische Mahnung. Sie erinnern uns an unsere Verantwortung, unseren Kindern und Enkelkindern eine Welt zu hinterlassen, die genauso viele Möglichkeiten aufweist wie die, die wir ererbt haben. Allerdings sagt eine derartige Definition von Nachhaltigkeit noch nichts darüber aus, wie denn eine nachhaltige Gesellschaft zu errichten sei. Darum gibt es auch im Hinblick auf die Bedeutung von Nachhaltigkeit so viel Verwirrung, sogar innerhalb der Umweltbewegung.

Der Schlüssel zu einer funktionsfähigen Definition von ökologischer Nachhaltigkeit ist die Einsicht, dass wir nachhaltige menschliche Gemeinschaften nicht von Grund auf erfinden müssen, sondern sie nach dem Vorbild der Ökosysteme der Natur nachbilden können, die ja nachhaltige Gemeinschaften von Pflanzen, Tieren und Mikroorganismen sind. Wie wir gesehen haben, ist die herausragendste Eigenschaft des Erdhaushalts seine immanente Fähigkeit, Leben zu erhalten.[48] Daher ist eine nachhaltige menschliche Gemeinschaft so beschaffen, dass ihre Lebensweisen ebenso wie ihre unternehmerischen, wirtschaftlichen und physikalischen Strukturen und Technologien die *immanente Fähigkeit der Natur, Leben zu erhalten, nicht stören.* Nachhaltige Gemeinschaften entwickeln ihre Lebensmuster im Laufe der Zeit in ständiger Interaktion mit anderen menschlichen und nichtmenschlichen lebenden Systemen. Nachhaltigkeit bedeutet somit nicht, dass die Dinge sich nicht verändern. Sie ist kein statischer Zustand, sondern ein dynamischer Prozess der Koevolution.

Die funktionsfähige Definition von Nachhaltigkeit bedeutet,

dass der erste Schritt bei unserem Unterfangen, nachhaltige Gemeinschaften zu errichten, darin bestehen muss, dass wir «ökologisch bewusst» werden, das heißt, die Organisationsprinzipien verstehen, die Ökosysteme entwickeln, um das Netz des Lebens zu erhalten.[49] Dies sind die Organisationsprinzipien, die allen lebenden Systemen gemeinsam sind. Wie wir immer wieder in diesem Buch gesehen haben, sind lebende Systeme selbsterzeugende Netzwerke, die innerhalb bestimmter Grenzen organisatorisch geschlossen, aber zugleich offen für ständige Energie- und Materieströme sind. Dank dieses systemischen Verständnisses von Leben können wir eine Reihe von Organisationsprinzipien formulieren, die sich als Grundprinzipien der Ökologie verstehen und als Richtlinien für die Errichtung nachhaltiger menschlicher Gemeinschaften verwenden lassen. Insbesondere sechs Ökologieprinzipien sind von wesentlicher Bedeutung für die Erhaltung von Leben: Netzwerke, Zyklen, Sonnenenergie, Partnerschaft, Vielfalt und dynamisches Gleichgewicht (siehe die folgende Übersicht).

Diese Ökologieprinzipien sind unmittelbar relevant für unsere Gesundheit und unser Wohlbefinden. Weil es für uns lebenswichtig ist, zu atmen, zu essen und zu trinken, sind wir stets in die zyklischen Prozesse der Natur eingebettet. Unsere Gesundheit ist abhängig von der Reinheit der Luft, die wir atmen, und des Wassers, das wir trinken, sowie von der Gesundheit des Bodens, aus dem unsere Nahrung erzeugt wird. In den kommenden Jahrzehnten wird das Überleben der Menschheit von unserem ökologischen Bewusstsein abhängen – von unserer Fähigkeit, die Grundprinzipien der Ökologie zu verstehen und danach zu leben. Somit muss das ökologische Bewusstsein oder «Ökobewusstsein» eine wesentliche Eigenschaft von Politikern, Unternehmen und Fachleuten in allen Bereichen werden und sollte der wichtigste Teil von Bildung und Erziehung auf allen Ebenen sein – von Grund- und weiterführenden Schulen bis zu Hochschulen und Universitäten ebenso wie in der beruflichen Weiterbildung.

Prinzipien der Ökologie

Netzwerke Auf allen Ebenen der Natur entdecken wir lebende Systeme, die innerhalb anderer lebender Systeme nisten – Netzwerke innerhalb von Netzwerken. Ihre Grenzen sind keine trennenden Grenzen, sondern Grenzen der Identität. Alle lebenden Systeme kommunizieren miteinander und teilen sich Ressourcen über ihre Grenzen hinweg.

Zyklen Alle lebenden Organismen müssen sich von ständigen Materie- und Energieströmen aus ihrer Umwelt ernähren, um am Leben zu bleiben, und alle lebenden Organismen produzieren ständig Abfall. Ein Ökosystem erzeugt jedoch keinen reinen Abfall, sondern der Abfall einer Art ist die Nahrung einer anderen Art. Daher bewegt sich die Materie ständig zyklisch durch das Netz des Lebens.

Sonnenenergie Die Sonnenenergie, die von der Photosynthese der Grünpflanzen in chemische Energie umgewandelt wird, treibt die ökologischen Zyklen an.

Partnerschaft Der Austausch von Energie und Ressourcen in einem Ökosystem wird von einer umfassenden Kooperation aufrechterhalten. Das Leben hat unseren Planeten nicht durch Kampf erobert, sondern durch Kooperation, Partnerschaft und Vernetzung.

Vielfalt Ökosysteme erzielen ihre Stabilität und Elastizität durch die Reichhaltigkeit und Komplexität ihrer ökologischen Netze. Je größer ihre biologische Vielfalt ist, desto elastischer werden sie sein.

Dynamisches Gleichgewicht Ein Ökosystem ist ein flexibles, ständig fluktuierendes Netzwerk. Seine Flexibilität ist eine Folge vielfacher Rückkopplungsschleifen, die das System in einem dynamischen Gleichgewicht halten. Einzelne Variablen werden nicht maximiert – alle Variablen fluktuieren um ihre optimalen Werte.

Am Center for Ecoliteracy in Berkeley (www.ecoliteracy.org) entwickeln meine Kollegen und ich ein Bildungssystem für nachhaltiges Leben, das auf dem ökologischen Bewusstsein basiert und für die Grund- und weiterführenden Schulen bestimmt ist.[50] Es besteht aus einer Pädagogik, die das Verstehen von Leben in den Mittelpunkt stellt, einem Lernpraktikum in der realen Welt (Nahrungsanbau, Erkundung einer Wasserscheide, Wiederherstellung eines Feuchtgebiets), das unsere Entfremdung von der Natur überwindet und ein Gefühl für unsere Umwelt wieder erweckt, und einem Lehrplan, der unseren Kindern die Grundtatsachen des Lebens vermittelt – dass der Abfall einer Art die Nahrung einer anderen Art ist, dass sich die Materie ununterbrochen zyklisch durch das Netz des Lebens bewegt, dass die Energie, die die ökologischen Zyklen antreibt, aus der Sonne fließt, dass Vielfalt Elektrizität garantiert, dass das Leben seit seinen Anfängen vor über drei Milliarden Jahren unseren Planeten nicht durch Kampf, sondern durch Vernetzen erobert.

Dieses neue Wissen, das zugleich eine uralte Weisheit ist, wird inzwischen in einem wachsenden Netzwerk von Schulen in Kalifornien vermittelt und ist dabei, sich in anderen Teilen der Welt auszubreiten. Ähnliche Bestrebungen sind außerdem im Hochschulwesen im Gang – hier hat Second Nature (www.secondnature.org) Pionierarbeit geleistet, eine Bildungseinrichtung in Boston, die mit zahlreichen Colleges und Universitäten zusammenarbeitet, um die Erziehung zur Nachhaltigkeit zu einem integralen Bestandteil des Lebens auf dem Campus zu machen.

Überdies wird ökologisches Bewusstsein in informellen Podiumsdiskussionen und in neuen Bildungsinstituten der im Entstehen begriffenen globalen Zivilgesellschaft vermittelt und ständig verfeinert. Das Schumacher College in England etwa ist ein herausragendes Beispiel dieser neuen Bildungsinstitutionen – ein Zentrum für ökologische Studien mit philosophischen und spirituellen Wurzeln in der Tiefenökologie, an dem Studenten aus allen Teilen der Welt sich versammeln, leben, zusammenarbeiten und von einem internationalen Lehrkörper unterrichtet werden.

Das Ökobewusstsein – das Verstehen der Organisationsprinzipien, die Ökosysteme entwickeln, um das Netz des Lebens zu erhalten – ist der erste Schritt auf dem Weg zur Nachhaltigkeit. Der zweite Schritt ist der Übergang vom Ökobewusstsein zum Ökodesign. Wir müssen nämlich unser ökologisches Wissen auf die grundlegende Umgestaltung unserer Technologien und sozialen Institutionen anwenden, damit die gegenwärtige Kluft zwischen menschlichem Planen und den ökologisch nachhaltigen Systemen der Natur überwunden wird.

Zum Glück findet dies bereits statt. Seit einigen Jahren gibt es eine dramatische Zunahme von ökologisch orientierten Designpraktiken und -projekten. Das 1999 erschienene Buch *Natural Capitalism* von Paul Hawken, Amory Lovins und Hunter Lovins liefert dazu eine umfassende Dokumentation, und das Rocky Mountain Institute (www.rmi.org) der Lovins' fungiert als Clearingszentrale für aktuelle Informationen über eine große Vielfalt von Ökodesignprojekten.

Design im umfassendsten Sinne besteht in der Gestaltung von Energie- und Materieflüssen für menschliche Zwecke. Ökodesign ist ein Designprozess, bei dem unsere menschlichen Zwecke behutsam mit den größeren Mustern und Flüssen der Welt der Natur verknüpft werden. Mit anderen Worten: Ökodesignprinzipien spiegeln die Organisationsprinzipien wider, die die Natur entwickelt, um das Netz des Lebens zu erhalten. Wenn wir in einem derartigen Zusammenhang Industriedesign anwenden wollen, müssen wir unsere Einstellung gegenüber der Natur grundlegend ändern. Dazu die Wissenschaftsautorin Janine Benyus: Damit «wird ein Zeitalter eingeleitet, das nicht auf dem basiert, was wir aus der Natur *herausholen* können, sondern auf dem, was wir von ihr *lernen* können».[51]

Wenn wir von der «Weisheit der Natur» oder vom wundervollen «Design» eines Schmetterlingsflügels oder eines Spinnennetzfadens sprechen, sollten wir daran denken, dass unsere Sprache metaphorisch ist.[52] Das ändert allerdings nichts daran, dass die «Designs» und «Technologien» der Natur unter dem Blickwinkel der Nachhaltigkeit der menschlichen Wissenschaft und Technik weit überlegen sind. Sie entstanden und wurden ständig verfeinert im Laufe von Jahrmilliarden der Evolution, in denen die Bewohner des Erdhaushalts gediehen und sich verzweigten, ohne jemals ihr «natürliches Kapital» zu verbrauchen – die Ressourcen des Planeten und die Dienstleistungen der Ökosysteme, von denen das Wohlbefinden aller Lebewesen abhängt.

Die ökologische Bündelung von Industrien

Das erste Prinzip des Ökodesigns lautet: «Abfall ist gleich Nahrung.» Heute beruht ein Hauptkonflikt zwischen Ökonomie und Ökologie auf der Tatsache, dass die Ökosysteme der Natur zyklisch sind, unsere Industriesysteme hingegen linear. In der Natur durchläuft die Materie ständig Zyklen, und damit erzeugen Ökosysteme insgesamt keinen Abfall. Menschliche Unternehmen hingegen verwenden die natürlichen Ressourcen, wandeln sie in Produkte plus Abfall um und verkaufen die Produkte an die Verbraucher, die weiteren Abfall wegwerfen, wenn sie die Produkte benutzt haben.

Das Prinzip «Abfall ist gleich Nahrung» bedeutet, dass alle von der Industrie hergestellten Produkte und Materialien ebenso wie die bei den Herstellungsprozessen erzeugten Abfälle schließlich Nahrung für etwas Neues liefern müssen.[53] Eine nachhaltige Wirtschaftsorganisation wäre in eine «Ökologie von Organisationen» eingebettet, in der der Abfall irgendeiner Organisation eine Ressource für eine andere Organisation wäre. In einem derartigen nachhaltigen Industriesystem würde der Gesamtausfluss jeder Organisation – ihre Produkte *und* Abfälle – als Ressourcen wahrgenommen und behandelt werden, die das System zyklisch durchlaufen.

Solche ökologischen Industriecluster sind bereits in vielen Teilen der Welt von einer Organisation namens «Zero Emissions Research and Initiatives (ZERI) «etabliert worden, die der Unternehmer Gunter Pauli in den frühen neunziger Jahren gegründet hat. Pauli führte den Gedanken der Industriebündelung ein, indem er das Prinzip der Nullemissionen förderte und zum Kernprinzip des ZERI-Konzepts erhob. Nullemissionen bedeuten null Abfall. ZERI versteht die Natur als Vorbild und Mentor und bemüht sich darum, die Vorstellung von Abfall an sich zu beseitigen.

Um die Radikalität dieser Methode würdigen zu können, müssen wir uns darüber im Klaren sein, dass unsere gegenwärtigen Unternehmen die meisten Ressourcen, die sie aus der Natur herausholen, wegwerfen. Wenn wir zum Beispiel Holz Zellulose entziehen, um Papier herzustellen, holzen wir ganze Wälder ab, verwenden aber nur 20 bis 25 Prozent von den Bäumen und werfen die restlichen 75 bis 80 Prozent als Abfall weg. Bierbrauereien entziehen Gerste und Reis nur 8 Prozent der Nährstoffe für die Gärung; Palmöl macht nur 4 Prozent der Biomasse von Palmen aus, Kaffeebohnen stellen gerade 3,7 Prozent des Kaffeestrauchs dar.[54]

Pauli machte sich zunächst klar, dass der organische Abfall, der von einer Industrie weggeworfen oder verbrannt wird, eine Fülle kostbarer Ressourcen für andere Industrien enthält. ZERI hilft Industrien dabei, sich zu ökologischen Clustern zu bündeln, so dass der Abfall der einen Industrie als Ressource an eine andere verkauft werden kann, was beiden zugute kommt.[55]

Das Prinzip der Nullemissionen schließt letztlich den Nullverbrauch von Material ein. Wie die Ökosysteme der Natur würde eine nachhaltige menschliche Gemeinschaft zwar Energie verwenden, die aus der Sonne fließt, aber keine materiellen Güter verbrauchen, ohne sie danach zu recyceln. Mit anderen Worten: Sie würde keine «neuen» Materialien verwenden. Nullemissionen bedeuten auch: keine Verschmutzung. ZERIs ökologische Cluster sind so angelegt, dass sie in einer von toxischen Abfällen und von Verschmutzung freien Umwelt operieren. Damit verweist das erste Prinzip des Ökodesigns – «Abfall ist gleich Nahrung» – auf die optimale Lösung für einige unserer größten Umweltprobleme.

Aus ökonomischer Sicht bedeutet das ZERI-Konzept eine gewaltige Zunahme an Ressourcenproduktivität. Nach der klassischen Wirtschaftstheorie resultiert Produktivität aus der wirksamen Kombination von drei Reichtumsquellen: natürlichen Ressourcen, Kapital und Arbeit. In der gegenwärtigen Wirtschaft konzentrieren sich Wirtschaftsführer und -wissenschaftler hauptsächlich auf Kapital und Arbeit, um die Produktivität zu erhöhen, wodurch gewaltige Wirtschaftsformen mit katastrophalen Folgen für die Gesellschaft und Umwelt entstehen.[56] Das ZERI-Konzept impliziert ein Umsteigen von der Arbeitsproduktivität zur Ressourcenproduktivität, da Abfall in neue Ressourcen umgewandelt wird. Wie wir noch sehen werden, erhöht die ökologische Bündelung die Produktivität dramatisch und verbessert die Produktqualität, während sie gleichzeitig neue Arbeitsplätze schafft und die Umweltverschmutzung reduziert.

Die ZERI-Organisation ist ein internationales Netzwerk von Wissenschaftlern, Unternehmern, Staatsbeamten und Erziehern.[57] Die Wissenschaftler spielen eine Schlüsselrolle, da die Organisation der Industriecluster auf dem detaillierten Wissen über die Biovielfalt und die biologischen Prozesse in lokalen Ökosystemen basiert. Pauli startete ZERI ursprünglich als Forschungsprojekt an der UN-Universität in Tokio. Dazu richtete er ein Netzwerk von Wissenschaftlern im Internet ein, wofür er auf die bestehenden akademischen Netzwerke der Königlich Schwedischen Akademie der Wissenschaften, der Chinesischen Akademie der Wissenschaften und der Akademie der Wissenschaften der Dritten Welt zurückgriff. Als einer der ersten Pioniere in Bezug auf wissenschaftliche Dialoge und Konferenzen im Internet weckte Pauli das Interesse der Wissenschaftler, und indem er ihnen ständig schwierige Fragen zu Biochemie, Ökologie, Klimatologie und anderen Disziplinen stellte, holte er aus ihnen nicht nur wirtschaftliche Lösungen, sondern auch zahlreiche neue Ideen für die wissenschaftliche Forschung heraus. Um das sokratische Prinzip dieser Methode zu betonen, nannte er das erste akademische Netzwerk von ZERI «Socrates Online». Inzwischen besteht das ZERI-Forschernetzwerk weltweit aus etwa 3 000 Wissenschaftlern.

Mittlerweile hat ZERI rund 50 Projekte auf der ganzen Welt initiiert und betreibt 25 Projektzentren auf fünf Kontinenten unter ganz unterschiedlichen klimatischen und kulturellen Gegebenheiten. Die Cluster um kolumbianische Kaffeefarmen veranschaulichen sehr schön die Grundmethode von ZERI. Kolumbianische Kaffeefarmen stecken aufgrund des dramatischen Preisverfalls von Kaffeebohnen auf dem Weltmarkt in einer Krise. Bislang verwenden die Bauern nur 3,7 Prozent der Kaffeepflanze, während sie den Abfall größtenteils in die Umwelt wieder als Müll und als Schmutz- und Schadstoffe ausbringen – Rauch, Abwasser und koffeinkontaminierten Kompost. ZERI setzte diesen Abfall nutzbringend ein. Forschungen ergaben, dass sich Kaffeebiomasse zur Zucht tropischer Pilze, als Viehfutter, organischer Kompost und für die Energieerzeugung verwerten lässt. Der so entstehende ZERI-Cluster ist rechts dargestellt.

Der Abfall jeder Komponente im Cluster dient als Ressource für eine andere Komponente. Stark vereinfacht geschieht dabei Folgendes: Wenn die Kaffeebohnen geerntet werden, werden die Überreste der Kaffeepflanze zur Zucht von Shiitake-Pilzen (einer teuren Delikatesse) verwendet; die Überreste der (stark proteinhaltigen) Pilze dienen als Futter für Regenwürmer, Rinder und Schweine; die Regenwürmer ernähren Hühner; aus dem Dung von Rindern und Schweinen werden Biogas und Gülle erzeugt; die Gülle dient als Dünger für die Kaffeefarmen und die benachbarten Gemüseplantagen, während die Energie aus dem Biogas bei der Pilzzucht verwendet wid.

Die Bündelung dieser Produktionssysteme erzeugt kostengünstig mehrere weitere Einnahmequellen neben den ursprünglichen Kaffeebohnen – Geflügel, Pilze, Gemüse, Rind- und Schweinefleisch –, wobei zusätzliche Arbeitsplätze in der lokalen Gemeinde entstehen. Somit sind die Ergebnisse von Vorteil für die Umwelt und die Gemeinschaft, es sind keine hohen Investi-

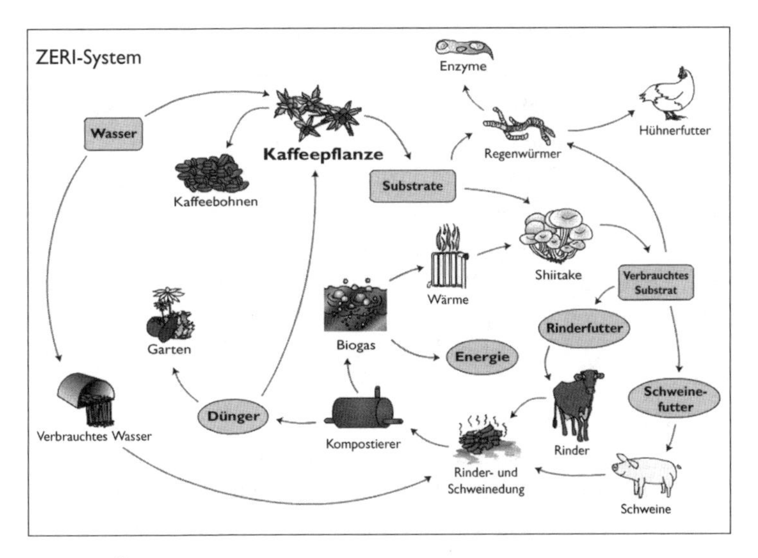

Ökologisches Cluster um eine kolumbianische Kaffeefarm
(nach www.zeri.org).

tionen erforderlich, und die Kaffeefarmer müssen ihre traditionelle Tätigkeit nicht aufgeben.

Die Technologien in den typischen ZERI-Clustern werden in kleinem Maßstab auf lokaler Ebene eingesetzt. Die Produktions- und Verbrauchsstätten sind gewöhnlich nahe beieinander, was die Transportkosten eliminiert oder radikal reduziert. Keine einzelne Produktionseinheit versucht ihren Ausstoß zu maximieren, weil dies nur das Gleichgewicht des Systems stören würde. Ziel ist vielmehr die Optimierung der Produktionsprozesse jeder Komponente, während die Produktivität und die ökologische Nachhaltigkeit des Ganzen maximiert wird.

Ähnliche landwirtschaftliche Cluster, deren Zentrum Bierbrauereien statt Kaffeefarmen bilden, operieren in Afrika, Europa, Japan und anderen Teilen der Welt. Wieder andere Cluster arbeiten mit Wasserkomponenten – so enthält ein Cluster in Südbrasilien die Zucht nährstoffreicher Spirulinaalgen in den Bewässerungskanälen von Reisfeldern (die ansonsten nur einmal im Jahr benutzt würden). Die Alge wird als spezieller Zusatzstoff in einem «Ingwerplätzchen-Programm» in ländlichen Schulen eingesetzt, um die verbreitete Unterernährung zu bekämpfen. Dies verschafft den Reisbauern zusätzliche Einahmen, während man damit zugleich auf eine drückende soziale Notlage reagiert.

Eine eindrucksvolle Umsetzung des ZERI-Konzepts im großen Maßstab stellt das Wiederaufforstungsprojekt des Umweltforschungszentrums Las Gaviotas in Ostkolumbien dar, das von dem Ökodesigner Paolo Lugari eingerichtet wurde und geleitet wird. Inmitten der tiefen sozialen Krise in Kolumbien hat Las Gaviotas eine Umwelt voller Innovation und Hoffnung geschaffen.

Als ZERI nach Las Gaviotas kam, war das Zentrum bereits zu weltweitem Ansehen durch die Entwicklung vieler einfallsreicher Technologien mit erneuerbarer Energie gelangt, etwa Solarheißwasseranlagen für tausende von Wohneinheiten in der Hauptstadt Bogotá sowie ein Krankenhaus auf dem Land, das seine eigene Sonnenenergieanlage hat, sein Wasser selbst destilliert und mit lokal angebauten Nahrungsmitteln kocht.

Nach diesen Erfolgen leitete Lugari das umfassendste Wiederaufforstungsprogramm ein, das Kolumbien je erlebt hat. Die Aufzucht von Bäumen in den östlichen Savannen (den *llanos*) ist überaus schwierig. Der stark übersäuerte Boden und extreme Temperaturen schränken die Auswahl junger Bäume erheblich ein, die die heißen, trockenen Sommer überleben können. Doch nach eingehenden Analysen ermittelten die Wissenschaftler in Las Gaviotas, dass die karibische Kiefer in der Lage wäre, sich diesen extremen Bedingungen anzupassen.

Und tatsächlich erwies sich diese Einschätzung nach den ersten beiden Pflanzjahren als korrekt. Seitdem forstet das Zentrum mit Hilfe von speziell entwickelten Baumpflanzmaschinen tausende von Hektaren wieder auf. Anfangs machte man sich Sorgen darüber, dass eine derart riesige Monokultur von Kiefern negative ökologische Auswirkungen haben könnte, aber genau das Gegenteil war der Fall. Da die Kiefernnadeln ständig auf den Waldboden fielen, entstand eine reiche Humusschicht, auf der neue Pflanzen, Bäume und Unterholz gedeihen konnten.

Heute befinden sich über 200 neue Arten in diesem Mikroklima, die sonst nirgendwo in der Savanne wachsen. Und mit diesen neuen Pflanzenarten kommen Bakterien, Insekten, Vögel und sogar Säugetiere. Die biologische Vielfalt hat sich dramatisch erhöht.

Der Kiefernwald entzieht der Luft nicht nur CO_2 (was zur Reduzierung der globalen Erwärmung beiträgt) und holt die verlorene biologische Vielfalt zurück, sondern liefert auch lukratives Kolophoniumharz, das gesammelt und zu einer Primärzutat für die Produktion von Naturfarben und qualitativ hochwertigem Glanzpapier verarbeitet wird. So entstehen weitere Arbeitsplätze und wertvolle Einnahmequellen. Schließlich stellte sich heraus, dass die in dem wieder aufgeforsteten Wald erzeugten Bakterien ein ausgezeichnetes Filtersystem bilden, das das Grundwasser reinigt, welches auch noch reich an Mineralien ist. Das Zentrum füllt dieses Mineralwasser zu sehr niedrigen Kosten ab. Damit gewinnt man ein wichtiges Mittel für eine vorbeugende Gesundheitsfürsorge, da die meisten Gesundheitsprobleme der Region auf eine schlechte Wasserqualität zurückzuführen sind. Die Erfolgsgeschichte von Las Gaviotas ist also ein überzeugender Beweis für die Richtigkeit des ZERI-Konzepts. Ausgehend vom Wiederaufforstungsprogramm trägt der ökologische Cluster – der gemeinsam von einem ZERI- und einem Las-Gaviotas-Team konzipiert wurde – dazu bei, die globale Erwärmung zu reduzieren, die biologische Vielfalt zu erhöhen, Arbeitsplätze für die lokale Eingeborenenbevölkerung zu schaffen, neue Einnahmequellen zu erschließen und die öffentliche Gesundheit in der Region erheblich zu verbessern.

Für den Aufbau der ZERI-Organisation bediente sich Gunter Pauli der modernsten elektronischen Netzwerk- und Konferenztechniken. Im Grunde besteht ZERI aus drei Arten miteinander verknüpfter Netzwerke. Da ist zum einen der ökologische Cluster von Industrien, deren Muster den Nahrungsnetzen in den Ökosystemen der Natur nachgebildet sind. Eng damit verbunden ist das menschliche Netzwerk der lokalen Gemeinschaft, in der der Cluster angesiedelt ist. Drittens ist da schließlich das internationale Netzwerk von Wissenschaftlern, die das detaillierte Wissen liefern, das erforderlich ist, um Industriecluster zu konzipieren, die mit den lokalen Ökosystemen kompatibel sind. Aufgrund der Nichtlinearität dieser miteinander verknüpften Netzwerke sind die Lösungen, die sie produzieren, multiple oder «systemische» Lösungen. Der vom Ganzen geschaffene kombinierte Wert ist stets größer als die Summe der Werte, die von unabhängig operierenden Komponenten geschaffen würden.

Dank ihres steilen Wachstums an Ressourcenproduktivität sind diese Industriecluster in der Lage, bei ihren Produkten ein Qualitätsniveau anzustreben, das erheblich höher ist als das, das sich entsprechende Einzelunternehmen leisten können. Folglich sind die ZERI-Unternehmen auf dem globalen Markt konkurrenzfähig – und war nicht in dem Sinne, dass sie ihre Produkte global verkaufen würden, sondern weil niemand mit ihnen auf lokaler Ebene konkurrieren könnte. Wie in allen Ökosystemen erhöht die Vielfalt die Flexibilität. Je vielfältiger also die ZERI-Cluster werden, desto flexibler und wettbewerbsfähiger sind sie. Sie betreiben keine Ökonomie im großen Maßstab, sondern, wie Pauli es formuliert, eine «Ökonomie des Spielraums».

Unschwer ist zu erkennen, dass die Organisationsprinzipien, die dem ZERI-Konzept zugrunde liegen – die nichtlineare Netzwerkstruktur, die zyklische Verteilung von Materie, die vielfachen Partnerschaften, die Vielfalt der Unternehmen, lokale Produktion und lokaler Konsum sowie das Ziel der Optimierung statt der Maximierung –, Grundprinzipien der Ökologie sind. Dies ist natürlich kein Zufall. Die ZERI-Cluster sind eindrucksvolle Beispiele eines im Ökodesign verkörperten Ökobewusstseins.

Eine von Dienstleistung und Fluss geprägte Wirtschaft

Die meisten ZERI-Cluster haben es mit organischen Ressourcen und Abfällen zu tun. Zur Errichtung nachhaltiger Industriegesellschaften allerdings müssen das Ökodesignprinzip «Abfall ist gleich Nahrung» und die daraus resultierende zyklische Verteilung von Materie über organische Produkte hinausgehen. Dieses Konzept haben am überzeugendsten die Ökodesigner Michael Braungart in Deutschland und William McDonough in den USA formuliert.[58]

Braungart und McDonough sprechen von zwei Arten von Stoffwechsel: einem biologischen Stoffwechsel und einem «technischen Stoffwechsel». Materie, die den biologischen Stoffwechsel durchläuft, ist biologisch abbaubar und wird für andere lebende Organismen Nahrung. Materialien, die nicht biologisch abbaubar sind, gelten als «technische Nährstoffe», die ständig innerhalb von Industriezyklen zirkulieren, welche den technischen Stoffwechsel konstituieren. Damit diese beiden Stoffwechsel gesund bleiben, muss man sie mit großer Sorgfalt voneinander getrennt halten, damit sie einander nicht kontaminieren. Dinge, die dem biologischen Stoffwechsel angehören – landwirtschaftliche Produkte, Kleidung, Kosmetik usw. –, sollten keine beständigen toxischen Substanzen enthalten. Dinge, die in den technischen Stoffwechsel einbezogen werden – Maschinen, physikalische Strukturen usw. –, sollten sorgfältig vom biologischen Stoffwechsel fern gehalten werden.

In einer nachhaltigen Industriegesellschaft werden alle Produkte, Materialien und Abfälle entweder biologische oder technische Nährstoffe sein. Biologische Nährstoffe werden so beschaffen sein, dass sie wieder in die ökologischen Zyklen gelangen, um von Mikroorganismen und anderen Lebewesen im Boden konsumiert zu werden. Zusätzlich zum organischen Abfall aus unserer Nahrung sollten die meisten Verpackungsmaterialien (die etwa die Hälfte unserer festen Abfälle ausmachen) aus biologischen Nährstoffen bestehen. Mit Hilfe der heutigen Technologien lassen sich ohne weiteres Verpackungsmaterialien produzieren, die in den Kompostbehälter geworfen werden können, damit sie biologisch abgebaut werden. Dazu McDonough und Braungart: «Es besteht kein Grund, dass Shampooflaschen, Zahnpastatuben, Joghurtbecher, Saftbehälter und andere Verpackungen Jahrzehnte (oder gar Jahrhunderte) länger halten als das, was sie einmal enthielten.»[59]

Technische Nährstoffe werden so beschaffen sein, dass sie wieder in technische Zyklen zurückgelangen. Braungart und McDonough betonen, dass die Wiederverwendung technischer Nährstoffe in Industriezyklen sich vom konventionellen Recycling unterscheide, weil damit die hohe Qualität der Materialien erhalten bleibe und sie nicht zu Blumentöpfen oder Parkbanken «hinunterrecycelt» würden. Es wurden zwar noch keine technischen Stoffwechsel, die den ZERI-Clustern entsprechen, in Gang gesetzt, aber der Trend geht eindeutig in diese Richtung. In den USA, die ja, was das Recycling betrifft, nicht gerade mustergültig sind, wird heute mehr als die Hälfte des Stahls aus Schrott produziert. Und allein im US-Staat New Jersey verarbeiten über ein Dutzend Papierfabriken ausschließlich Altpapier.[60] Die neuen Mini-Stahlfabriken müssen nicht in der Nähe von Bergwerken, die Papierfabriken nicht in der Nähe von Wäldern angesiedelt werden, sondern in der Nähe der Städte, die den Abfall produzieren und die Rohstoffe konsumieren, was erhebliche Transportkosten spart.

Viele andere Ökodesigntechnologien für die wiederholte Verwendung technischer Nährstoffe sind in der Entwicklung begriffen. Beispielsweise ist es inzwischen möglich, spezielle Arten von Druckfarben herzustellen, die sich vom Papier in einem Heißwasserbad entfernen lassen, ohne dass die Papierfasern beschädigt werden. Diese chemische Erfindung macht die völlige Trennung von Papier und Druckfarbe möglich, so dass beide wieder verwendet werden können. Das Papier würde zehn- bis dreizehnmal länger als konventionell recycelte Papierfasern halten. Wenn diese Technik allgemein übernommen würde, könnte sie die Verarbeitung von Bäumen zu Papier um 90 Prozent verringern, zusätzlich zur Reduzierung der Mengen toxischer Druckfarbenrückstände, die heute auf dem Müll landen.[61]

Würde das Konzept der technischen Zyklen vollständig eingeführt, käme es zu einer grundlegenden Umstrukturierung der wirtschaftlichen Verhältnisse. Schließlich soll uns ein technisches Produkt nicht das Gefühl, dass wir es besitzen, sondern die Dienstleistung vermitteln, die es anbieten kann. Wir wollen Unterhaltung von unserem Videorekorder, Mobilität von unserem Auto, kalte Getränke aus unserem Kühlschrank haben, und so weiter. Paul Hawken weist gern darauf hin, dass wir einen Fernseher nicht etwa kaufen, um eine Kiste aus 4000 toxischen Chemikalien zu besitzen, sondern um fernzusehen.[62]

Aus der Sicht des Ökodesigns ist es unsinnig, diese Produkte zu besitzen und sie am Ende ihres nützlichen Lebens wegzuwerfen. Es ist viel sinnvoller, ihre Dienstleistungen zu kaufen, das heißt, sie zu leasen oder zu mieten. Besitzer würde der Hersteller bleiben, und wenn man ein Produkt nicht mehr benutzen oder auf eine neuere Version umsteigen möchte, würde der Hersteller das alte Produkt zurücknehmen, es in seine Grundkomponenten – die «technischen Nährstoffe» – zerlegen und diese für die Herstellung neuer Produkte verwenden oder an andere Unternehmen verkaufen.[63] Die so entstehende Wirtschaft würde nicht mehr auf dem Besitz von Gütern basieren, sondern von Dienstleistung und Fluss geprägt sein. In einer solchen Wirtschaft würden Industrierohstoffe und technische Komponenten ständig zwischen Herstellern und Benutzern zirkulieren, genau wie zwischen verschiedenen Industrien.

Dieser Wechsel von einer produktorientierten Wirtschaft zu einer «Dienstleistungs-und-Fluss-Wirtschaft» ist nicht mehr reine Theorie. Einer der weltweit größten Teppichhersteller beispielsweise, eine in Atlanta ansässige Firma namens Interface, ist dazu übergegangen, Teppiche nicht mehr zu verkaufen, sondern Teppichdienstleistungen per Leasing anzubieten.[64] Der Grundgedanke dabei ist, dass die Menschen über Teppiche laufen und sie anschauen, aber nicht besitzen wollen. Sie können diese Dienstleistungen zu viel geringeren

Kosten bekommen, wenn die Firma Besitzer des Teppichs bleibt und weiter dafür zuständig ist, ihn gegen eine Monatsgebühr in guter Verfassung zu halten. Die Interface-Teppiche werden in Form von Fliesen ausgelegt, und nur Fliesen, die abgenutzt sind, werden nach einer regelmäßigen monatlichen Inspektion ersetzt. Das reduziert nicht nur die für einen Austausch benötigte Menge an Teppichmaterial, sondern minimiert auch Störungen, da sich die abgenutzten Fliesen gewöhnlich nicht unter Möbeln befinden. Möchte ein Kunde den ganzen Teppich austauschen, nimmt die Firma ihn zurück, entzieht ihm seine technischen Nährstoffe und liefert dem Kunden einen neuen Teppich in der gewünschten Farbe, Stilrichtung und Struktur.

Dank dieser Praktiken sowie mehrerer Neuerungen beim Design der Materialien ist Interface einer der Pioniere der neuen Dienstleistungs-und-Fluss-Wirtschaft geworden. Ähnliche Innovationen wurden in der Fotokopierindustrie von Canon in Japan und in der Autoindustrie von Fiat in Italien eingeführt. Die Firma Canon hat die Fotokopierindustrie revolutioniert, indem sie ihre Kopierer so umgestellt hat, dass sich über 90 Prozent ihrer Komponenten wieder verwenden oder recyceln lassen.[65] In Fiats Auto-Recyling-System (FARE) werden Stahl, Plastik, Glas, Sitzpolster und viele andere Komponenten alter Fiat-Autos in über 300 Demontagezentren verarbeitet, um in neuen Autos wieder verwendet oder als Rohstoffe an andere Industrien weitergegeben zu werden. Das Unternehmen hat sich als Ziel für 2002 ein 85-prozentiges und für 2010 ein 95-prozentiges Materialrecycling gesetzt. Das Fiat-Programm wird von Italien aus auch auf andere europäische Länder und auf Lateinamerika ausgeweitet.[66]

In einer Dienstleistungs-und-Fluss-Wirtschaft müssen die Hersteller ihre Produkte leicht auseinander nehmen können, um die Rohmaterialien wieder umzuverteilen. Dies wird nachhaltige Auswirkungen auf das Produktdesign haben. Am erfolgreichsten werden die Produkte sein, die eine geringe Anzahl von Materialien sowie Komponenten enthalten, die sich leicht zerlegen, trennen, erneut zusammensetzen und wieder verwenden lassen. Die oben erwähnten Unternehmen haben denn auch alle ihre Produkte völlig neu konstruiert, damit sie sich leicht zerlegen lassen. Wenn dies geschieht, wird die Nachfrage nach Arbeitskräften (für das Zerlegen, Sortieren und Recyceln) zunehmen, während der Abfall abnimmt. Somit ist die Dienstleistungs-und-Fluss-Wirtschaft mit einem Wechsel von natürlichen Ressourcen, die knapp sind, zu menschlichen Ressourcen, die reichlich vorhanden sind, verbunden.

Ein weiterer Effekt dieses neuen Produktdesigns wird darin bestehen, die Interessen von Herstellern und Kunden im Hinblick auf die Haltbarkeit der Produkte zur Deckung zu bringen. In einer Wirtschaft, die auf dem Verkauf von Gütern basiert, ist es im finanziellen Interesse der Hersteller, dass ihre Produkte veralten und häufig weggeworfen und ersetzt werden, auch wenn das für die Umwelt schädlich und für die Kunden teuer ist. In einer Dienstleistungs-und-Fluss-Wirtschaft dagegen liegt es im Interesse der Hersteller wie der Kunden, dass langlebige Produkte erzeugt werden und nur ein Minimum an Energie und Materialien verbraucht wird.

Mit weniger Aufwand mehr erreichen

Auch wenn das vollständige Zirkulieren von Materialien in technischen Clustern noch nicht erreicht ist, haben die bestehenden Teilcluster und Materialrückkopplungsschleifen zu einer dramatischen Steigerung beim effizienten Einsatz von Energie und Ressourcen geführt. Ökodesigner sind heute davon überzeugt, dass eine 90-prozentige Reduzierung von Energie und Materialien – «Faktor zehn» genannt, weil dies einer zehnfachen Zunahme an effizienter Ressourcenverwertung entspricht – in den hoch entwickelten Ländern mit den existierenden Technologien und ohne irgendwelche Abstriche beim Lebensstandard der Menschen möglich ist.[67] Und die Umweltminister mehrerer europäischer Länder ebenso wie das Umweltprogramm der Vereinten Nationen (UNEP) empfehlen dringend, die Faktor-Zehn-Ziele zu übernehmen.[68]

Derart dramatische Zuwächse bei der Ressourcenproduktivität werden aufgrund der massiven Ineffizienz und Verschwendung möglich, die für die meisten gegenwärtigen Industriedesigns typisch sind. Wie im Falle der biologischen Ressourcen gehören Ökodesignprinzipien wie Vernetzen, Recyceln und Optimieren statt Maximieren nicht zur Theorie und Praxis des Industriedesigns, und ein Begriff wie «Ressourcenproduktivität» ist erst seit kurzem in den Wortschatz der Designer eingegangen.

Das Buch *Natural Capitalism* von Paul Hawken, Amory Lovins und Hunter Lovins ist voller erstaunlicher Beispiele für immense Zuwächse bei der Ressourceneffizienz. So schätzen die Autoren, dass wir mit derart effizienten Praktiken den Abbau der Biosphäre nahezu stoppen könnten, und sie betonen, dass die gegenwärtigen massiv ineffizienten Praktiken fast immer mehr kosten als die Maßnahmen, mit denen sie sich umkehren ließen.[69] Mit anderen Worten: Das Ökodesign ist ein gutes Geschäft. Wie bei den ZERI-Clustern hat der Zuwachs an Ressourcenproduktivität in der Sphäre der Technik vielfache nützliche Effekte. Er verlangsamt die Erschöpfung der natürlichen Ressourcen, reduziert die Umweltverschmutzung und schafft mehr Arbeitsplätze. Die Ressourcenproduktivität allein wird zwar nicht unsere Umweltkrise beheben, aber damit gewinnen wir kostbare Zeit für den Übergang zu einer nachhaltigen Gesellschaft.

Ein Gebiet, auf dem das Ökodesign zu einer großen Vielfalt beeindruckender Neuerungen geführt hat, ist das Design von Gebäuden.[70] Ein gut konstruiertes kommerzielles Gebäude weist eine Form und Ausrichtung auf, die Sonne und Wind am besten nutzen, indem sie die passive Sonnenerwärmung und Kühlung optimieren. Das allein senkt normalerweise den Energieverbrauch des Gebäudes um ein Drittel. Die richtige Ausrichtung, verbunden mit anderen Solardesignmerkmalen, sorgt auch für ein blendfreies natürliches Licht im ganzen Gebäude, das normalerweise tagsüber zur Beleuchtung ausreicht. Moderne elektrische Beleuchtungssysteme können angenehme und exakte Farben erzeugen und jedes Flackern, Summen und Blenden ausschalten. Die Energieersparnis bei einer derartigen Beleuchtung liegt meist zwischen 80 und 90 Prozent, und damit macht sich die Installation der Beleuchtungssysteme meist schon innerhalb eines Jahres bezahlt.

Vielleicht noch eindrucksvoller sind die Verbesserungen bei der Isolierung und Temperaturregelung durch so genannte «Superfenster», die den Menschen im Winter Wärme und im Sommer Kühlung bieten, und zwar ohne zusätzliche Heizung oder Kühlung. Superfenster weisen mehrere unsichtbare Beschichtungen auf, die das Licht durchlassen, aber die Wärme reflektieren, dazu haben sie Doppelscheiben, zwischen denen sich ein schweres Gas befindet, das den Fluss von Wärme und Lärm unterbindet. Mit derartigen Superfenstern ausgestattete experimentelle Gebäude beweisen, dass sich ein äußerst angenehmes Raumklima ohne alle Heizungs- oder Kühlgeräte aufrechterhalten lässt, selbst bei äußeren Bedingungen, die von strenger Kälte bis zu extremer Hitze reichen.

Schließlich lässt sich bei Ökohäusern nicht nur Energie sparen, indem natürliches Licht herein- und das Wetter draußen gelassen wird – es ist sogar möglich, damit Energie zu produzieren. Photovoltaische Elektrizität kann inzwischen aus Wandpaneelen, Dachschindeln und anderen Strukturelementen erzeugt werden, die wie gewöhnliche Baumaterialien aussehen und funktionieren, aber Elektrizität produzieren, wenn die Sonne scheint, sogar durch Wolken. Ein Gebäude mit solchen photovoltaischen Materialien an Dächern und Fenstern kann tagsüber mehr Elektrizität erzeugen, als es selbst verbraucht. Und genau das geschieht jeden Tag bei einer halben Million auf Sonnenenergie umgerüsteten Häusern auf der ganzen Welt.

Das sind nur einige der wichtigsten Neuerungen beim Ökodesign von Gebäuden. Sie sind nicht etwa auf Neubauten beschränkt, sondern lassen sich auch durch Umbaumaßnahmen an alten Gebäuden installieren. Die Ersparnisse an Energie und

Materialien, die durch diese Innovationen erzielt werden, sind gewaltige, und in solchen Gebäuden kann man auch komfortabler und gesünder leben und arbeiten. Je mehr diese Ökodesigninnovationen umgesetzt werden, desto mehr nähern sich die Gebäude der Vision von William McDonough und Michael Braungart an: «Stellen Sie sich ... ein Gebäude wie eine Art Baum vor. Es würde die Luft reinigen, das eindringende Sonnenlicht sammeln, mehr Energie produzieren als verbrauchen, Schatten und Lebensraum erzeugen, den Boden anreichern und sich mit dem Wandel der Jahreszeiten verändern.»[71] Tatsächlich gibt es heute bereits mehrere Beispiele von Gebäuden mit einigen dieser revolutionären Merkmale.[72]

Ein weiterer Sektor, auf dem große Energieeinsparungen möglich sind, ist das Transport- und Verkehrswesen. Wie wir gesehen haben, sollen die Freihandelsvorschriften der WTO die lokale Produktion zu Gunsten von Exporten und Importen unterdrücken, wodurch der Fernverkehr massiv zunimmt und die Umwelt gewaltigem Stress ausgesetzt wird.[73] Die Umkehr dieses Trends, die ein wichtiger Teil des Programms der Seattle-Koalition zur Umgestaltung der Globalisierung ist, wird zu massiven Energieeinsparungen führen. Dies wird bereits bei mehreren der auf den vorangegangenen Seiten erwähnten zukunftweisenden Beispielen von Ökodesign sichtbar – von den lokalen und überschaubaren ökologischen Industrieclustern, über die neuen Minifabriken für die lokale Produktion von Stahl und Papier aus Schrott und Altpapier bis zur Nahrung, die von Biobauernhöfen lokal produziert und verkauft wird.

Ähnliche Überlegungen lassen sich auch auf den Städtebau anwenden. Die unkontrollierte Ausbreitung, wie sie für die meisten modernen Großstädte typisch ist, insbesondere in Nordamerika, führt zu einer sehr hohen Abhängigkeit vom Auto und zu einer minimalen Rolle von öffentlichen Verkehrsmitteln, Rad- oder Fußwegen. Die Folgen: ein hoher Kraftstoffverbrauch und entsprechend hohe Smogwerte, erheblicher Stress durch Verkehrsstaus und Einbußen für Straßenleben, Gemeinschaft und öffentliche Sicherheit.

In den letzten drei Jahrzehnten hat sich eine internationale «Ökostadt-Bewegung» gebildet, die der unkontrollierten Ausbreitung der Städte durch die Anwendung von Ökodesignprinzipien entgegenwirken und sie so umgestalten will, dass sie in ökologischer Hinsicht gesund werden.[74] Durch eine sorgfältige Analyse von Transport- und Flächennutzungsmustern haben die Stadtplaner Peter Newman und Jeff Kenworthy herausgefunden, dass der Energieverbrauch entscheidend von der Stadtdichte abhängt.[75] Wenn die Stadt dichter wird, nehmen die Benutzung von öffentlichen Verkehrsmitteln und die Menge der Fußgänger und Radfahrer zu, während die Benutzung von Autos abnimmt. Historische Stadtzentren mit hoher Dichte und gemischter Flächennutzung, die in die autofreien Zonen zurückverwandelt wurden, als die sie ursprünglich gedacht waren, existieren inzwischen in den meisten europäischen Großstädten. Andere Städte haben autofreie Zonen geschaffen, die zum Gehen und Radfahren einladen. Diese neu geschaffenen Viertel, so genannte «urbane Dörfer», weisen Baustrukturen von hoher Dichte kombiniert mit reichlich Grünflächen für die allgemeine Nutzung auf.

Die deutsche Stadt Freiburg beispielsweise hat ein «urbanes Dorf» namens Seepark, das um einen großen See und eine Straßenbahnlinie herum angelegt ist. Das Viertel ist total autofrei, hier bewegen sich nur Fußgänger und Radfahrer; es gibt genügend offenen Raum, in dem Kinder sicher spielen können. Ähnliche autofreie und in das öffentliche Verkehrswesen eingebundene urbane Dörfer gibt es in mehreren Städten wie München, Zürich und Vancouver. Überall hat die Anwendung von Ökodesignprinzipien viele Vorteile gebracht: erhebliche Energieeinsparungen und eine gesunde und sichere Umwelt mit drastisch reduzierter Verschmutzung.

Zusätzlich zu diesen Entwicklungen wird eine größere Energie- und Materialeinsparung auch durch eine radikale Umgestaltung der Autos erzielt. Doch auch wenn so genannte «Hyperautos» – ultraleicht, supereffizient und abgasfrei – bald auf dem Markt sein werden,[76] wird dies nicht die vielen gesundheitlichen, sozialen und Umweltprobleme lösen, die durch die übermäßige Benutzung von Autos verursacht werden. Das wird nur durch grundlegende Veränderungen in unseren Produktions- und Konsummustern und im Design unserer Städte gelingen. Bis dahin allerdings werden wir durch Hyperautos ebenso wie durch andere steile Zuwächse an Ressourcenproduktivität die Umweltverschmutzung erheblich reduzieren und die dringnd benötigte Zeit für den Übergang zu einer nachhaltigen Zukunft gewinnen.

Energie aus der Sonne

Bevor wir uns dem Ökodesign von Autos zuwenden, müssen wir uns eingehend mit der Frage des Energieverbrauchs befassen. In einer nachhaltigen Gesellschaft ist es erforderlich, dass alle menschlichen Tätigkeiten und Industrieprozesse letztlich durch Sonnenenergie betrieben werden, genau wie die Prozesse in den Ökosystemen der Natur. Die Sonnenenergie ist die einzige erneuerbare und umweltfreundliche Energieform. Daher ist es von zentraler Bedeutung, dass der Wechsel zu einer nachhaltigen Gesellschaft mit einem Wechsel von fossilen Brennstoffen – den Hauptenergiequellen des Industriezeitalters – zur Sonnenenergie Hand in Hand geht.

Die Sonne versorgt unseren Planeten seit Jahrmilliarden mit Energie, und praktisch unsere gesamten Energiequellen – Holz, Kohle, Erdöl, Erdgas, Wind, Wasserkraft usw. – verdanken wir der Sonnenenergie. Doch diese Energieformen sind nicht alle erneuerbar. In der gegenwärtigen Energiedebatte werden mit dem Begriff «Sonnenenergie» die Energieformen bezeichnet, die aus unerschöpflichen oder erneuerbaren Quellen stammen: Sonnenlicht für Solarheizung und photovoltaische Elektrizität, Wind und Wasserkraft sowie Biomasse (organische Materie). Die effizientesten Solartechniken arbeiten mit kleinen Vorrichtungen, wie sie von lokalen Gemeinschaften genutzt werden und die die unterschiedlichsten Arbeitsplätze schaffen. Somit wird durch die Nutzung der Sonnenenergie wie bei den anderen Ökodesignprinzipien die Umweltverschmutzung reduziert und gleichzeitig die Beschäftigung erhöht. Darüber hinaus wird der Wechsel zur Sonnenenergie speziell den Menschen zugute kommen, die in südlichen Ländern leben, wo die Sonne am meisten scheint.

Seit einigen Jahren wird zunehmend klar, dass der Übergang zur Nutzung der Sonnenenergie nicht nur deshalb notwendig ist, weil fossile Brennstoffe – Kohle, Öl und Erdgas – nur begrenzt vorhanden und nicht erneuerbar sind, sondern weil sie sich insbesondere verheerend auf die Umwelt auswirken. Die Entdeckung, welche entscheidende Rolle Kohlendioxid (CO_2) bei der globalen Klimaveränderung spielt und dass die Menschheit für das Einbringen von CO_2 in die Atmosphäre verantwortlich ist, hat den Zusammenhang zwischen Umweltverschmutzung und dem Kohlenstoffgehalt der fossilen Brennstoffenergie sichtbar gemacht. Somit ist die Kohlenstoffdichte ein wichtiger Indikator dafür, wie weit wir uns zur Nachhaltigkeit hinbewegen. Wir müssen, wie Seth Dunn vom Worldwatch Institute es formuliert, unsere Energiewirtschaft «dekarbonisieren», ihr sozusagen den Kohlenstoff entziehen.77

Zum Glück geschieht dies bereits. Der von Dunn zitierte Industrieökologe Jesse Ausubel hat nachgewiesen, dass in den letzten 200 Jahren eine fortschreitende Dekarbonisierung der Energiequellen stattgefunden hat. Jahrtausendelang war die Hauptenergiequelle der Menschheit das Holz, das für jedes Wasserstoffmolekül (in Wasserdampf) zehn Moleküle Kohlenstoff (in Ruß oder CO_2) freisetzt, wenn es verbrannt wird. Als die Kohle im 19. Jahrhundert die Hauptenergiequelle für die Welt der Industrie wurde, ging dieses Verhältnis auf 2:1 zurück. Mitte des 20. Jahrhunderts überholte das Erdöl die Kohle als führender Brennstoff. Damit setzte sich der Prozess der Dekarbonisierung fort, da die Verbrennung von Öl nur ein Kohlenstoffmolekül für zwei Wasserstoffmoleküle freisetzt. Beim Erdgas (Methan), dessen Aufstieg in den letzten Jahrzehnten des 20. Jahrhunderts begann, ging die Dekarbonisierung noch weiter – dabei wird nur ein Kohlenstoffmolekül für vier Wasserstoffmoleküle freigesetzt. Somit hat bei jeder neuen Hauptbrennstoffquelle das Kohlenstoff-Wasserstoff-Verhältnis abgenommen. Der Übergang zur Sonnenenergie wird der letzte Schritt in diesem Dekarbonisierungsprozess sein, da aus erneuerbaren Energiequellen überhaupt kein Kohlenstoff in die Atmosphäre gelangt.

Vor einigen Jahrzehnten hoffte man, dass die Kernkraft der ideale saubere Brennstoff sei, der Kohle und Erdöl ersetzen könnte. Doch schon bald wurde klar, dass die Kernkraft derart enorme Risiken und Kosten mit sich bringt, dass sie keine praktikable Lösung darstellt.[78] Die Risiken beginnen bei der Kontaminierung von Mensch und Umwelt mit Krebs erregenden radioaktiven Substanzen in jedem Stadium des «Brennstoffzyklus» – dem Abbau und der Anreicherung von Uran, dem Betrieb und der Wartung des Reaktors sowie der Behandlung und der Lagerung oder Wiederaufbereitung des Atommülls. Dazu kommen die unvermeidlichen Strahlungsemissionen bei Kraftwerksunfällen und sogar während des Routinebetriebs der Kraftwerke; die ungelösten Probleme, wie sicher sich Kernreaktoren stilllegen und radioaktive Abfälle lagern lassen; die Drohung des Atombombenterrorismus und der sich daraus ergebende Verlust der bürgerlichen Grundfreiheiten in einer totalitären «Plutoniumwirtschaft» sowie die verheerenden wirtschaftlichen Folgen der Nutzung der Kernkraft als einer kapitalintensiven, hoch zentralisierten Energiequelle.

All diese Risiken verbinden sich mit den immanenten Problemen der Brennstoff- und Baukosten, und damit werden die Betriebskosten von Kernkraftwerken so hoch, dass sie praktisch nicht mehr wettbewerbsfähig sind. Bereits 1977 hat ein prominenter Investitionsberater für Versorgungsbetriebe eine gründliche Untersuchung der Nuklearindustrie mit folgender vernichtender Bemerkung abgeschlossen: «Es ergibt sich zwangsläufig die Schlussfolgerung, dass es schon allein aus wirtschaftlicher Sicht einem wirtschaftlichen Wahnsinn von beispiellosem Ausmaß gleichkäme, wollte man sich auf Kernspaltung als Hauptquelle ortsgebundener Energieversorgung verlassen.»[79] Heute verzeichnet die Kernkraft als Energiequelle die niedrigste Wachstumsrate der Welt – 1996 ging sie auf gerade ein Prozent zurück, und nichts spricht dafür, dass sich dies ändern wird. Dazu das Fachblatt *The Economist*: «Kein einziges [Kernkraftwerk] auf der Welt ist in kommerzieller Hinsicht sinnvoll.»[80]

Der Sonnenenergiesektor dagegen hat in den vergangenen zehn Jahren das stärkste Wachstum erlebt. So hat die Nutzung von Solarzellen (also photovoltaischen Zellen, die Sonnenlicht in Elektrizität umwandeln) in den neunziger Jahren um etwa 17 Prozent pro Jahr zugenommen, und noch spektakulärer war der Zuwachs bei der Windenergie – etwa 24 Prozent pro Jahr.[81] Schätzungsweise eine halbe Million Häuser auf der ganzen Welt, meist in abgelegenen Dörfern, die nicht an ein Stromnetz angeschlossen sind, beziehen inzwischen ihre Energie aus Solarzellen. Die kürzlich in Japan erfundenen Solardachschindeln verheißen einen weiteren Aufschwung bei der Nutzung der photovoltaischen Elektrizität. Wie bereits erwähnt, sind sie in der Lage, Dächer in kleine Kraftwerke umzuwandeln, und das wird wahrscheinlich die Elektrizitätserzeugung revolutionieren.

Diese Entwicklungen zeigen, dass der Übergang zur Sonnenenergie inzwischen vollzogen wird. 1997 gelangte eine gründliche Studie von fünf wissenschaftlichen Laboratorien in den USA zu der Schlussfolgerung, dass die Sonnenenergie heute 60 Prozent des Energiebedarfs der USA zu wettbewerbsfähigen Preisen decken könnte, wenn es einen fairen Wettbewerb gäbe und die Vorteile für die Umwelt korrekt veranschlagt würden. Ein Jahr später hielt es eine Studie der Royal Dutch Shell für höchst wahrscheinlich, dass im Laufe des nächsten halben Jahrhunderts erneuerbare Energiequellen so wettbewerbsfähig werden könnten, dass sie mindestens die Hälfte des Energiebedarfs der Welt zu decken imstande wären.[82]

Jedes langfristige Solarenergieprogramm wird darauf achten müssen, dass es genug flüssigen Treibstoff für den Betrieb der

Luftfahrt und zumindest einen Teil unseres gegenwärtigen Straßenverkehrs gibt. Bis vor kurzem war dies die Achillesferse des Übergangs zur Solarenergie.[83] Früher war die bevorzugte Quelle für einen erneuerbaren flüssigen Treibstoff die Biomasse, insbesondere Alkohol, der aus vergorenem Getreide oder Obst destilliert wurde. Das Problematische an dieser Lösung besteht darin, dass Biomasse zwar eine erneuerbare Ressource ist, doch der Boden, in dem sie wächst, ist es nicht. Während wir mit Sicherheit mit einer erheblichen Alkoholproduktion aus speziellen Feldfrüchten rechnen könnten, würde ein massives Alkoholtreibstoffproblem unseren Boden genauso schnell auslaugen, wie wir inzwischen andere natürliche Ressourcen erschöpfen.

In den letzten Jahren allerdings hat man für das Problem flüssiger Treibstoffe eine spektakuläre Lösung gefunden, nämlich mit der Entwicklung effizienter Wasserstoffbrennstoffzellen, die uns ein neues Zeitalter der Energieproduktion verheißt – die «Wasserstoffwirtschaft». Wasserstoff, das leichteste und im Universum am reichlichsten vorhandene Element, wird im Allgemeinen als Raketentreibstoff eingesetzt. Eine Brennstoffzelle ist ein elektrochemischer Apparat, der Wasserstoff mit Sauerstoff verbindet, um Elektrizität und Wasser zu erzeugen – und nichts anderes! Damit ist Wasserstoff der allersauberste Brennstoff, die definitiv letzte Stufe im langen Dekarbonisierungsprozess.

Der Prozess in einer Brennstoffzelle läuft so ähnlich ab wie der in einer Batterie, nutzt aber einen ständigen Fluss von Brennstoff. Wasserstoffmoleküle werden in eine Seite des Apparats eingespeist und dann von einem Katalysator in Protonen und Elektronen zerlegt. Diese Teilchen wandern sodann auf unterschiedlichen Wegen auf die andere Seite. Die Protonen passieren eine Membran, während die Elektronen darum herumgeleitet werden und dabei elektrischen Strom erzeugen. Nachdem der Strom verbraucht ist, erreicht er die andere Seite der Brennstoffzelle, wo die Elektronen wieder mit den Protonen vereint werden und der sich daraus ergebende Wasserstoff mit dem Sauerstoff der Luft reagiert, sodass sich Wasser bildet. Der gesamte Betrieb läuft lautlos ab, ist zuverlässig und erzeugt keinerlei Umweltverschmutzung oder Abfall.[84]

Brennstoffzellen sind zwar schon im 19. Jahrhundert erfunden worden, wurden aber bis vor kurzem nicht kommerziell produziert (außer für das US-Raumfahrtprogramm), weil sie viel Platz benötigten und unwirtschaftlich waren. Da sie große Mengen Platin als Katalysator erforderten, waren sie viel zu teuer für eine Massenproduktion. Außerdem muss der Wasserstoff, den die Brennstoffzelle braucht, erst aus Wasser (H_2O) oder Erdgas (CH_4) gewonnen werden, bevor er als Brennstoff genutzt werden kann. Das bereitet zwar technisch keine Schwierigkeiten, erfordert aber eine spezielle Infrastruktur, an deren Entwicklung niemand in unserer Wirtschaft der fossilen Brennstoffe interessiert war.

Diese Situation hat sich im letzten Jahrzehnt radikal geändert. Dank technologischer Neuerungen kann die für den Katalysator benötigte Menge Platin drastisch reduziert werden, und geniale «Stapeltechniken» ermöglichen kompakte Einheiten mit einem hohen Wirkungsgrad, die in den nächsten Jahren kommerziell produziert werden, um unsere Häuser, Busse und Autos mit Elektrizität zu versorgen.[85]

Während sich mehrere Unternehmen auf der ganzen Welt darum bemühen, als Erste Brennstoffzellensysteme für Wohnhäuser kommerziell zu produzieren, hat die Regierung von Island zusammen mit mehreren isländischen Unternehmen ein Joint Venture gebildet, um die erste Wasserstoffwirtschaft der Welt einzuführen.[86] Island wird seine riesigen geothermischen und hydroelektrischen Ressourcen für die Produktion von Wasserstoff aus Meerwasser nutzen – zuerst für den Einsatz in Brennstoffzellen in Bussen und dann in Pkws und Fischereibooten. Die Regierung hat sich zum Ziel gesetzt, den Übergang zum Wasserstoff zwischen 2030 und 2040 abzuschließen.

Gegenwärtig bildet Erdgas die verbreitetste Quelle für Wasserstoff, aber auf lange Sicht wird die Trennung von Wasserstoff aus Wasser mit Hilfe erneuerbarer Energiequellen (insbesondere der Solarelektrizität und der Windkraft) die wirtschaftlichste – und sauberste – Methode sein. Dann werden wir ein wahrhaft nachhaltiges System der Energieerzeugung geschaffen haben. Wie in den Ökosystemen der Natur wird die ganze Energie, die wir benötigen, von der Sonne geliefert, entweder über kleine Sonnenkraftwerke oder in Form von Wasserstoff, dem allersaubersten Brennstoff, der effizient und zuverlässig in Brennstoffzellen einzusetzen ist.

Hyperautos

Die Umgestaltung von Autos ist vielleicht der Bereich des Ökodesigns mit den am weitesten reichenden Konsequenzen für die Industrie. In typischer Ökodesignmanier begann sie mit einer Analyse der Ineffizienz unserer gegenwärtigen Autos, dann gab es eine lange Suche nach systemischen und umweltorientierten Lösungen und schließlich Designideen, die so radikal sind, dass sie nicht nur die heutige Autoindustrie bis zur Unkenntlichkeit verändern werden, sondern sich genauso einschneidend auf die damit verbundenen Erdöl-, Stahl- und Elektrizitätsindustrien auswirken können.

Wie viele andere Industriedesignprodukte hat das heutige Auto einen erstaunlich geringen Wirkungsgrad.[87] Nur 20 Prozent der im Kraftstoff enthaltenen Energie werden für den Antrieb der Räder genutzt, während 80 Prozent über die Motorwärme und die Abgase verloren gehen. Darüber hinaus bewegen volle 95 Prozent der tatsächlich genutzten Energie das Auto, während nur 5 Prozent den Fahrer bewegen. Somit beträgt die Gesamteffizienz im Verhältnis zur Kraftstoffenergie, die genutzt wird, um den Fahrer zu bewegen, 5 Prozent von 20 Prozent – also gerade einmal ein Prozent!

Anfang der neunziger Jahre stellten sich der Physiker und Energiefachmann Amory Lovins und seine Kollegen am Rocky Mountain Institute der Herausforderung, das überaus ineffiziente heutige Auto völlig umzugestalten, indem sie die aufkommenden alternativen Ideen in einem Designkonzept zusammenführten, das sie «Hyperauto» nannten. Dieses Design verbindet drei Hauptelemente: Hyperautos sind ultraleicht – sie wiegen zwei- oder dreimal weniger als Autos aus Stahl; sie weisen einen hohen aerodynamischen Wirkungsgrad auf – sie bewegen sich auf der Straße mehrfach leichter als Standardautos; und sie haben einen «hybrid-elektrischen» Antrieb, bei dem ein Elektromotor mit Kraftstoff kombiniert wird, der die Elektrizität für den Motor an Bord produziert.

Werden diese drei Elemente in einem einzigen Design integriert, lassen sich damit mindestens 70 bis 80 Prozent des Kraftstoffs sparen, den ein Standardauto verbraucht, während das Auto auch sicherer und komfortabler wird. Außerdem bringt das Hyperauto-Konzept zahlreiche überraschende Auswirkungen mit sich, die nicht nur die Autoindustrie, sondern auch das Industriedesign insgesamt revolutionieren werden.[88]

Ausgangspunkt des Hyperauto-Konzepts ist die Reduzierung der Energie, die erforderlich ist, um das Fahrzeug zu bewegen. Da nur 20 Prozent der Kraftstoffenergie in einem Standardauto dafür verbraucht werden, die Räder anzutreiben, wird jede Energieeinsparung *an den Rädern* eine fünffache Kraftstoffersparnis ergeben. Bei einem Hyperauto wird Energie an den Rädern eingespart, indem man das Auto leichter und aerodynamischer baut. Die aus Stahl bestehende Karosserie des Standardautos wird durch eine Karosserie aus starken Kohlenstofffasern ersetzt, die in einen besonders formbaren Kunststoff eingebettet sind. Kombinationen aus verschiedenen Fasern bieten eine große Designflexibilität. Ergebnis: Mit seiner ultraleichten Karosserie wiegt das Auto nur noch die Hälfte. Einfache Stromliniendetails können überdies den Luftwiderstand um 40 bis 60 Prozent reduzieren, ohne die stilistische Flexibilität einzuschränken. Insgesamt lässt sich durch diese Innovationen die Energie, die benötigt wird, um das Auto und seine Fahrgäste zu bewegen, um 50 Prozent oder mehr reduzieren.

Der Bau ultraleichter Autos hat eine Fülle von Nebeneffekten, und viele davon führen zu weiteren Gewichtsreduzierungen. So kann ein leichteres Auto beispielsweise mit einer leichteren Radaufhängung auskommen, die das reduzierte Gewicht trägt, einem kleineren Motor, der es bewegt, kleineren Bremsen, die es abbremsen, und weniger Kraftstoff, der den Motor antreibt. In ultraleichten Fahrzeugen braucht man zum Beispiel keine Servolenkung und keine Bremskraftverstärkung. Durch den hybrid-elektrischen Antrieb entfallen weitere Komponenten – Kupplung, Getriebe, Kardanwelle usw. –, wodurch das Gewicht des Autos noch mehr reduziert wird.

Die neuen Faserverbundwerkstoffe sind nicht nur ultraleicht, sondern auch außerordentlich stark. Sie können fünfmal mehr Energie absorbieren als Stahl. Das ist natürlich ein wichtiges Sicherheitselement. Hyperautos sind so gestaltet, dass sie die Energie bei einem Aufprall effektiv neutralisieren, und zwar mit Hilfe von Technologien, die von Rennautos übernommen wurden, die ebenfalls ultraleicht und erstaunlich sicher sind. Zudem schützen leichtgewichtige Autos nicht nur ihre Insassen, sie sind auch weniger gefährlich für die Passagiere der Fahrzeuge, mit denen sie kollidieren.

Die Unterschiede zwischen den physikalischen Eigenschaften von Stahl und Faserverbundwerkstoffen wirken sich nicht nur nachhaltig auf das Design und den Betrieb von Hyperautos aus, sondern auch auf deren Herstellung, Vertrieb, Unterhalt und Wartung. Kohlenstofffasern sind zwar teurer als Stahl, aber das Produktionsverfahren von Verbundwerkstoffkarosserien ist viel wirtschaftlicher. Stahl muss geschmiedet, verschweißt und vergütet werden – Verbundwerkstoffe verlassen eine Gussform als jeweils einziges, fertiges Stück. Damit werden die Verarbeitungskosten um bis zu 90 Prozent gesenkt. Auch der Zusammenbau des Autos ist viel einfacher, da die leichtgewichtigen Teile mühelos zu handhaben sind und ohne Winden hochgehoben werden können. Das Lackieren, die teuerste und umweltschädlichste Stufe bei der Autoherstellung, kann entfallen, da die Farbe in den Formprozess integriert wird.

Dank der vielen Vorteile von Faserverbundwerkstoffen benötigt man für die Herstellung von Hyperautos nur kleine Konstruktionsteams, niedrige Deckungsvolumina pro Modell und lokale Fabriken – lauter Merkmale des Ökodesigns insgesamt. Die Wartung von Hyperautos ist ebenfalls wesentlich einfacher als die von Stahlautos, da viele Teile, die häufig für ein mechanisches Versagen verantwortlich sind, wegfallen. Die rost- und ermüdungsfreien Verbundwerkstoffkarosserien, die fast nicht zu verbeulen sind, halten jahrzehntelang, bis sie schließlich recycelt werden.

Eine weitere grundlegende Innovation im Hyperauto ist sein hybrid-elektrischer Antrieb. Wie andere Elektroautos haben Hyperautos effiziente Elektromotoren, die ihre Räder antreiben, und verfügen über die Fähigkeit, Bremsenergie wieder in Elektrizität umzuwandeln, was zu weiteren Energieeinsparungen führt. Anders als Standardelektroautos haben Hyperautos jedoch keine Batterien. Statt mit Hilfe von Batterien, die nach wie vor schwer und kurzlebig sind, wird Elektrizität durch einen kleinen Motor, eine Turbine oder eine Brennstoffzelle erzeugt. Solche Hybridantriebssysteme sind klein, und da sie nicht direkt mit den Rädern gekoppelt sind, laufen sie die ganze Zeit unter fast optimalen Bedingungen, was den Kraftstoffverbrauch noch mehr reduziert.

Hybridautos können Benzin oder eine Vielzahl sauberer Kraftstoffe verwenden, etwa aus Biomasse. Die sauberste, effizienteste und eleganteste Möglichkeit, ein Hybridauto anzutreiben, ist die Verwendung von Wasserstoff in einer Brennstoffzelle. Ein solches Auto fährt nicht nur leise und verschmutzt die Umwelt überhaupt nicht, sondern wird praktisch auch ein kleines Kraftwerk auf Rädern. Dies ist vielleicht der überraschendste und wichtigste Aspekt des Hyperauto-Konzepts. Wenn das Auto beim Haus des Besitzers oder an seinem Arbeitsplatz geparkt wird – also die meiste Zeit –, könnte die von seiner Brennstoffzelle produzierte Elektrizität ins Stromnetz eingespeist werden, und dieser Strom könnte dem Besitzer automatisch gutgeschrieben werden. Amory Lovins schätzt, dass sich dank einer derart massiven Produktion von Elektrizität bald alle Kohle- und Kernkraftwerke aus dem

Verkehr ziehen ließen, und wenn es in den USA nur noch mit Wasserstoff angetriebene Hyperautos gäbe, würden diese fünfmal mehr Elektrizität erzeugen als das bestehende nationale Stromnetz, das gesamte Erdöl einsparen helfen, das die OPEC derzeit verkauft, und die CO_2-Emissionen der USA um etwa zwei Drittel reduzieren.[89]

Als Lovins das Hyperauto-Konzept Anfang der neunziger Jahre erarbeitete, stellte er ein Technikerteam an seinem Rocky Mountain Institute zusammen, das die Idee weiterentwickeln sollte. In den folgenden Jahren veröffentlichte das Team zahlreiche Fachaufsätze und 1996 schließlich einen umfangreichen Report, *Hypercars: Materials, Manufacturing, and Policy Implications*.[90] Um den Wettbewerb unter den Autoherstellern zu maximieren, stellte das Hyperauto-Team all seine Ideen ins Internet und überließ sie gezielt rund zwei Dutzend großen Autofirmen.

Diese unkonventionelle Strategie hatte den gewünschten Effekt und löste einen intensiven weltweiten Wettbewerb aus. Toyota und Honda boten als Erste Hybridautos an: den fünfsitzigen Toyota Prius und den zweisitzigen Honda Insight. Ähnliche Hybridautos, die 3 bis 4 Liter auf 100 km verbrauchen, wurden von General Motors, Ford und DaimlerChrysler getestet und sind mittlerweile produktionsreif. Inzwischen verkauft Volkswagen ein 3-Liter-Modell in Europa und plant, 2003 ein 1 1/2-Liter-Modell (!) auf dem amerikanischen Markt herauszubringen. Außerdem haben acht große Autohersteller die Produktion von Brennstoffzellenautos für 2003 bis 2005 vorgesehen.[91]

Um den Wettbewerbsdruck noch zu verstärken, gründete das Rocky Mountain Institute eine unabhängige Start-up-Firma, Hypercar Inc., um das erste kompromisslose, supereffiziente und herstellbare Hyperauto zu konstruieren.[92] Die Konstruktion dieses Konzeptautos wurde im November 2000 erfolgreich abgeschlossen und zwei Monate später vom *Wall Street Journal* in einer Titelstory vorgestellt.[93] Es handelt sich um einen geräumigen, sportlichen Mittelklassewagen mit einem Verbrauch von

2,8 Liter auf 100 km, der leise fährt, keine Schadstoffemissionen aufweist, einen Fahrradius von über 500 km hat und durch Elektrizität angetrieben wird, die in einer Brennstoffzelle aus 3,5 kg Wasserstoff erzeugt wird, der in ultrasicheren Tanks komprimiert wird.[94] Das Design entspricht strengen Industriestandards und hat eine garantierte Lebensdauer von rund 300 000 km. Lovins und seine Kollegen hoffen, bis Ende 2002 etliche Prototypen zu produzieren. Wenn ihnen dies gelingt, werden sie den Beweis erbracht haben, dass sich das Hyperauto-Konzept kommerziell verwirklichen lässt.

Die Hyperauto-Revolution ist längst im Gang. Wenn die gerade produzierten Modelle erst einmal in den Ausstellungsräumen der großen Autohersteller stehen, werden die Menschen sie kaufen, und zwar nicht nur, weil sie Energie sparen und die Umwelt schützen wollen, sondern einfach deshalb, weil diese neuen, ultraleichten, sicheren, abgasfreien, geräuscharmen und supereffizienten Modelle bessere Autos sein werden. Die Menschen werden auf sie genauso umsteigen, wie sie von mechanischen Schreibmaschinen auf Computer und von Vinylschallplatten auf CDs umgestiegen sind. Schließlich werden die einzigen Stahlautos mit Verbrennungsmotoren auf den Straßen einige wenige Oldtimermodelle von Jaguar, Porsche, Alfa Romeo und anderen klassischen Sportwagenherstellern sein.

Da die Autoindustrie die größte Industrie der Welt ist, gefolgt von der mit ihr zusammenhängenden Erdölindustrie, wird sich die Hyperauto-Revolution nachhaltig auf die Industrieproduktion insgesamt auswirken. Hyperautos sind ein ideales Beispiel für die Dienstleistungs-und-Fluss-Wirtschaft, wie sie von Ökodesignern in großem Maßstab empfohlen wird. Sie werden wohl eher geleast als verkauft werden, während die notwendige Wasserstoffinfrastruktur entwickelt wird, und ihre recycelbaren Materialien werden in geschlossenen Schleifen fließen, wobei ihre Toxizität sorgfältig kontrolliert und nach und nach reduziert wird. Der massive Umstieg von Stahl auf Kohlenstofffasern und von Benzin auf Wasserstoff wird letztlich dazu führen, dass die heutigen Stahl-, Erdöl- und verwandte Industrien durch radikal andere Formen von umweltfreundlichen und nachhaltigen Produktionsprozessen abgelöst werden.

Der Übergang zur Wasserstoffwirtschaft

Die meisten heute produzierten Hybridautos werden noch nicht von Brennstoffzellen angetrieben, da diese noch immer zu teuer sind und Wasserstoff nicht ohne weiteres zur Verfügung steht. Das Produktionsvolumen, das erforderlich ist, damit die Brennstoffzellenpreise zurückgehen, wird sich wahrscheinlich erst bei ihrem Einsatz in Gebäuden ergeben. Wie bereits erwähnt, gibt es inzwischen einen weltweiten Wettbewerb bei der Produktion von Brennstoffzellensystemen für Wohnhäuser. Bis Wasserstoff ohne weiteres an Privathäuser als Brennstoff geliefert werden kann, enthalten diese Systeme Brennstoffprozessoren, die Wasserstoff aus Erdgas extrahieren. Somit lassen sich die existierenden Gasleitungen nutzen, um die Haushalte nicht nur mit Erdgas, sondern auch mit Elektrizität zu versorgen. Amory Lovins schätzt, dass die von diesen Brennstoffzellen erzeugte Elektrizität leicht mit der aus Kohle- und Kernkraftwerken konkurrieren kann, weil sie nicht nur billiger produziert wird, sondern auch die Kosten für lange Versorgungsleitungen spart.[95]

Paul Hawken, Amory Lovins und Hunter Lovins stellen sich ein Szenarium für den Übergang zur Wasserstoffwirtschaft vor, in dem die ersten Brennstoffzellenautos von Menschen geleast werden, die in oder nahe von Gebäuden mit Brennstoffzellensystemen arbeiten, welche Wasserstoff aus Erdgas extrahieren.[96] Der von diesen Systemen außerhalb der Spitzenzeiten produzierte überschüssige Wasserstoff wird an spezielle Tankstellen verteilt, die die Hyperautos mit Kraftstoff versorgen. Wenn der Wasserstoffmarkt mit der Nutzung von Brennstoffzellen in Gebäuden, Fabriken und Fahrzeugen expandiert, wird eine eher zentralisierte Produktion und Versorgung durch neue Wasserstoffleitungen attraktiv werden.

Zunächst wird dieser Wasserstoff ebenfalls aus Erdgas produziert, und zwar mit Hilfe einer speziellen Technik, die das bei der Wasserstoffextraktion anfallende CO_2 wieder in die unterirdischen Gasfelder zurückleitet. Auf diese Weise lassen sich die reichlich vorhandenen Erdgasressourcen dazu nutzen, sauberen Wasserstoffbrennstoff zu produzieren, ohne dem Erdklima zu schaden. Schließlich wird der Wasserstoff aus Wasser mit Hilfe von erneuerbarer Energie aus Solarzellen und Windfarmen gewonnen.

Wenn der Übergang zur Wasserstoffwirtschaft Fortschritte macht, wird die Wirtschaftlichkeit dieser Energiequelle die Erdölproduktion so rasch ausstechen, dass sogar preiswertes Erdöl nicht mehr konkurrenzfähig sein wird und sich die Förderung daher nicht mehr lohnt. Amory und Hunter Lovins weisen darauf hin, dass die Steinzeit ja auch nicht zu Ende ging, weil den Menschen die Steine ausgingen.[97] Daher wird auch das Erdölzeitalter nicht deshalb enden, weil uns das Erdöl ausgeht, sondern weil wir bessere Techniken entwickeln.

Ökodesignpolitik

Die zahlreichen Ökodesignprojekte, die ich auf den vorangegangenen Seiten vorgestellt habe, beweisen geradezu zwingend, dass der Übergang zu einer nachhaltigen Zukunft kein technisches oder konzeptionelles Problem mehr ist. Er ist vielmehr eine Frage von Werten und des politischen Willens. Dem Worldwatch Institute zufolge besteht die Politik, die nötig ist, um das Ökodesign und den Wechsel zur erneuerbaren Energie zu fördern, in «einer Mischung aus freier Marktwirtschaft und Regulierung, wobei Umweltsteuern die Verzerrungen des Marktes korrigieren; in vorübergehenden Subventionen zur Unterstützung der Markteinführung erneuerbarer Energien und in der Beseitigung versteckter Subventionen für konventionelle Quellen».[98]

Die Beseitigung versteckter Subventionen – oder «perverser

Subventionen», wie der Umweltschützer Norman Myers sie nennt[99] – ist besonders vordringlich. Heutzutage subventionieren die Regierungen der industrialisierten Welt mit dem Geld ihrer Steuerzahler nichtnachhaltige und schädliche Industrien und Unternehmenspraktiken. Zu den zahlreichen Beispielen, die Myers in seinem überaus erhellenden Buch *Perverse Subsidies* aufführt, zählen die Euro-Milliarden, mit denen Deutschland die Förderung der Kohle im Ruhrgebiet subventioniert; die riesigen Subventionen, die die US-Regierung der Autoindustrie zukommen lässt, die im 20. Jahrhundert größtenteils einen Boom erlebte; die Subventionen, die die OECD an die Landwirtschaft vergibt – insgesamt rund 300 Milliarden Euro pro Jahr, die die Bauern bekommen, wenn sie keine Nahrungsmittel erzeugen, obwohl doch Millionen auf der ganzen Welt hungern; sowie die Millionen Dollar, die die USA an Tabakfarmer fließen lassen, die eine Pflanze anbauen, die Krankheit und Tod verursacht.

All das sind in der Tat perverse Subventionen. Sie sind entschieden Formen einer Wirtschaftsförderung, von denen verzerrte Signale an die Märkte ausgehen. Perverse Subventionen werden von keiner Regierung der Welt offiziell ausgewiesen. Während sie die Ungleichheit und die Schädigung der Umwelt unterstützen, werden die entsprechenden lebensverbessernden und nachhaltigen Unternehmen von den gleichen Regierungen als «unwirtschaftlich» gebrandmarkt. Es ist höchste Zeit, diese unmoralischen Formen staatlicher Unterstützung zu beseitigen.

Eine andere Art von Signalen, die der Staat an die Märkte aussendet, geht von den Steuern aus, die er einnimmt. Gegenwärtig sind auch diese Signale höchst verzerrt. Unsere bestehenden Steuersysteme belegen die Dinge mit Abgaben, die wir für wertvoll halten: Arbeitsplätze, Ersparnisse, Investitionen – nicht dagegen die Dinge, die wir als schädlich erkennen: Luftverschmutzung, Umweltschäden, Ressourcenabbau, und so weiter. Wie die perversen Subventionen liefern diese Signale Investoren auf dem Markt unzutreffende Informationen über die Kosten. Wir müssen das System umkehren: Statt Löhne und Gehälter sollte es den Abbau nichterneuerbarer Ressourcen, insbesondere nichterneuerbare Energien, sowie Kohlenstoffemissionen besteuern.[100]

Ein derartiger Wandel im Steuersystem – auch «ökologische Steuerreform» genannt – wäre für den Staat strikt aufkommensneutral. Das heißt, die Steuern würden auf existierende Produkte, Energieformen, Dienstleistungen und Materialien aufgeschlagen, so dass deren Preise die echten Kosten korrekt widerspiegeln würden, während gleich große Summen von der Lohn- und Einkommensteuer abgezogen würden.

Damit eine solche Steuerreform Erfolg hat, muss sie ein langsamer, langfristiger Prozess sein, so dass neue Technologien und Konsummuster genügend Zeit zur Anpassung haben, und sie muss auf eine berechenbare Weise eingeführt werden, damit industrielle Innovationen gefördert werden. Eine solche langfristige, stufenweise Steuerreform wird verschwenderische, schädliche Technologien und Konsummuster nach und nach vom Markt verdrängen.

Wenn die Energiepreise in die Höhe gehen, wobei entsprechende Einkommensteuerminderungen für einen Ausgleich sorgen, werden die Menschen zunehmend von konventionellen auf Hybridautos umsteigen, das Fahrrad und öffentliche Verkehrsmittel benutzen und bei der Fahrt zur Arbeit Fahrgemeinschaften bilden. Wenn die Steuern auf petrochemische Erzeugnisse und Brennstoffe erhöht werden, ebenfalls bei gleichzeitigem Ausgleich durch Einkommensteuerminderungen, wird der biologische Anbau nicht nur die gesündeste, sondern auch die preiswerteste Form der Nahrungsproduktion werden. Eine solche Steuerreform wird starke Anreize für Unternehmen schaffen, Ökodesignstrategien zu übernehmen, weil ihre günstigen Auswirkungen – zunehmende Ressourcenproduktivität, Reduzierung der Umweltverschmutzung, Abfallbeseitigung, Schaffung von Arbeitsplätzen – ebenfalls zu steuerlichen Vorteilen führen würden.

Verschiedene Formen der ökologischen Steuerreform sind seit einiger Zeit in mehreren europäischen Ländern eingeleitet worden – in Deutschland, Italien, den Niederlanden und in den skandinavischen Ländern. Andere werden wohl bald folgen. Jacques Delors, der ehemalige Präsident der Europäischen Kommission, legt denn auch den Regierungen dringend nahe, diesen Prozess europaweit durchzuführen. Wenn dies geschieht, werden die USA nachziehen müssen, damit ihre Unternehmen wettbewerbsfähig bleiben, denn die Steuerreform wird die Lohnkosten ihrer europäischen Konkurrenten senken und gleichzeitig Innovationen anregen.

Die Steuern, die die Menschen in einer bestimmten Gesellschaft zahlen, spiegeln letztlich das Wertesystem dieser Gesellschaft wider. Somit spiegelt ein Wechsel zu einer Besteuerung, die die Schaffung von Arbeitsplätzen, die Wiederbelebung lokaler Gemeinschaften, die Erhaltung natürlicher Ressourcen und die Beseitigung der Umweltverschmutzung fördert, die Kernwerte der Menschenwürde und der ökologischen Nachhaltigkeit wider, die den Prinzipien des Ökodesigns und der weltweiten Bewegung zur Umgestaltung der Globalisierung zugrunde liegen. Während die NGOs in der neu gebildeten globalen Zivilgesellschaft ihre Alternativkonzepte zum globalen Kapitalismus verbessern und die Ökodesigngemeinschaft ihre Prinzipien, Prozesse und Technologien verfeinert, stellt die ökologische Steuerreform die Politik dar, die beide Bewegungen miteinander verknüpft und unterstützt, weil sie die gemeinsamen Kernwerte widerspiegelt.

Epilog
Die nachhaltige Welt

In diesem Buch habe ich versucht, ein Konzept zu entwickeln, das die biologischen, kognitiven und sozialen Dimensionen des Lebens vereint – ein Konzept, das es uns ermöglicht, uns mit einigen der entscheidenden Probleme unserer Zeit systematisch auseinander zu setzen. Aufgrund der Analyse lebender Systeme aus dem Blickwinkel von vier miteinander verknüpften Betrachtungsweisen – Form, Materie, Prozess und Sinn – können wir ein einheitliches Verständnis von Leben auf Phänomene im Bereich der Materie ebenso wie auf Phänomene im Bereich des Sinns anwenden. So stellten wir zum Beispiel fest, dass Stoffwechselnetzwerke in biologischen Systemen Kommunikationsnetzwerken in sozialen Systemen entsprechen, dass chemische Prozesse, die materielle Strukturen erzeugen, gedanklichen Prozessen entsprechen, die semantische Strukturen erzeugen, und dass Energie- und Materieflüsse Flüssen von Informationen und Ideen entsprechen.

Eine zentrale Erkenntnis dieses einheitlichen, systemischen Verständnisses von Leben besagt, dass ihr grundlegendes Organisationsmuster das Netzwerk ist. Auf allen Ebenen des Lebens – von den Stoffwechselnetzwerken in Zellen bis zu den Nahrungsnetzen von Ökosystemen und den Kommunikationsnetzwerken in menschlichen Gesellschaften – sind die Komponenten lebender Systeme netzwerkartig miteinander verknüpft. Insbesondere haben wir gesehen, dass in unserem Informationszeitalter soziale Funktionen und Prozesse zunehmend um Netzwerke herum organisiert sind. Wenn wir uns Unternehmen, Finanzmärkte, die Medien oder die neuen globalen NGOs anschauen, stellen wir fest, dass die Vernetzung ein wichtiges soziales Phänomen und eine bedeutende Machtquelle geworden ist.

Zu Beginn dieses neuen Jahrhunderts gibt es zwei Entwicklungen, die sich entschieden auf das Wohlergehen und die Lebensweisen der Menschheit auswirken werden. Beide Entwicklungen haben etwas mit Netzwerken zu tun und hängen mit radikal neuen Technologien zusammen. Das ist zum einen das Aufkommen des globalen Kapitalismus, zum andern die Erschaffung nachhaltiger Gemeinschaften, die auf ökologischem Bewusstsein und der praktischen Umsetzung des Ökodesigns basieren. Während sich der globale Kapitalismus mit elektronischen Netzwerken von Finanz- und Informationsflüssen befasst, ist das Ökodesign an ökologischen Netzwerken von Energie- und Materialflüssen interessiert. Das Ziel der globalen Wirtschaft ist die Maximierung von Reichtum und Macht ihrer Eliten – das Ziel des Ökodesigns ist die Optimierung der Nachhaltigkeit des Lebensnetzes.

Diese beiden Szenarien – die jeweils mit komplexen Netzwerken und speziellen fortschrittlichen Technologien zusammenhängen – befinden sich derzeit auf einem Kollisionskurs. Wie wir gesehen haben, ist die gegenwärtige Form des globalen Kapitalismus ökologisch und sozial nicht nachhaltig. Der so genannte «globale Markt» ist eigentlich ein Netzwerk von Maschinen, die nach dem Grundprinzip programmiert sind, dass das Geldverdienen den Vorrang vor Menschenrechten, Demokratie, Umweltschutz oder irgendeinem anderen Wert haben sollte.

Doch menschliche Werte können sich ändern – sie sind keine Naturgesetze. In die gleichen elektronischen Netzwerke der Finanz- und Informationsflüsse könnten andere Werte eingebaut sein. Das entscheidende Problem ist nicht die Technik, sondern die Politik. Die große Herausforderung des 21. Jahrhunderts wird darin bestehen, das der globalen Wirtschaft zugrunde liegende Wertesystem zu verändern, damit es mit dem Verlangen nach Menschenwürde und ökologischer Nachhaltigkeit vereinbar ist. Wie wir gesehen haben, hat dieser Prozess der Umgestaltung der Globalisierung bereits begonnen.

Eines der größten Hindernisse auf dem Weg zur Nachhaltigkeit ist die ständige Zunahme des materiellen Konsums. Wie sehr wir in unserer neuen Wirtschaft auch Informationsverarbeitung, Wissenserzeugung und andere immaterielle Dinge betonen, besteht doch das Hauptziel dieser Innovation darin, die Produktivität zu erhöhen, wodurch letztlich der Fluss materieller Güter zunimmt. Selbst wenn Cisco Systems und andere Internetfirmen mit Informationen und Fachwissen umgehen, ohne irgendwelche materiellen Produkte herzustellen, tun dies doch ihre Zulieferer und Subunternehmer, und viele von ihnen operieren, insbesondere im Süden, mit erheblichen Auswirkungen auf die Umwelt. Wie Vandana Shiva trocken bemerkt, «verlagern sich die Ressourcen von den Armen zu den Reichen, und die Umweltverschmutzung verlagert sich von den Reichen zu den Armen».[1]

Darüber hinaus demonstrieren die Softwaredesigner, Finanzanalysten, Anwälte, Investmentbanker und andere Selbständige, die in der «nichtmateriellen» Wirtschaft sehr reich geworden sind, ihren Reichtum gern durch auffälligen Konsum. Ihre großen Häuser in den unkontrolliert sich ausdehnenden Vorstädten sind angefüllt mit den neuesten Apparaten, in ihren Garagen stehen zwei bis drei Autos pro Person. Der Biologe und Umweltforscher David Suzuki hat festgestellt, dass in den letzten vierzig Jahren zwar die Größe kanadischer Familien um 50 Prozent geschrumpft ist, ihr Wohnraum sich aber verdoppelt hat. «Jeder Mensch verbraucht viermal mehr Raum», erklärt Suzuki, «weil wir alle so viele Sachen kaufen.»[2]

In der gegenwärtigen kapitalistischen Gesellschaft geht der zentrale Wert des Geldverdienens Hand in Hand mit der Verherrlichung des materiellen Konsums. Ein nicht enden wollender Strom von Werbebotschaften verstärkt die Wahnvorstellung der Menschen, die Anhäufung materieller Güter sei der Königsweg zum Glück, der wahre Sinn unseres Lebens.[3]

Die USA versuchen ihre ungeheure Macht auf die ganze Welt auszudehnen, um die optimalen Bedingungen für den Fortbestand und die Ausweitung der Produktion zu erhalten. Das zentrale Ziel ihres Riesenreichs – ihrer überwältigenden militärischen Stärke, der eindrucksvollen Reichweite ihrer Geheimdienste und ihrer beherrschenden Position in den Naturwissenschaften, der Technik, den Medien und in der Unterhaltung – besteht nicht darin, ihr Territorium zu erweitern oder Freiheit und Demokratie zu fördern, sondern dafür zu sorgen, dass sie globalen Zugang zu den natürlichen Ressourcen haben und dass die Märkte auf der ganzen Welt für ihre Produkte offen bleiben.[4] Dementsprechend schwenkt die politische Rhetorik in den USA rasch von «Freiheit» zu «Freihandel» und «freien Märkten» um. Der freie Kapital- und Güterfluss wird mit dem hehren Ideal der menschlichen Freiheit gleichgesetzt, und der materielle Erwerb wird als Grundrecht des Menschen, zunehmend sogar als seine Pflicht dargestellt.

Diese Verherrlichung des materiellen Konsums hat tief reichende ideologische Wurzeln, die über Wirtschaft und Politik hinausgehen. Seine Ursprünge liegen offenbar in der universalen Verbindung von Männlichkeit und materiellem Besitz in den patriarchalischen Kulturen. Der Anthropologe David Gilmore hat Männlichkeitsbilder auf der ganzen Welt studiert – «männliche Ideologien», wie er sie nennt – und erstaunliche Ähnlichkeiten in allen Kulturen entdeckt.[5] Immer wieder taucht die Vorstellung auf, dass sich «echte Männlichkeit» vom simplen biologischen Mannsein unterscheide, dass sie etwas sei, das erst errungen werden müsse. In den meisten Kulturen, weist Gilmore nach, müssen Jungen «sich das Recht verdienen», Männer genannt zu werden. Obwohl auch Frauen nach oft strengen sexuellen Normen beurteilt werden, steht ihr Status als Frau nur selten in Frage.[6]

Neben den bekannten Männlichkeitsbildern wie physische Kraft, Härte und Aggression entdeckte Gilmore, dass in jeder Kultur «echte» Männer traditionell diejenigen sind, die mehr produzieren als konsumieren. Der Autor betont, bei der uralten Verbindung von Männlichkeit mit materieller Produktion sei es um die Produktion im Namen der Gemeinschaft gegangen: «Immer wieder finden wir, dass ‹echte› Männer diejenigen sind, die mehr geben als nehmen; sie dienen anderen. Echte Männer sind großmütig bis zur Übertreibung ...»[7]

Im Laufe der Zeit habe sich dieses Bild gewandelt – von der Produktion für andere zum eigenen materiellen Besitz. Die Männlichkeit sei nun am Besitz wertvoller Güter – Land, Vieh oder Geld – ebenso wie an der Macht über andere, insbesondere Frauen und Kinder, gemessen worden. Dieses Bild sei noch durch die universale Assoziation von Virilität mit «Größe», gemessen nach Muskelkraft, Leistung oder der Anzahl der Besitztümer, verstärkt worden. In der modernen Gesellschaft, so Gilmore, werde männliche «Größe» zunehmend vom materiellen Reichtum abhängig gemacht: «Der Big Man jeder industriellen Gesellschaft ist immer auch der reichste Mann im ganzen Umkreis; er ist der erfolgreichste, kompetenteste und hat am meisten von dem, was die Gesellschaft braucht oder will.»[8]

Die Assoziation von Männlichkeit mit der Anhäufung von Besitztümern passt gut zu anderen Werten, die in der patriarchalischen Kultur favorisiert und belohnt werden: Expansion, Wettbewerb und ein «objektzentriertes» Bewusstsein. In der traditionellen chinesischen Kultur nannte man dies die Yang-Werte, die mit der männlichen Seite des menschlichen Wesens assoziiert wurden.[9] Sie galten an sich weder als gut noch als schlecht. Doch gemäß dem chinesischen Denken müssen die Yang-Werte durch ihr Gegenstück, das Yin oder Weibliche, ausgeglichen werden – Expansion durch Erhaltung, Wettbewerb durch Kooperation und die Konzentration auf Objekte durch eine Konzentration auf Beziehungen. Ich behaupte schon lange, dass die Bewegung hin zu einem derartigen Gleichgewicht dem Wechsel vom mechanistischen zum systemischen und ökologischen Denken entspricht, das für unsere Zeit charakteristisch ist.[10]

Unter den vielen basisdemokratischen Bewegungen, die sich heute um einen gesellschaftlichen Wandel bemühen, befürworten die feministische und die ökologische Bewegung den tiefstgreifenden Wertewandel, Erstere durch eine Neudefinition der Geschlechterbeziehungen, Letztere durch eine Neudefinition der Beziehung zwischen Mensch und Natur. Beide können erheblich zur Überwindung unserer Besessenheit vom materiellen Konsum beitragen.

Indem die Frauenbewegung die patriarchalische Ordnung und ihr Wertesystem in Frage stellt, führt sie ein neues Verständnis von Männlichkeit und Persönlichkeit an, das Männlichkeit nicht mit materiellem Besitz gleichsetzen muss. Auf seiner tiefsten Ebene basiert feministisches Bewusstsein auf dem weiblichen Erfahrungswissen, dass alle Elemente des Lebens miteinander verknüpft sind, dass unsere Existenz stets in die zyklischen Prozesse der Natur eingebettet ist.[11] Dementsprechend sucht feministisches Bewusstsein Erfüllung in nährenden Beziehungen und nicht in der Anhäufung materieller Güter.

Die Ökologiebewegung gelangt zur gleichen Position auf einem anderen Weg. Ökologisches Bewusstsein erfordert systemisches Denken – ein Denken in Beziehungen, Zusammenhängen, Mustern und Prozessen –, und Ökodesigner befürworten den Übergang von einer Güterwirtschaft zu einer Dienstleistungs-und-Fluss-Wirtschaft. In einer solchen Wirtschaft zirkuliert die Materie ständig, so dass der reine Konsum von Rohstoffen drastisch reduziert wird. Wie wir gesehen haben, ist eine Wirtschaft von «Dienstleistung und Fluss» oder «Nullemissionen» auch günstig für Unternehmer. Wenn Abfälle in Ressourcen umgewandelt werden, werden neue Einkommensströme erzeugt, neue Produkte geschaffen, und die Produktivität nimmt zu. Ja, während die Ausbeutung der Ressourcen und die Anhäufung von Abfall zwangsläufig an ihre ökologischen Grenzen gelangen, beweist die Evolution des Lebens seit über drei Milliarden Jahren, dass es in einem nachhaltigen Erdhaushalt für Entwicklung, Diversifikation, Innovation und Kreativität keine Grenzen gibt.

Die Nullemissionen-Wirtschaft steigert nicht nur die Ressourcenproduktivität und reduziert die Umweltverschmutzung, sondern erhöht auch die Zahl der Arbeitsplätze und sorgt für eine Wiederbelebung lokaler Gemeinschaften. Somit werden das zunehmende feministische Bewusstsein und die Bewegung hin zu ökologischer Nachhaltigkeit gemeinsam einen tief greifenden Wandel im Denken und bei den Werten herbeiführen – von linearen Systemen der Ressourcenausbeutung und der Produkt- und Abfallanhäufung hin zu zyklischen Materie- und Energieflüssen, von der Konzentration auf Objekte und natürliche Ressourcen zu einer Konzentration auf Dienstleistungen und menschliche Ressourcen, vom Streben nach Glück durch materiellen Besitz hin zu beglückenden nährenden Beziehungen. David Suzuki hat dies sehr schön formuliert:

> Familie, Freunde, Gemeinschaft – dies sind die Quellen der größten Liebe und Freude, die wir als Menschen erleben. Wir besuchen Familienangehörige, bleiben in Kontakt mit Lieblingslehrern, teilen und tauschen Annehmlichkeiten mit Freunden. Wir lassen uns auf schwierige Projekte ein, um anderen zu helfen, retten Frösche oder schützen ein Stück Wildnis und genießen dabei höchste Befriedigung. Wir erleben spirituelle Erfüllung in der Natur oder indem wir anderen helfen. Bei keiner dieser Freuden müssen wir Dinge aus der Erde konsumieren, und doch ist jede zutiefst erfüllend. Es sind komplexe Freuden, und sie bringen uns dem wahren Glück viel näher als die simplen Freuden wie eine Flasche Cola oder ein neuer Minivan.[12]

Natürlich stellt sich die Frage: Wird es für diesen tief greifenden Wertewandel genügend Zeit geben, damit wir die gegenwärtige Ausbeutung natürlicher Ressourcen, die Auslöschung von Arten, die Umweltverschmutzung und die globale Klimaveränderung aufhalten und umkehren können? Angesichts der auf den vorangegangenen Seiten aufgeführten Entwicklungen fällt die Antwort nicht eindeutig aus. Wenn wir die gegenwärtigen Umwelttrends in die Zukunft extrapolieren, sind die Aussichten beunruhigend. Andererseits gibt es viele Anzeichen dafür, dass eine erhebliche und vielleicht entscheidende Zahl von Menschen und Institutionen auf der ganzen Welt den Übergang zur ökologischen Nachhaltigkeit vollzieht. Viele meiner Kollegen in der Ökologiebewegung teilen diese Ansicht, wie die folgenden drei Aussagen verdeutlichen, die repräsentativ für viele andere sind.[13]

> Ich glaube, inzwischen gibt es einige deutliche Zeichen dafür, dass sich die Welt anscheinend tatsächlich einer Art Paradigmenwechsel im Umweltbewusstsein nähert. In einem gewissen Spektrum von Aktivitäten, Orten und Institutionen hat sich die Atmosphäre in den letzten Jahren doch entschieden geändert.
>
> Lester Brown

> Ich habe heute mehr Hoffnung als noch vor ein paar Jahren. Ich glaube, das Tempo und die Bedeutung der Dinge, die besser werden, überwiegen das Tempo und die Bedeutung der Dinge, die schlechter werden. Eine der hoffnungsvollsten Entwicklungen ist die Kooperation zwischen dem Norden und dem Süden in der globalen Zivilgesellschaft. Inzwischen steht uns doch ein reicherer Sachverstand zu Gebote als früher.
>
> Amory Lovins

> Ich bin optimistisch, weil das Leben seine eigenen Möglichkeiten hat, nicht ausgelöscht zu werden; auch die Menschen haben ihre eigenen Möglichkeiten. Sie werden die Tradition des Lebens fortsetzen.
>
> Vandana Shiva

Gewiss, der Übergang zu einer nachhaltigen Welt wird nicht einfach sein. Allmähliche Veränderungen werden nicht genügen, um eine Wende herbeizuführen – wir brauchen auch einige größere Durchbrüche. Die Aufgabe scheint überwältigend, lässt sich aber meistern. Durch unser neues Verständnis komplexer biologischer und sozialer Systeme haben wir gelernt, dass sinnvolle Störungen vielfache Rückkopplungsprozesse auslösen können, die vielleicht rasch zum Entstehen einer neuen Ordnung führen. Ja, die neuere Geschichte kennt einige eindrucksvolle Beispiele derart dramatischer Umwandlungen – vom Ende der Apartheid in Südafrika bis zum Fall der Berliner Mauer und der unblutigen Revolution in Osteuropa.

Andererseits wissen wir aus der Komplexitätstheorie, dass diese Instabilitätspunkte auch zu Zusammenbrüchen statt zu Durchbrüchen führen können. Was lässt sich also für die Zukunft der Menschheit erhoffen? Meiner Meinung nach stammt die inspirierendste Antwort auf diese existenzielle Frage von einer der Schlüsselfiguren der jüngsten Umwälzungen, von dem tschechischen Dramatiker und Staatsmann Václav Havel, der die Frage zu einer Meditation über Hoffnung an sich umformuliert:

> Die Hoffnung, an die ich oft denke . . ., verstehe ich vor allem als einen Geisteszustand, nicht als einen Zustand der Welt. Entweder haben wir Hoffnung in uns, oder wir haben keine Hoffnung – sie ist eine Dimension der Seele und im Grunde nicht von einer bestimmten Beobachtung der Welt oder einer Einschätzung der Lage abhängig . . . [Hoffnung] ist nicht die Überzeugung, dass etwas gut ausgehen wird, sondern die Gewissheit, dass etwas sinnvoll ist, egal, wie es ausgeht.[14]

Dank

In den letzten 25 Jahren habe ich meine Forschungen in einem Stil betrieben, der vorwiegend auf Gesprächen und Diskussionen mit einzelnen Freunden und Kollegen sowie kleinen Gruppen basiert. Die meisten meiner Erkenntnisse und Gedanken wurden in diesen intellektuellen Begegnungen geboren und durch sie weiter verbessert. Die in diesem Buch dargelegten Gedanken bilden da keine Ausnahme.

Besonders dankbar bin ich

- Pier Luigi Luisi für viele anregende Diskussionen über Wesen und Ursprung des Lebens sowie für seine warmherzige Gastfreundschaft an der Sommeruniversität in Cortona im August 1998 wie an der ETH in Zürich im Januar 2001;
- Brian Goodwin und Richard Strohman für ihre anspruchsvollen Ausführungen über Komplexitätstheorie und Zellbiologie;
- Lynn Margulis für die erhellenden Gespräche über Mikrobiologie sowie für die Anregung, die Arbeit von Harold Morowitz zu studieren;
- Francisco Varela, Gerald Edelman und Rafael Nuñez für die bereichernden Diskussionen über das Wesen des Bewusstseins;
- George Lakoff für seine Einführung in die Kognitionslinguistik und für viele klärende Gespräche;
- Roger Fouts für die aufschlussreiche Korrespondenz über die evolutionären Ursprünge von Sprache und Bewusstsein;
- Mark Swilling für die aufregenden Diskussionen über die Ähnlichkeiten und Unterschiede zwischen den Naturwissenschaften und den Sozialwissenschaften und für den Hinweis auf das Werk von Manuel Castells;

- Manuel Castells für seine Ermutigung und Unterstützung sowie für eine Reihe anregender systematischer Erörterungen der Grundkonzepte der Sozialtheorie, der Technik und der Kultur sowie der Komplexität der Globalisierung;
- William Medd und Otto Scharmer für klärende Gespräche über die Sozialwissenschaften;
- Margaret Wheatley und Myron Kellner-Rogers für die über mehrere Jahre sich hinziehenden anregenden Dialoge über Komplexität und Selbstorganisation in lebenden Systemen und menschlichen Organisationen;
- Oscar Motomura und seinen Kollegen am AMANA-KEY dafür, dass sie mich ständig aufgefordert haben, abstrakte Ideen auf die Berufsausbildung anzuwenden, sowie für ihre warmherzige Gastfreundschaft in São Paulo in Brasilien;
- Angelika Siegmund, Morten Flatau, Patricia Shaw, Peter Senge, Etienne Wenger, Manuel Manga, Ralph Stacey und der SOLAR-Gruppe am Nene Northampton College für zahlreiche anregende Diskussionen über Managementtheorie und -praxis;
- Mae-Wan Ho, Brian Goodwin, Richard Strohman und David Suzuki für ihre anschaulichen Ausführungen über Genetik und Gentechnik;
- Steve Duenes für eine hilfreiche Unterhaltung über die Literatur zu Stoffwechselnetzwerken;
- Miguel Altieri und Janet Brown, die mir dabei halfen, Theorie und Praxis von Agroökologie und biologischem Anbau zu verstehen;
- Vandana Shiva für zahlreiche anregende Unterhaltungen über Naturwissenschaft, Philosophie, Ökologie, Gemeinschaft und die Globalisierung aus der Sicht des Südens;
- Hazel Henderson, Jerry Mander, Douglas Tompkins und Debi Barker für die anspruchsvollen Gespräche über Technologie, Nachhaltigkeit und die globale Wirtschaft;
- David Orr, Paul Hawken und Amory Lovins für viele informative Unterhaltungen über Ökodesign;
- Gunter Pauli für die ausgiebigen anregenden Dialoge auf

drei Kontinenten über die ökologische Bündelung von Industrien;
- Janine Benyus für ein langes und anregendes Gespräch über die «technischen Wunder» der Natur;
- Richard Register für viele Diskussionen über die Anwendung von Ökodesignprinzipien auf die Stadtplanung;
- Wolfgang Sachs und Ernst-Ulrich von Weizsäcker für die informativen Unterhaltungen über die Politik der Grünen;
- Vera van Aaken, die mich mit einer feministischen Betrachtungsweise des übertriebenen materiellen Konsums vertraut gemacht hat.

Während der letzten Jahre, in denen ich an diesem Buch gearbeitet habe, hatte ich das Glück, an mehreren internationalen Symposien teilnehmen zu dürfen, bei denen viele der Probleme, mit denen ich mich gerade befasste, von Autoritäten auf verschiedenen Gebieten dargestellt wurden. Zutiefst dankbar bin ich Václav Havel, dem Staatspräsidenten der Tschechischen Republik, und Oldrich Cerny, dem Leitenden Direktor der Forum 2000 Foundation, für ihre großzügige Gastfreundschaft bei den Symposien des Forum 2000 in Prag in den Jahren 1997, 1999 und 2000.

Dankbar bin ich Ivan Havel, dem Direktor des Zentrums für Theoretische Studien in Prag, für die Gelegenheit, an einem Symposium über Naturwissenschaft und Teleologie an der Karlsuniversität im März 1998 teilnehmen zu dürfen.

Sehr dankbar bin ich dem Internationalen Forschungszentrum Piero Manzú für die Einladung zu einem Symposium über das Wesen des Bewusstseins im Oktober 1999 in Rimini in Italien.

Ich danke Helmut Milz und Michael Lerner für die Gelegenheit, mich während eines zweitägigen Symposiums am Commonweal Center in Bolinas in Kalifornien im Januar 2000 mit führenden Fachleuten über die neuere psychosomatische Forschung austauschen zu können.

Ich danke dem International Forum on Globalization für die Einladung zu zwei seiner intensiven und überaus informativen

Podiumsdiskussionen über Globalisierung in San Francisco (April 1997) und New York (Februar 2001).

Während der Arbeit an diesem Buch hatte ich die großartige Gelegenheit, erste Gedanken einem internationalen Publikum bei zwei Kursen am Schumacher College in England im Sommer 1998 und 2000 vortragen zu können. Mein herzlicher Dank gilt Satish Kumar und dem Schumacher College für die warmherzige Gastfreundschaft, die sie mir und meiner Familie erwiesen haben, wie sie dies schon früher so oft getan hatten, sowie meinen Studenten in diesen beiden Kursen für ihre zahllosen kritischen Fragen und hilfreichen Vorschläge.

Im Laufe meiner Tätigkeit am Center for Ecoliteracy in Berkeley habe ich viele Gelegenheiten gehabt, neue Gedanken über die Erziehung zu einem nachhaltigen Leben mit einem Netzwerk herausragender Erzieher zu diskutieren, und das hat entschieden zur Verfeinerung meines Konzepts beigetragen. Sehr dankbar bin ich in dieser Hinsicht Peter Buckley, Gay Hoagland und insbesondere Zenobia Barlow.

Ich möchte meinem literarischen Agenten John Brockman für seine Ermutigung wie für seine Hilfe bei der Formulierung des ersten Konzepts zu diesem Buch danken.

Herzlich danke ich meinem Bruder Bernt Capra, der das ganze Manuskript gelesen hat, für seine leidenschaftliche Unterstützung und seinen wertvollen Rat bei zahlreichen Gelegenheiten. Sehr dankbar bin ich auch Ernest Callenbach und Manuel Castells für die Lektüre des Manuskripts und für viele kritische Kommentare.

Ich danke meiner Assistentin Trena Cleland für die gründliche erste Durchsicht des Manuskripts und dafür, dass sie mein privates Büro so gut im Griff hatte, während ich mich voll aufs Schreiben konzentrierte.

Last but not least möchte ich meiner Frau Elizabeth und meiner Tochter Juliette herzlichst danken für ihre Geduld und ihr Verständnis während der vielen Monate anstrengender Arbeit.

Anmerkungen

Vorwort

1 Das Motto dieses Buches stammt von dem tschechischen Präsidenten Václav Havel, und zwar aus seiner Eröffnungsansprache auf dem Forum 2000 in Prag am 15. Oktober 2000.

1 Das Wesen des Lebens

1 Die folgende Darstellung wurde von Luisi (1993) und durch die Korrespondenz und die Gespräche mit diesem Autor angeregt.
2 Capra (1996), S. 292ff.; siehe auch unten, S. 85ff.
3 Siehe unten, S. 35ff.
4 Einige Zellteile wie die Mitochondrien und die Chloroplasten waren einmal eigenständige Bakterien, die größere Zellen befielen und sich dann mit ihnen gemeinsam zu neuen zusammengesetzten Organismen entwickelten; siehe Capra (1996), S. 276f. Diese Organellen pflanzen sich zwar noch immer zu unterschiedlichen Zeiten wie die übrige Zelle fort, aber sie können das nicht ohne die funktionstüchtige ganze Zelle tun und dürfen daher nicht mehr als autonome lebende Systeme betrachtet werden; siehe Morowitz (1992), S. 231.
5 Ebd., S. 50ff.
6 Ebd., S. 66ff.
7 Ebd., S. 54.
8 Lovelock (1991); Capra (1996), S. 125ff.
9 Morowitz (1992), S. 6.
10 *The New York Times*, 11. Juli 1997.
11 Luisi (1993).
12 Siehe unten, S. 42ff.
13 Persönliches Gespräch mit Lynn Margulis, 1998.
14 Siehe z.B. Capra (1996), S. 187.
15 Persönliches Gespräch mit Lynn Margulis, 1998.
16 Capra (1996), S. 318.

17 Margulis (1998a), S. 81.
18 Ausgeschlossen von dieser Produktion sind die primären Komponenten wie Sauerstoff, Wasser und CO_2 sowie die «Nahrungsmoleküle», die in die Zelle gelangen.
19 Capra (1996), S. 115 ff.
20 Luisi (1993).
21 Ebd.
22 Ebd.
23 Morowitz (1992), S. 99.
24 Capra (1996), S. 270.
25 Capra (1996), S. 154.
26 Goodwin (1994), Stewart (1998).
27 Stewart (1998), S.
28 Siehe unten, S. 221 ff., wo der genetische Determinismus ausführlicher behandelt wird.
29 Persönliches Gespräch mit Lynn Margulis, 1998.
30 Capra (1996), S. 105 ff.
31 Interessanterweise leitet sich «Komplexität» vom Partizip Perfekt *complexus* des lateinischen Verbs *complecti* («umschlingen, umfassen») ab. Somit wurzelt der Gedanke der Nichtlinearität – ein Netzwerk von verschlungenen Strängen – direkt in der Bedeutung von «Komplexität».
32 Persönliches Gespräch mit Brian Goodwin, 1998.
33 Capra (1996), S. 105.
34 Margulis und Sagan (1995), S. 57.
35 Luisi (1993).
36 Capra (1996), S. 112 ff.
37 Gesteland, Cech und Atkins (1999).
38 Gilbert (1986).
39 Szostak, Bartel und Luisi (2001).
40 Luisi (1998).
41 Morowitz (1992).
42 Ebd., S. 154.
43 Ebd., S. 44.
44 Ebd., S. 107 f.
45 Ebd., S. 174 f.
46 Ebd., S. 92 f.
47 Siehe unten, S. 52.
48 Morowitz (1992), S. 154.
49 Ebd., S. 9.
50 Ebd., S. 96.
51 Luisi (1993 und 1996).
52 Vgl. Fischer, Oberholzer und Luisi (2000).

53 Vgl. Morowitz (1992), S. 176f.
54 Persönliches Gespräch mit Pier Luigi Luisi, Januar 2000.
55 Vgl. Capra (1996), S. 105ff., 112ff.
56 Morowitz (1992), S. 171.
57 Ebd., S. 119ff.
58 Ebd., S. 137, 171.
59 Ebd., S. 88.
60 Vgl. Capra (1996), S. 253ff.
61 Neuere Forschungen auf dem Gebiet der Genetik scheinen jedoch darauf hinzudeuten, dass die Mutationsrate nicht eine Frage des reinen Zufalls ist, sondern vom epigenetischen Netzwerk der Zelle reguliert wird; siehe unten, S. 217f.
62 Margulis (1998b).
63 Persönliches Gespräch mit Lynn Margulis, 1998.
64 Vgl. Sonea und Panisset (1993).
65 Vgl. Capra (1996), S. 263ff.
66 Vgl. Margulis (1998a), S. 45ff.
67 Margulis und Sagan (1997).
68 Vgl. Gould (1994).
69 Margulis (1998a), S. 17.

2 Geist und Bewusstsein

1 Revonsuo und Kamppinen (1994), S. 5.
2 Vgl. Capra (1996), S. 104f. u. 198ff.
3 Ebd., S. 303ff.
4 Vgl. Capra (1982), S. 183f.
5 Vgl. Varela (1996a), Tononi und Edelman (1998).
6 Siehe z.B. Crick (1994), Dennett (1991), Edelman (1989), Penrose (1994); *Journal of Consciousness Studies*, Bd. 1–6, 1994–99; Tucson II Conference, «Toward a Science of Consciousness», Tucson, Arizona, 13.–17. April 1996.
7 Vgl. Edelman (1992), S. 122f.
8 Ebd., S. 112.
9 Vgl. Searle (1995).
10 Chalmers (1995).
11 Vgl. Capra (1996), S. 29ff.
12 Varela (1999).
13 Vgl. Varela und Shear (1999).
14 Ebd.
15 Vgl. Varela (1996a).

16 Siehe Churchland und Sejnowski (1992), Crick (1994).
17 Crick (1994), S. 3.
18 Searle (1995).
19 Siehe Searle (1995), Varela (1996a).
20 Dennett (1991).
21 Vgl. Edelman (1992), S. 220ff.
22 Vgl. McGinn (1999).
23 Varela (1996a).
24 Capra (1998), S. 150.
25 *Journal of Consciousness Studies*, Bd. 6, Nr. 2–3, 1999.
26 Vgl. Vermersch (1999).
27 Ebd.
28 Siehe Varela (1996a), Depraz (1999).
29 Vgl. Shear und Jevning (1999).
30 Vgl. Wallace (1999).
31 Siehe Varela u. a. (1991), Shear und Jevning (1999).
32 Penrose (1999); siehe auch Penrose (1994).
33 Edelman (1992), S. 211.
34 Siehe z. B. Searle (1984), Edelman (1992), Searle (1995), Varela (1996a).
35 Varela (1995), Tononi und Edelman (1998).
36 Tononi und Edelman (1998).
37 Siehe Varela (1995); siehe auch Capra (1996), S. 330ff.
38 Vgl. Varela (1996b).
39 Siehe Varela (1996a), Varela (1999).
40 Vgl. Tononi und Edelman (1998).
41 Siehe Edelman (1989), Edelman (1992).
42 siehe oben, S. 63, siehe auch Capra (1996), S. 291 ff.
43 Núñez (1997).
44 Maturana (1970), Maturana und Varela (1987), S. 205 ff.; siehe auch Capra (1996), S. 325 ff.
45 Siehe oben, S. 56f.
46 Vgl. Maturana (1995).
47 Maturana (1998).
48 Maturana und Varela (1987), S. 245.
49 Fouts (1997).
50 Ebd., S. 78.
51 Vgl. Wilson und Reeder (1993).
52 Vgl. Fouts (1997), S. 449.
53 Ebd., S. 109.
54 Ebd., S. 97 ff.
55 Ebd., S. 113, 94.
56 Ebd., S. 363.

57 Ebd., S. 235.
58 Kimura (1976); siehe auch Iverson und Thelen (1999).
59 Fouts (1997), S. 235.
60 Ebd., S. 237 ff.
61 Ebd., S. 227 ff.
62 Ebd., S. 236.
63 Fouts (1997), S. 242.
64 Siehe Johnson (1987), Lakoff (1987), Varela u.a. (1991), Lakoff und Johnson (1999).
65 Lakoff und Johnson (1999).
66 Ebd., S. 4.
67 Siehe Lakoff (1987).
68 Ebd., S. 34 ff.
69 Lakoff und Johnson (1999), S. 34 f.
70 Ebd., S. 380 f.
71 Ebd., S. 45 ff.
72 Ebd., S. 46.
73 Ebd., S. 60 ff.
74 Ebd., S. 3.
75 Ebd., S. 551.
76 Searle (1995).
77 Lakoff und Johnson (1999), S. 4.
78 Siehe oben, S. 26 ff.
79 Siehe oben, S. 60.
80 Steindl-Rast (1990).
81 Vgl. Capra und Steindl-Rast (1991), S. 14 f.

3 Die gesellschaftliche Wirklichkeit

1 Capra (1996), S. 181 ff.
2 Das Aufkommen und die Verfeinerung des Begriffs «Organisationsmuster» sind von entscheidender Bedeutung für die Entwicklung des Systemdenkens. Maturana und Varela unterscheiden in ihrer Theorie der Autopoiese eindeutig zwischen der *Organisation* und der *Struktur* eines lebenden Systems, und Prigogine prägte den Begriff «dissipative Struktur», um die Physik und Chemie offener Systeme fern vom Gleichgewicht zu charakterisieren. Siehe Capra (1996), S. 29 ff., 115, 104 f.
3 Siehe oben, S. 26 ff.
4 Searle (1984), S. 79.
5 Ich verdanke diesen Hinweis Otto Scharmer.
6 Siehe beispielsweise Windelband (1901), S. 139 ff.

7 Einen kurzen Überblick über die Sozialtheorie im 20. Jahrhundert enthält Baert (1998), auf dem die folgenden Seiten großenteils basieren.
8 Siehe unten, S. 115.
9 Baert (1998), S. 92 ff.
10 Ebd., S. 103 f.
11 Ebd., S. 134 ff.
12 Siehe z. B. Held (1990).
13 Vgl. Capra (1996), S. 241 f.
14 Siehe Luhmann (1990); siehe auch Medd (2000), der Luhmanns Theorie ausführlich würdigt.
15 Siehe unten, S. 149 f.
16 Luhmann (1990).
17 Vgl. Searle (1984), S. 95 ff.
18 Siehe oben, S. 56 f.
19 Vgl. Williams (1981).
20 Galbraith (1984); Teile daraus sind abgedruckt in Lukes (1986), in dem Kapitel «Power and Organization».
21 Siehe Anm. 20. Galbraith verwendet statt «zwanghafte Macht» den Begriff «gebührende» Gewalt, der meist in Zusammenhang mit einer Bestrafung benutzt wird.
22 Siehe David Steindl-Rast in: Capra und Steindl-Rast (1991), S. 190.
23 Siehe Anm. 20.
24 Max Weber, *Wirtschaft und Gesellschaft. Grundriß der verstehenden Soziologie*, Tübingen [4]1956, S. 941.
25 Zitiert in Lukes (1986), S. 62.
26 Die komplexen Interaktionen zwischen formalen Organisationsstrukturen und informellen Kommunikationsnetzwerken, die in allen Organisationen existieren, werden später ausführlicher dargestellt; siehe unten, S. 149 f.
27 Persönliches Gespräch mit Manuel Castells, 1999.
28 Siehe oben, S. 89.
29 Siehe oben, S. 56.
30 Siehe z. B. Fischer (1985).
31 Castells (2000b); auf ähnliche Definitionen von Harvey Brooks und Daniel Bett verweist Castells (1996), S. 30.
32 Siehe oben, S. 85 f.
33 Vgl. Capra (1996), S. 294.
34 Vgl. Kranzberg und Pursell (1967).
35 Vgl. Morgan (1998), S. 270 ff.
36 Siehe Ellul (1964), Winner (1977), Mander (1991), Postman (1992).
37 Kranzberg und Pursell (1967), S. 11.

4 Leben und Führung in Organisationen

1 Siehe unten, S. 300ff.
2 Vgl. Wheatley und Kellner-Rogers (1998).
3 Mein Verständnis vom Wesen menschlicher Organisationen und der Relevanz der systemischen Betrachtung des Lebens für organisatorische Veränderungen wurden entscheidend geprägt durch die ausgiebige Zusammenarbeit mit Margaret Wheatley und Myron Kellner-Rogers, mit denen ich 1996/97 in Sundance, Utah, eine Reihe von Seminaren über selbstorganisierende Systeme veranstaltete.
4 Siehe oben, S. 26ff.
5 Wheatley und Kellner-Rogers (1998).
6 Castells (1996), S. 17; siehe auch unten, S. 151ff.
7 Siehe Chawla und Renesch (1995), Nonaka und Takeuchi (1995), Davenport und Prusak (2000).
8 Siehe oben, S. 30f. und 53.
9 Siehe oben, S. 119ff.
10 Vgl. de Geus (1997a), S. 154.
11 Block (1993), S. 5.
12 Morgan (1998), S. XI
13 Siehe Capra (1982); Capra (1996), S. 31ff.
14 Vgl. Morgan (1998), S. 32ff.
15 Ebd., S. 38.
16 Senge (1996); siehe auch Senge (1990).
17 Senge (1996).
18 Ebd.
19 de Geus (1997a).
20 Ebd., S. 9.
21 Ebd., S. 21.
22 Ebd., S. 18. Leider hat Shell diese Ermahnung eines seiner Topmanager kaum beachtet. Nach der für die Umwelt katastrophalen Erdölförderung in Nigeria in den frühen neunziger Jahren und der anschließenden Hinrichtung von Ken Saro-Wiwa und acht anderen Freiheitskämpfern der Ogoni fand eine unabhängige Untersuchung statt, geleitet von Professor Claude Aké, dem Direktor des nigerianischen Center for Advanced Social Studies. Laut Aké behielt Shell die unsensible und arrogante Einstellung bei, die so typisch für multinationale Konzerne ist. Ihm sei diese Unternehmenskultur ein Rätsel, so Aké. «Ehrlich gesagt», sinnierte er, «hätte ich von Shell eine viel kultiviertere Konzernstrategie erwartet.» (*Manchester Guardian Weekly*, 17. Dezember 1995).
23 Siehe oben, S. 119ff.
24 *Business Week*, 13. September 1999.

25 Vgl. Cohen und Rai (2000).
26 Siehe unten, S. 280 ff.
27 Vgl. Wellman (1999).
28 Castells (1996); siehe auch unten, S. 175.
29 Wenger (1996).
30 Wenger (1998), S. 72 ff.
31 Siehe oben, S. 119 ff.
32 de Geus (1997b).
33 Wenger (1998), S. 6.
34 Ich danke Angelika Siegmund für ihre umfassenden Ausführungen zu diesem Thema.
35 Allerdings sind nicht alle informellen Netzwerke fließend und selbsterzeugend. Die bekannten «Seilschaften» beispielsweise sind informelle patriarchalische Strukturen, die sehr starr sein und erhebliche Macht ausüben können. Wenn ich hier von «informellen Strukturen» spreche, meine ich damit sich ständig selbsterzeugende Kommunikationsnetzwerke oder Praxisgemeinschaften.
36 Vgl. Wheatley und Kellner-Rogers (1998).
37 Siehe oben, S. 56 ff.
38 Wheatley und Kellner-Rogers (1998).
39 Vgl. Capra (1996), S. 48 f.
40 Siehe oben, S. 120.
41 Tuomi (1999).
42 Vgl. Nonaka und Takeuchi (1995).
43 Ebd., S. 59.
44 Siehe Tuomi (1999), S. 323 ff.
45 Siehe Winograd und Flores (1991), S. 107 ff.
46 Siehe oben, S. 78 ff.
47 Wheatley (2001).
48 Wheatley (1997).
49 Siehe oben, S. 30 f.
50 Zitiert in Capra (1988), S. 31 f.
51 Vgl. Capra (1975).
52 Proust (1964), S. 702 f.
53 Siehe oben, S. 126.
54 Vgl. Capra (2000).
55 Siehe oben, S. 96 ff.
56 Siehe oben, S. 103 f.
57 Ich danke Morten Flatau für die ausführliche Erläuterung dieses Punktes.
58 Wheatley (1997).
59 Siehe oben, S. 92 f.

60 Wheatley und Kellner-Rogers (1998).
61 de Geus (1997b).
62 Persönliches Gespräch mit Angelika Siegmund, Juli 2000.
63 de Geus (1997a), S. 57.
64 Vgl. *The Economist*, 22. Juli 2000.
65 Siehe zum Beispiel Petzinger (1999).
66 Vgl. Castells (1996); siehe auch unten, S. 182 ff.

5 Die Netzwerke des globalen Kapitalismus

1 Mander und Goldsmith (1996).
2 Castells (1996).
3 Ebd., S. 4
4 Castells (1996 – 98).
5 Giddens (1996).
6 Vgl. Castells (1998), S. 4 ff.
7 Ebd., S. 338.
8 Hutton und Giddens (2000).
9 So Václav Havel auf dem Forum 2000, 10.–13. Oktober 1999.
10 Siehe oben, S. 161 ff.
11 Vgl. Castells (1996), S. 40 ff.
12 Ebd., S. 67 ff.
13 Vgl. Abbate (1999).
14 Vgl. Himanen (2001).
15 Vgl. Capra (1982), S. 229 ff.
16 Vgl. Castells (1996), S. 18 – 22; Castells (2000a).
17 Castells (1996), S. 434 f.
18 Castells (1998), S. 341.
19 Anthony Giddens in: Hutton und Giddens (2000), S. 10.
20 Vgl. Castells (2000a).
21 Ebd.
22 Vgl. Volcker (2000).
23 Vgl. Faux und Mishel (2000).
24 Volcker (2000).
25 Manuel Castells in einem Gespräch mit dem Autor, 2000.
26 Kuttner (2000).
27 Castells (2000a).
28 Siehe unten, S. 275 ff.
29 Siehe oben, S. 169 f.
30 Vgl. Castells (1996), S. 474 f.
31 Ebd., S. 476.

32 Vgl. Castells (1998), S. 70 ff.
33 UNDP (1996).
34 UNDP (1999).
35 Vgl. Castells (1998), S. 130 f.
36 Vgl. Castells (2000a).
37 Castells (1998). S. 74.
38 Ebd., S. 164 f.
39 Vgl. Capra (1982), S. 249 f.
40 Siehe Brown u. a. (2001) sowie die vorangehenden Jahresberichte; siehe auch Gore (1992), Hawken (1993).
41 Gore (1992).
42 Goldsmith (1996).
43 Ebd.
44 Vgl. Shiva (2000).
45 Ebd.
46 Goldsmith (1996).
47 Ebd.
48 Vgl. Castells (1996), S. 469 ff.
49 Das Gleiche lässt sich von dem neuen Phänomen des internationalen Terrorismus sagen, wie die Angriffe gegen die USA am 11. September 2001 auf dramatische Weise gezeigt haben; siehe Zunes (2001).
50 Vgl. Castells (1998), S. 346 f.
51 Ebd., S. 166 ff.
52 Ebd., S. 174.
53 Ebd., S. 179 f.
54 Ebd., S. 330 ff.
55 Ebd., S. 330.
56 Siehe Korten (1995) und Korten (1999).
57 Manuel Castells im Gespräch mit dem Autor, 1999.
58 Vgl. Capra (1982), S. 312 f.
59 Vgl. Capra (1996), S. 41.
60 Vgl. Castells (1996), S. 327 ff.
61 Siehe oben, S. 119.
62 Castells (1996), S. 329.
63 McLuhan (1964).
64 Vgl. Castells (1996), S. 334.
66 Siehe oben, S. 153.
67 Vgl. Castells (1996), S. 339 f.
68 Manuel Castells im Gespräch mit dem Autor, 1999.
69 Vgl. Schiller (2000).
70 Siehe oben, S. 80.
71 Vgl. Castells (1996), S. 371.

72 Ebd., S. 476.
73 Castells (1998), S. 348.
74 George Soros, Bemerkungen auf dem Forum 2000 in Prag im Oktober 1999; siehe auch Soros (1998).
75 Castells (2000a).
76 Siehe unten, S. 280ff.

6 Die Biotechnik am Wendepunkt

1 Siehe oben, S. 28.
2 Keller (2000).
3 Ho (1998a), S. 39; siehe auch Holdrege (1996), der eine überaus lesenswerte Einführung in die Genetik und Gentechnik bietet.
4 Vgl. Capra (1982), S. 125ff.
5 Vgl. Ho (1998a), S. 66ff.
6 Vgl. Margulis und Sagan (1986), S. 89f.
7 Ho (1998a), S. 199ff.
8 Vgl. *Science*, 6. Juni 1975, S. 991ff.
9 Diese Tiere wurden zwar durch genetische Manipulation statt durch sexuelle Reproduktion geschaffen, aber sie sind keine Klone im strengen Sinn; siehe unten, S. 236ff.
10 Vgl. Altieri (2000b).
11 Siehe unten, S. 251ff.
12 Ho (1998a), S. 19ff.
13 Vgl. *The New York Times*, 13. Februar 2001.
14 Ebd.
15 *Nature*, 15. Februar 2001; *Science*, 16. Februar 2001.
16 Keller (2000), S. 176.
17 James Bailey, zitiert nach Keller (2000), S. 165f.
18 Ein Gen besteht aus einer Sequenz von Elementen, den «Nukleotiden», entlang einem Strang der DNA-Doppelhelix; siehe z.B. Holdrege (1996), S. 74.
19 Keller (2000), S. 29.
20 Ebd., S. 42ff.
21 Ebd., S. 44ff.
22 Ebd., S. 49.
23 Ebd., S. 49ff.
24 Ebd., S. 52.
25 Vgl. Capra (1996), S. 256f.
26 Shapiro (1999).
27 Siehe oben, S. 48f.

28 Siehe oben, S.
29 McClintock (1983).
30 Watson (1968).
31 Zitiert in Keller (2000), S. 76.
32 Ho (1998a), S. 134f.
33 Strohman (1997).
34 Vgl. Keller (2000), S. 81 ff.
35 Vgl. Baltimore (2001).
36 Vgl. Keller (2000), S. 85.
37 Ebd., S. 86f.
38 Ebd., S.89 ff.
39 Ebd., S. 79.
40 Ebd., S. 131.
41 Ebd., S. 77 ff.
42 Ebd., S. 120 ff.
43 Vgl. Strohman (1997).
44 Siehe z.B. Kauffman (1995), Stewart (1998), Solé und Goodwin (2000).
45 Vgl. Capra (1996), S. 39.
46 Vgl. Keller (2000), S. 143f.
47 Ebd., S. 133.
48 Ebd., S. 143 ff.
49 Dawkins (1976).
50 Keller (2000), S. 148; siehe auch Goodwin (1994), S. 29ff., der sich mit der Metapher des «egoistischen Gens» kritisch auseinander setzt.
51 Ich danke Brian Goodwin für seine klärenden Ausführungen zu diesem Thema.
52 Siehe Capra (1996), S. 134ff. Dort findet sich eine kurze Einführung in die mathematische Sprache der Komplexitätstheorie.
53 Gelbart (1998).
54 Keller (2000), S. 21.
55 Holdrege (1996), S. 116f.
56 Ebd., S. 109 ff.
57 Ehrenfeld (1997).
58 Strohman (1997).
59 Weatherall (1998).
60 Vgl. Lander und Schork (1994).
61 Vgl. Ho (1998a), S. 262.
62 Keller (2000), S. 93.
63 Strohman (1997).
64 Ho (1998a), S. 59.
65 Im strengen Sinne bezeichnet der Begriff «Klon» einen oder mehrere Organismen, die aus einem einzelnen Elternteil durch asexuelle Fort-

pflanzung gewonnen werden, wie in einer reinen Bakterienkultur. Abgesehen von Unterschieden, die durch Mutationen verursacht werden, sind alle Angehörigen eines Klons genetisch identisch mit dem Elternteil.

66 Lewontin (1996).
67 Ebd.
68 Vgl. Ho (1998a), S. 242f.
69 Zum Beispiel enthalten die Mitochondrien (die «Kraftwerke» der Zelle) ihr eigenes genetisches Material und pflanzen sich unabhängig von der übrigen Zelle fort; siehe Capra (1996), S. 277. Ihre Gene sind an der Produktion einiger wichtiger Enzyme beteiligt.
70 Vgl. Lewontin (1997).
71 Vgl. Ho (1998a), S. 249.
72 Ebd., S. 250f.
73 Vgl. Capra (1982), S. 278ff.
74 Ehrenfeld (1997).
75 Vgl. Altieri und Rosset (1999).
76 Vgl. Simms (1999).
77 *Guardian Weekly*, 13. Juni 1999.
78 Ebd.
79 Altieri und Rosset (1999).
80 Vgl. Lappé, Collins und Rosset (1998).
81 Siehe Lappé, Collins und Rosset (1998); Simms (1999).
82 Altieri (2000a).
83 Vgl. Altieri und Rosset (1999).
84 Simms (1999).
85 Siehe Jackson (1985), Altieri (1995); siehe auch Mollison (1991).
86 Vgl. Capra (1996), S. 343ff.
87 Vgl. Hawken, Lovins und Lovins (1999), S. 205.
88 Vgl. Norberg-Hodge, Merrifield und Gorelick (2000).
89 Vgl. Halweil (2000).
90 Vgl. Altieri und Uphoff (1999); siehe auch Pretty und Hine (2000).
91 Zitiert in Altieri und Uphoff (1999).
92 Altieri und Uphoff (1999).
93 Altieri (2000a).
94 Vgl. Altieri (2000b).
95 Siehe oben, S. 209.
96 Bardocz (2001).
97 Meadows (1999).
98 Siehe Altieri (2000b).
99 Siehe Shiva (2000).
100 Siehe Shiva (2001).

101 Ebd.
102 Vgl. Steinbrecher (1998).
103 Vgl. Altieri (2000b).
104 Losey u. a. (1999).
105 Vgl. Altieri (2000b).
106 Siehe Ho (1998b), Altieri (2000b).
107 Stanley u. a. (1999).
108 Ehrenfeld (1997).
109 Vgl. Altieri und Rosset (1999).
110 Shiva (2000).
111 Ebd.
112 Siehe oben, S. 245.
113 Vgl. Mooney (1988).
114 Vgl. Ho (1998a), S. 44.
115 Vgl. Shiva (1997).
116 Shiva (2000).
117 Siehe unten, S. 294 ff.
118 Vgl. Ho (1998a), S. 340; siehe auch Simms (1999).
119 Siehe unten, S. 300 ff.
120 Benyus (1997).
121 Strohman (1997).
122 Siehe oben, S. 361, Anmerkung 54.

7 Mut zur Umkehr

1 Vgl. Brown u. a. (2001).
2 Hawken, Lovins und Lovins (1999), S. 3.
3 Zitiert in Brown u. a. (2001), S. 10; siehe auch McKibben (2001).
4 Ebd., S. XVIIf. u. S. 10 ff.
5 Vgl. *The New York Times*, 19. August 2000.
6 Vgl. Brown u. a. (2001), S. 10.
7 Vgl. Capra (1982), S. 307.
8 Vgl. Brown u.a. (2001), S. 123 ff und S. 10 f.
9 Ebd., S. XVIII.
10 Ebd., S. 137.
11 Janet Abramovitz in: Brown u.a. (2001), S. 123 f.
12 Ebd., S. 4 f.
13 Siehe oben, S. 207.
14 Siehe oben, S. 180 ff.
15 Vgl. Castells (2000a).
16 Siehe Barker und Mander (1999), Wallach und Sforza (2001).
17 Siehe oben, S. 153 f.

18 Vgl. Henderson (1999), S. 35 ff.
19 Vgl. *Guardian Weekly*, 1.–7. Februar 2001.
20 Siehe oben, S. 175 f.
21 Vgl. Capra und Steindl-Rast (1991), S. 16 f.
22 Siehe die Website der Union of International Associations, www.uia.org; siehe auch Union of International Associations (2000/2001).
23 Siehe z.B. Barker und Mander (1999).
24 Vgl. Hawken (2000).
25 Ebd.
26 Zitiert ebd.
27 Vgl. Khor (1999/2000).
28 Siehe Global Trade Watch, www.tradewatch.org
29 *Guardian Weekly*, 8.–14. Februar 2001.
30 Siehe oben, S. 180 ff.
31 Castells (1997), S. 354 ff.
32 Siehe oben, S. 179
33 Warkentin und Mingst (2000).
34 Zitiert ebd.
35 Interessanterweise bedienten sich die deutschen Grünen dieser neuen Form des politischen Diskurses bereits in den frühen achtziger Jahren, als sie zum ersten Mal an die Macht kamen; siehe Capra und Spretnak (1984), S. XIV.
36 Siehe oben, S. 202 ff.
37 Warkentin und Mingst (2000).
38 Castells (1998), S. 352 f.
39 Persönliches Gespräch mit Debi Barker vom IFG, Oktober 2001.
40 Siehe oben, S. 143 ff.
41 Robbins (2001), S. 380.
42 Siehe z. B. «The Monsanto Files», in: Sonderausgabe von *The Ecologist*, Sept./Okt. 1998.
43 Robbins (2001), S. 372 ff.; siehe auch Tokar (2001).
44 Vgl. Robbins (2001), S. 374.
45 *The Wall Street Journal*, 7. Januar 2000.
46 Brown (1981).
47 World Commission on Environment and Development (1987).
48 Siehe oben, S. 279.
49 Siehe Orr (1992); Capra (1996), S. 343 ff.; Callenbach (1998).
50 Vgl. Barlow und Crabtree (2000).
51 Benyus (1997), S. 2.
52 Siehe oben, S. 161.
53 Siehe Hawken (1993), McDonough und Braungart (1998).

54 Vgl. Pauli (1996).
55 Vgl. Pauli (2000); siehe auch ZERI-Website, www.zeri.org
56 Siehe oben, S. 189 ff.
57 Siehe ZERI-Website, www.zeri.org
58 McDonough und Braungart (1998).
59 Ebd.
60 Vgl. Brown (1999).
61 Vgl. Hawken, Lovins und Lovins (1999), S. 185 f.
62 Hawken (1993), S. 68.
63 Vgl. McDonough und Braungart (1998); siehe auch Hawken, Lovins und Lovins (1999), S. 16 ff.
64 Vgl. Anderson (1998); siehe auch Hawken, Lovins und Lovins (1999), S. 139–141.
65 Canon-Website www.canon.com
66 Website der Fiat-Gruppe, www.fiatgroup.com
67 Vgl. Hawken, Lovins und Lovins (1999), S. 11 f.
68 Vgl. Gardner und Sampat (1998).
69 Hawken, Lovins und Lovins (1999), S. 10–12.
70 Ebd., S. 94 ff.
71 McDonough und Braungart (1998).
72 Hawken, Lovins und Lovins (1999), S. 94, 102f.; siehe auch Orr (2001).
73 Siehe oben, S. 193 ff.
74 Vgl. Register und Peeks (1997), Register (2001).
75 Newman und Kenworthy (1998); siehe auch Jeff Kenworthy: «City Building and Transportation Around the World», in: Register und Peeks (1997).
76 Siehe unten, S. 326 ff.
77 Dunn (2001).
78 Vgl. Capra (1982), S. 267 ff.
79 Zitiert in Capra (1982), S. 451f.
80 Zitiert in Hawken, Lovins und Lovins (1999), S. 249.
81 Vgl. Dunn (2001).
82 Vgl. Hawken, Lovins und Lovins (1999), S. 247 f.
83 Vgl. Capra (1982), S. 454ff.
84 Vgl. «The Future of Fuel Cells», in: *Scientific American*, Juli 1999.
85 Vgl. Lamb (1999), Dunn (2001).
86 Vgl. Dunn (2001).
87 Vgl. Hawken, Lovins und Lovins (1999), S. 24.
88 Ebd., S. 22 ff.
89 Ebd., S. 35–37. Die Unabhängigkeit vom OPEC-Öl würde es den USA ermöglichen, ihre Außenpolitik im Nahen Osten, die derzeit vom Bedarf an Erdöl als einer «strategischen Ressource» diktiert wird, radikal

zu ändern. Eine Abkehr von einer derartigen ressourcenorientierten und eine Hinwendung zu einer an den Menschen orientierten Politik würde die Verhältnisse, die der jüngsten Welle des internationalen Terrorismus zugrunde liegen, erheblich verändern. Somit ist eine Energiepolitik, die auf erneuerbaren Energiequellen und dem Schutz der Umwelt basiert, nicht nur dringend geboten, wenn wir zu ökologischer Nachhaltigkeit gelangen wollen, sondern muss auch als entscheidender Faktor für die nationale Sicherheit der USA erkannt werden; siehe Capra (2001).

90 Lovins u.a. (1996).
91 Vgl. Lovins und Lovins (2001).
92 Siehe www.hypercar.com
93 *The Wall Street Journal*, 9. Januar 2001.
94 Vgl. Denner und Evans (2001).
95 Vgl. Hawken, Lovins und Lovins (1999), S. 34.
96 Ebd., S. 36f.
97 Lovins und Lovins (2001).
98 Dunn (2001).
99 Myers (1998).
100 Siehe Hawken (1993), S. 169ff.; Daly (1995).

Epilog: Die nachhaltige Welt

1 Siehe oben, S. 207.
2 Suzuki (2001).
3 Vgl. Dominguez und Robin (1999).
4 Vgl. Ramonet (2000).
5 Gilmore (1990).
6 Merkwürdigerweise erwähnt Gilmore nicht die in der feministischen Literatur weit verbreitete Tatsache, dass Frauen ihr Frausein nicht beweisen müssen, und zwar aufgrund ihrer Fähigkeit zu gebären, die in präpatriarchalischen Kulturen als Ehrfurcht gebietende Kraft der Verwandlung angesehen wurde; siehe z.B. Rich (1977).
7 Gilmore (1990), S. 252. Die Psychologin Vera van Aaken weist allerdings darauf hin, dass in patriarchalischen Kulturen die Definition von Männlichkeit im Sinne von kriegerischen Eigenschaften Priorität vor einer Definition im Sinne einer großzügigen materiellen Produktion genieße und dass Gilmore dazu neige, das der vom Kriegerideal der Gemeinschaft zugefügte Leid herunterzuspielen; siehe van Aaken (2000), S. 149.
8 Gilmore (1990), S. 122.

9 Vgl. Capra (1982), S. 40ff.
10 Vgl. Capra (1996), S. 15ff.
11 Vgl. Spretnak (1981).
12 Suzuki und Dressel (1888), S. 263f.
13 Brown (1999); Lovins, persönliches Gespräch mit dem Autor, Mai 2001; Shiva, persönliches Gespräch mit dem Autor, Feburar 2001.
14 Havel (1990), S. 181.

Literaturverzeichnis

Aaken, Vera van: *Männliche Gewalt*, Düsseldorf 2000.
Abbate, Janet: *Inventing the Internet*, Cambridge, Mass., 1999.
Altieri, Miguel: *Agroecology*, Boulder, Col., 1995.
–: «Biotech Will not Feed the World», in: *San Francisco Chronicle*, 30. März 2000a.
–: «The Ecological Impacts of Transgenic Crops on Agroecosystem Health», in: *Ecosystem Health*, Bd. 6, Nr. 1, März 2000b.
–, und Peter Rosset: «Ten Reasons Why Biotechnology Will not Ensure Food Security, Protect the Environment und Reduce Poverty in the Developing World», in: *Agbioforum*, Bd. 2, Nr. 3 u. 4., 1999.
–, und Norman Uphoff: *Report of Bellagio Conference on Sustainable Agriculture*, Cornell International Institute for Food, Agriculture and Development 1999.
Anderson, Ray: *Mid-Course Correction*, Atlanta, Ga., 1998.
Baert, Patrick: *Social Theory in the Twentieth Century*, New York 1998.
Baltimore, David: «Our genome unveiled», in: *Nature*, 15. Februar 2001.
Bardocz, Susan: Podiumsdiskussion bei einer Konferenz über «Technik und Globalisierung», International Forum on Globalization, New York, Februar 2001.
Barker, Debi, und Jerry Mander: «Invisible Government», International Forum on Globalization, Oktober 1999.
Barlow, Zenobia, und Margo Crabtree (Hrsg.): *Ecoliteracy: Mapping the Terrain*, Center for Ecoliteracy, Berkeley, Ca., 2000.
Benyus, Janine: *Biomimicry*, New York 1997.
Block, Peter: *Stewardship*, San Francisco 1993.
Brown, Lester: *Building a Sustainable Society*, New York 1981.
–: «Crossing the Threshold», in: *World Watch Magazine*, Washington, D. C., 1999.
–, u. a.: *State of the World 2001*, Washington, D. C., 2001.
Callenbach, Ernest: *Ecology: A Pocket Guide*, Berkeley, Ca., 1998.
Capra, Fritjof: The Tao of Physics, Boston 1975 (deutsch: *Das Tao der Physik*).
–: *The Turning Point*, New York 1982 (deutsch: *Wendezeit*).
–: *Uncommon Wisdom*, New York 1988 (deutsch: *Das Neue Denken*).

–: *The Web of Life*, New York 1996 (deutsch: *Lebensnetz*).
–: «Is There a Purpose in Nature?», in: Anton Markos (Hrsg.): *Is There A Purpose in Nature?*, Prag 2000.
–: «Trying to Understand: A Systemic Analysis of International Terrorism», www.fritjofcapra.net, Oktober 2001.
–, und Charlene Spretnak: *Green Politics*, New York 1984.
–, und David Steindl-Rast: *Belonging to the Universe*, San Francisco 1991.
–, und Gunter Pauli (Hrsg.): *Steering Business Toward Sustainability*, Tokio 1995.
Castells, Manuel: *The Information Age*, Bd. 1, *The Rise of the Network Society*, Malden, Mass., 1996 (deutsch: *Der Aufstieg der Netzwerkgesellschaft*).
–: –, Bd. 2, *The Power of Identity*, Malden, Mass., 1997 (deutsch: *Die Macht der Identität*).
–: –, Bd. 3, *End of Millenium*, Malden, Mass., 1998 (deutsch: *Jahrtausendwende*).
–: «Information Technology and Global Capitalism», in: Hutton und Giddens (2000a).
–: «Materials for an Exploratory Theory of the Network Society», in: *British Journal of Sociology*, Bd. 51, Nr. 1, Januar/März 2000b.
Chalmers, David J.: «Facing Up to the Problem of Consciousness«, in: *Journal of Consciousness Studies*, Bd. 2, Nr. 3, S. 200–219, 1995.
Chawla, Sarita, und John Renesch (Hrsg.): *Learning Organizations*, Portland, Or., 1995.
Churchland, Patricia, und Terrence Sejnowski: *The Computational Brain*, Cambridge, Mass., 1992.
Cohen, Robin, und Shirin Rai: *Global Social Movements*, New Brunswick, N.J., 2000.
Crick, Francis: *The Astonishing Hypothesis: The Scientific Search for the Soul*, New York 1994 (deutsch: *Was die Seele wirklich ist*).
Daly, Herman: «Ecological Tax Reform», in: Capra und Pauli (1995).
Danner, Mark: «The Lost Olympics», in: *New York Review of Books*, 2. November 2000.
Davenport, Thomas, und Laurance Prusak: *Working Knowledge*, Boston, 2000.
Dawkins, Richard: *The Selfish Gene*, Oxford 1976 (deutsch: *Das egoistische Gen*).
de Geus, Arie: *The Living Company*, Boston 1997a (deutsch: *Jenseits der Ökonomie. Die Verantwortung der Unternehmen*).
–: «The Living Company», in: *Harvard Business Review*, März/April 1997b.
Denner, Jason, und Thammy Evans: «Hypercar makes its move», in: *RMI Solutions*, Rocky Mountain Institute Newsletter, Frühjahr 2001.

Dennett, Daniel Clement: *Consciousness Explained*, New York 1991 (deutsch: *Philosophie des menschlichen Bewusstseins*).
Depraz, Natalie: «The Phenomenological Reduction as Praxis«, in: *Journal of Consciousness Studies*, Bd. 6, Nr. 2–3, S. 95–110, 1999.
Dominguez, Joe, und Vicki Robin: *Your Money or Your Life*, New York 1999.
Dunn, Seth: «Decarbonizing the Energy Economy», in: Brown u. a. (2001).
Edelman, Gerald: *The Remembered Present: A Biological Theory of Consciousness*, New York 1989.
– *Bright Air, Brilliant Fire*, New York 1992 (deutsch: *Göttliche Luft, vernichtendes Feuer*).
Ehrenfeld, David: «A Techno-Pox Upon the Land», in: *Harper's Magazine*, Oktober 1997.
Ellul, Jacques: *The Technological Society*, New York 1964.
Faux, Jeff, und Larry Mishel: «Inequality and the Global Economy», in: Hutton und Giddens, (2000).
Fischer, Aline, Thomas Oberholzer und Pier Luigi Luisi: «Giant vesicles as models to study the interactions between membranes and proteins», in: *Biochimica et Biophysica Acta*, Bd. 1467, S. 177–188, 2000.
Fischer, Claude: «Studying Technology and Social Life», in: Manuel Castells (Hrsg.): *High Technology, Space, and Society*, Beverly Hills, Ca., 1985.
Fouts, Roger: *Next of Kin*, New York 1997 (deutsch: *Unsere nächsten Verwandten*).
Galbraith, John Kenneth: *The Anatomy of Power*, London 1984 (deutsch: *Die Anatomie der Macht*).
Gardner, Gary, und Payal Sampat: «Mind over Matter: Recasting the Role of Materials in Our Lives», in: *Worldwatch Paper* 144, Washington, D. C., 1998.
Gelbart, William: «Data bases in Genomic Research», in: *Science*, 23. Oktober 1998.
Gesteland, Raymond, Thomas Cech und John Atkins (Hrsg.): *The RNA World*, New York 1999.
Giddens, Anthony: Beitrag in: *Times Higher Education Supplement*, London, 13. Dezember 1996.
Gilbert, Walter: «The RNA World», in: *Nature*, Bd. 329, S. 618, 1986.
Gilmore, David: *Manhood in the Making*, New Haven, Ct., 1990 (deutsch: *Mythos Mann*).
Goldsmith, Edward: «Global Trade and the Environment», in: Mander und Goldsmith (1996).
Goodwin, Brian: *How the Leopard Changed Its Spots*, New York 1994 (deutsch: *Der Leopard, der seine Flecken verliert*).
Gore, Al: *Earth in the Balance*, New York 1992 (deutsch: *Wege zum Gleichgewicht*).

Gould, Stephen Jay: «Lucy on the Earth in Stasis», in: *Natural History*, Nr. 9, 1994.
Halweil, Brian: «Organic Farming Thrives Worldwide», in: Lester Brown, Michael Renner und Brian Halweil (Hrsg.): *Vital Signs 2000*, New York 2000.
Havel, Václav: *Disturbing the Peace*, London und Boston 1990.
Hawken, Paul: *The Ecology of Commerce*, New York 1993 (deutsch: *Kollaps oder Kreislaufwirtschaft*).
–: «N30: WTO Showdown», in: *Yes!*, Frühjahr 2000.
–, Amory Lovins und Hunter Lovins: *Natural Capitalism*, New York 1999.
Held, David: *Introduction to Critical Theory*, Berkely, Ca., 1990.
Henderson, Hazel: *Beyond Globalization*, West Hartford, Ct., 1999.
Himanen, Pekka: *The Hacker Ethic*, New York 2001.
Ho, Mae-Wan: *Genetic Engineering – Dream or Nightmare?*, Bath, 1998a (deutsch: *Das Geschäft mit den Genen*).
–: «Stopp This Science and Think Again», Rede vor der Linnaean Society, London, 17. März, 1998b.
Holdrege, Craig: *Genetics and the Manipulation of Life*, Hudson, N.Y., 1996.
Hutton, Will, und Anthony Giddens (Hrsg.): *Global Capitalism*, New York 2000.
Iverson, Jana, und Esther Thelen: «Hand, Mouth and Brain», in: *Journal of Consciousness Studies*, Bd. 6, Nr. 1–12, S. 19–40, 1999.
Jackson, Wes: *New Roots for Agriculture*, San Francisco 1985.
Johnson, Mark: *The Body in the Mind*, Chicago, Ill., 1987.
Kauffman, Stuart: *At Home in the Universe*, Oxford 1995 (deutsch: *Der Öltropfen im Wasser*).
Keller, Evelyn Fox: *The Century of the Gene*, Cambridge, Mass., 2000 (deutsch: *Das Jahrhundert des Gens*).
Khor, Martin: «The revolt of developing nations», in: «The Seattle Debacle», Sonderausgabe von *Third World Resurgence*, Penang, Dezember 1999/Januar 2000.
Kimura, Doreen: «The Neural Basis of Language Qua Gesture», in: H. Whitaker und H. A. Whitaker (Hrsg.): *Studies in Neurolinguistics*, Bd. 2, New York 1976.
Korten, David: *When Corporations Rule the World*, San Francisco 1995.
–: *The Post-Corporate World*, San Francisco 1999.
Kranzberg, Melvin, und Carroll W. Pursell Jr. (Hrsg.): *Technology in Wester Civilizations*, Oxford, New York 1967.
Kuttner, Robert: «The Role of Governments in the Global Economy», in: Hutton und Giddens (2000).
Lakoff, George: *Women, Fire, and Dangerous Things*, Chicago, Ill., 1987.
–, und Mark Johnson: *Philosophy in the Flesh*, New York 1999.

Lamb, Marguerite: «Power to the People», in: *Mother Earth News*, Oktober/November 1999.
Lander, Eric, und Nicholas Schork: «Genetic Dissection of Complex Traits», in: *Science*, 30. September 1994.
Lappé, Frances Moore, Joseph Collins und Peter Rosset: *World Hunger: Twelve Myths*, New York 1998.
Lewontin, Richard: «The Confusion over Cloning», in: *The New York Review of Books*, 23. Oktober 1997.
Losey, J., u.a.: «Transgenic Pollen Harms Monarch Larvae», in: *Nature*, 20. Mai 1999.
Lovelock, James: *Healing Gaia*, New York 1991 (deutsch: *Gaia – Die Erde ist ein Lebewesen*).
Lovins, Amory, u.a.: *Hypercars: Materials, Manufacturing, and Policy Implications*, Rocky Mountain Institute 1996.
–, und Hunter Lovins: «Frozen Assets?», in: *RMI Solutions*, Rocky Mountain Institute Newsletter, Frühjahr 2001.
Luhmann, Niklas: «The Autopoiesis of Social Systems», in: Niklas Luhmann: *Essays on Self-Reference*, New York 1990.
Luisi, Pier Luigi: «Defining the Transition to Life: Self-Replicating Bounded Structures and Chemical Autopoiesis», in: W. Stein und F.J. Varela (Hrsg.): *Thinking about Biology*, Reading, Mass., 1993.
–: «Self-Reproduction of Micelles and Vesicles: Models for the Mechanisms of Life from the Perspective of Compartmented Chemistry», in: I. Prigogine und S. A. Rice (Hrsg.): *Advances in Chemical Physics*, Bd. 92, 1996.
–: «About Various Definitions of Life», in: *Origins of Life and Evolution of the Biosphere*, 28, S. 613–622, 1998.
Lukes, Steven (Hrsg.): *Power*, New York 1986.
Mander, Jerry: *In the Absence of the Sacred*, San Francisco 1991.
–, und Edward Goldsmith (Hrsg.): *The Case Against the Global Economy*, San Francisco 1996.
Margulis, Lynn: *Symbiotic Planet*, New York 1998a (deutsch: *Die andere Evolution*).
–: «From Gaia to Microcosm», Vortrag an der Sommeruniversität Cortona, «Science and the Wholeness of Life», August, 1998b.
–, und Dorion Sagan: *Microcosmos*, Berkeley, Ca., ²1997.
–, und Dorion Sagan: *What Is Life?*, New York 1995.
Maturana, Humberto: «Biology of Cognition», in: Humberto Maturana und Francisco Varela: *Autopoiesis and Cognition*, Dordrecht 1980.
–: Seminar an der Society for Organizational Learning, Amherst, Mass., Juni 1998.
–, und Francisco Varela: *The Tree of Knowledge*, Boston, 1987 (deutsch: *Der Baum der Erkenntnis*).

McClintock, Barbara: «The Significance of Responses of the Genome to Challenges», Rede zur Verleihung des Nobelpreises, 1983, in: Nina Fedoroff und David Botstein (Hrsg.): *The Dynamic Genome*, Cold Spring Harbor 1992.
McDonough, William, und Michael Braungart: «The Next Industrial Revolution», in: *Atlantic Monthly*, Oktober 1998.
McGinn, Colin: *The Mysterious Flame*, New York 1999 (deutsch: *Wie kommt der Geist in die Materie?*).
McKibben, Bill: «Some Like It Hot», in: *The New York Review of Books*, 5. Juli 2001.
McLuhan, Marshall: *Understanding Media*, New York 1964 (deutsch: *Medien verstehen*).
Meadows, Donella: «Scientists Slice Genes As Heedlessly As They Once Split Atoms», in: *Valley News*, 27. März 1999.
Medd, Will: «Complexity in the Wild: Complexity Science and Social Systems», Diss. Lancaster University, März 2000.
Mollison, Bill: *Introduction to Permaculture*, Tagari Publications, Australien 1991.
Mooney, Patrick: «From Cabbages to Kings», in: *Development Dialogue: The Laws of Life*, Dag Hammarskjöld Foundation, Stockholm 1988.
Morgan, Gareth: *Images of Organizations*, San Francisco 1998 (deutsch: *Bilder der Organisation*).
Morowitz, Harold: *Beginnings of Cellular Life*, New Haven, Ct., 1992.
Myers, Norman: *Perverse Subsidies*, Winnipeg, Manitoba, 1998.
Newman, Peter, und Jeffrey Kenworthy: *Sustainability and Cities*, Washington, D. C., 1999.
Nonaka, Ikujiro, und Hirotaka Takeuchi: *The Knowledge-Creating Company*, New York 1995 (deutsch: *Die Organisation des Wissens*).
Norberg-Hodge, Helena, Todd Merrifield und Steven Gorelick: «Bringing the Food Economy Home», International Society for Ecology and Culture, Berkeley, Ca., Oktober 2000.
Núñez, Rafael E.: «Eating Soup With Chopsticks: Dogmas, Difficulties and Alternatives in the Study of Conscious Experience», in: *Journal of Consciousness Studies*, Bd. 4, Nr. 2, S. 143–166, 1997.
Orr, David: *Ecological Literacy*, New York 1992.
–: *The Nature of Design*, New York 2001.
Pauli, Gunter: «Industrial Clustering and the Second Green Revolution», Vorlesung am Schumacher College, Mai 1996.
–: *UpSizing*, Greenleaf, 2000.
Penrose, Roger: «The Discrete Charm of Complexity», Grundsatzreferat auf der 25. Internationalen Konferenz am Centro Pio Manzù, Rimini, Oktober 1999.

–: *Shadows of the Mind: A Search for the Missing Science of Consciousness*, New York 1994 (deutsch: *Schatten des Geistes*).
Petzinger, Thomas: *The New Pioneers*, New York 1999.
Postman, Neil: *Technopoly*, New York 1992 (deutsch: *Das Technopol*).
Pretty, Jules, and Rachel Hine: «Feeding the World with Sustainable Agriculture», UK Department for International Development, Oktober 2000.
Proust, Marcel: *Auf der Suche nach der verlorenen Zeit*, Teil 4, Bd. 2 *(Sodom und Gomorra)*, Frankfurt a. M. 1964.
Ramonet, Ignacio: «The control of pleasure», in: *Le Monde Diplomatique*, Mai 2000.
Register, Richard: *Ecocities*, Berkeley, Ca., 2001.
–, und Brady Peeks (Hrsg.): *Village Wisdom / Future Cities*, Oakland, Ca., 1997.
Revonsuo, Antti, und Matti Kamppinen (Hrsg.): *Consciousness in Philosophy and Cognitive Neuroscience*, Hillsdale, N.J., 1994.
Rich, Adrienne: *Of Woman Born*, New York 1977 (deutsch: *Von Frauen geboren*).
Robbins, John: *The Food Revolution*, Berkeley, Ca., 2001.
Schiller, Dan: «Internet feeding frenzy», in: *Le Monde Diplomatique*, Februar 2000.
Searle, John: *Minds, Brains, and Science*, Cambridge, Mass., 1984 (deutsch: *Geist, Hirn und Wissenschaft*).
–: «The Mystery of Consciousness», in: *The New York Review of Books*, 2. und 16. November 1995.
Senge, Peter: *The Fifth Discipline*, New York 1990 (deutsch: *Die fünfte Disziplin*).
–: Vorwort zu Arie de Geus: *The Living Company* (1996).
Shapiro, James: «Genome System Architecture and Natural Genetic Engineering in Evolution», in: Lynn Helena Caporale (Hrsg.): *Molecular Strategies in Biological Evolution, Annals of the the New York Academy of Sciences*, Bd. 870, 1999.
Shear, Jonathan, und Ron Jevning: «Pure Consciousness: Scientific Exploration of Meditation Techniques», in: *Journal of Consciousness Studies*, Bd. 6, Nr. 2–3, S. 189–209, 1999.
Shiva, Vandana: *Biopiracy*, Boston, 1997.
–: «The World on the Edge», in: Hutton und Giddens (2000).
–: «Genetically Engineered Vitamin A Rice: A Blind Approach to Blindness Prevention», in: Tokar (2001).
Simms, Andrew: «Selling Suicide», in: *Christian Aid Report*, Mai 1999.
Solé, Ricard, und Brian Goodwin: *Sign of Life*, New York 2000.
Sonea, Sorin, und Maurice Panisset: *A New Bacteriology*, Sudbury, Mass., 1993.

Soros, George: *The Crisis of Global Capitalism*, New York 1998.
Spretnak, Charlene (Hrsg.): *The Politics of Women's Spirituality*, New York 1981.
Stanley, W., S. Ewen und A. Pusztal: «Effects of diets containing genetically modified potatoes ... on rat small intestines», in: *Lancet*, 16. Oktober 1999.
Steinbrecher, Ricarda: «What is Wrong With Nature?», in: *Resurgence*, Mai/Juni 1998.
Steindl-Rast, David: «Spirituality as Common Sense», in: *The Quest*, Theosophical Society in America, Wheaton, Ill., Bd. 3, Nr. 2, 1990.
Stewart, Ian: *Life's Other Secret*, New York 1998.
Strohman, Richard: «The coming Kuhnian revolution in biology», in: *Nature Biotechnology*, Bd. 15, März 1997.
Suzuki, David: Podiumsdiskussion «Technology and Globalization», International Forum on Globalization, New York, Februar 2001.
–, und Holly Dressel: *From Naked Ape to Superspecies*, Toronto 1999.
Szostak, Jack, David Bartel und Pier Luigi Luisi: «Synthesizing Life», in: *Nature*, Bd. 409, Nr. 6818, 18. Januar 2001.
Tokar, Brian (Hrsg.): *Redesigning Life?*, New York 2001.
Tononi, Giulio, und Gerald Edelman: «Consciousness and Complexity», in: *Science*, Bd. 282, S. 1846–1851, 4. Dezember 1998.
Tuomi, Ilkka: *Corporate Knowledge*, Helsinki 1999.
Union of International Associations (Hrsg.): *Yearbook of International Organizations*, 4 Bde., München 2000/2001.
United Nations Development Programme (UNDP): *Human Development Report 1996*, New York 1996.
–: *Human Development Report 1999*, New York 1999.
Varela, Francisco: «Resonant Cell Assemblies», in: *Biological Research*, Bd. 28, S. 81–95, 1995.
–: «Neurophenomenology», in: *Journal of Consciousness Studies*, Bd. 3, Nr. 4, S. 330–349, 1996a.
–: «Phenomenology in Consciousness Research», Vorlesung in Dartington Hall, England, November 1996b.
–: «Present-Time Consciousness», in: *Journal of Consciousness Studies*, Bd. 6, Nr. 2–3, S. 111–140, 1999.
–, Evan Thompson und Eleanor Rosch: *The Embodied Mind*, Cambridge, Mass., 1991 (deutsch: *Der Mittlere Weg der Erkenntnis*).
–, und Jonathan Shear: «First-Person Methodologies: What, Why, How?», in: *Journal of Consciousness Studies*, Bd. 6, Nr. 2–3, S. 1–14, 1999.
Vermersch, Pierre: «Introspection as Practice», in: *Journal of Consciousness* Studies, Bd. 6, Nr. 2–3, S. 17–42, 1999.
Volcker, Paul: «The Sea of Global Finance», in: Hutton und Giddens (2000).

Wallace, Alan: «The Buddhist Tradition of Samatha: Methods of Refining and Examining Consciousness», in: *Journal of Consciousness Studies*, Bd. 6, Nr. 2–3, S. 175–187, 1999.
Wallach, Lori, und Michelle Sforza: «Whose Trade Organization?», in: *Public Citizen*, 2001.
Warkentin, Craig, und Karen Mingst: «International Institutions, the State, and Global Civil Society in the Age of the World Wide Web», in: *Global Governance*, Bd. 6, S. 237–257, 2000.
Watson, James: *The Double Helix*, New York 1968 (deutsch: *Die Doppel-Helix*).
Weatherall, David: «How much has genetics helped?», in: *The Times Literary Supplement*, London, 30. Januar 1998.
Wellman, Barry (Hrsg.): *Networks in the Global Village*, Boulder, Col., 1999.
Wenger, Etienne: «Communities of Practice», in: *Healthcare Forum Journal*, Juli/August 1996.
–: *Communities of Practice*, Cambridge, Mass., 1998.
Wheatley, Margaret: «Seminar über selbstorganisierende Systeme», Sundance, Ut., 1997 (unpubliziert).
–, und Myron Kellner-Rogers: «Bringing Life to Organizational Change», in: *Journal of Strategic Performance Measurement*, April/Mai 1998.
–: «The Real Work of Knowledge Management», in: *Human Resource Information Management Journal*, Frühjahr 2001.
Williams, Raymond: *Culture*, London 1981.
Wilson, Don, und Dee Ann Reeder: *Mammal Species of the World*, Washington, D. C., 1993.
Windelband, Wilhelm: *A History of Philosophy*, New York 1901 (deutsche Originalausgabe: *Lehrbuch der Geschichte der Philosophie*).
Winner, Langdon: *Autonomous Technology*, Cambridge, Mass., 1977.
Winograd, Terry, und Fernando Flores: *Understanding Computers and Cognition*, New York 1991.
World Commission on Environment and Development (Hrsg.): *Our Common Future*, New York 1987.
Zunes, Stephen: «International Terrorism», Institute for Policy Studies, www.fpif.org, September 2001.

Personen- und Sachregister